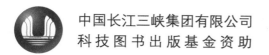
中国长江三峡集团有限公司
科技图书出版基金资助

U0318277

# 长江大保护

## 九江市两河（十里河、濂溪河）流域水环境治理实践

主 编 何文战　　副主编 王 丰 孙 全 张 超

中国三峡出版传媒
中国三峡出版社

**图书在版编目（CIP）数据**

长江大保护九江市两河（十里河、濂溪河）流域水
环境治理实践 / 何文战主编. —北京：中国三峡出版社，
2023.11

ISBN 978 - 7 - 5206 - 0289 - 1

Ⅰ. ①长… Ⅱ. ①何… Ⅲ. ①水环境－流域治理－
研究－九江 Ⅳ. ①X143

中国国家版本馆 CIP 数据核字（2023）第 204734 号

责任编辑：丁　雪

中国三峡出版社出版发行

（北京市通州区粮市街 2 号院　101199）

电话：（010）59401531　59401529

http://media.ctg.com.cn

北京中科印刷有限公司印刷　新华书店经销

2023 年 11 月第 1 版　2023 年 11 月第 1 次印刷

开本：787 毫米×1092 毫米　1/16　印张：14.5

字数：371 千字

ISBN 978 - 7 - 5206 - 0289 - 1　定价：128.00 元

# 《长江大保护九江市两河（十里河、濂溪河）流域水环境治理实践》

## 编委会

主　任：王殿常

副主任：朱向东　陈先明　李天智　刘龙志　何文战

委　员：易　志　王　丰　张　勇　张　俊　赵　飞
　　　　周小国　陈　鹏　孙　全　王　阳　王旭东


主　编：何文战

副主编：王　丰　孙　全　张　超

参　编：郭林松　卫　佳　曾招财　李雅晴　彭　伟
　　　　毛宇洛　彭　帅　许传稳　方　帅　裴康越
　　　　杨万航　李　霁　吴后琳　白玉良　庞小磊
　　　　张盈秋　聂　巧　关　键　邱俊杰　陈　纯
　　　　喻　亮　郭　勇　游建华　石文鹏　许怀奥
　　　　沈华英　程　里　肖海克　赵仔轩　叶剑锋
　　　　周金琨　王寒冬　武立功　吴琼祥　尹　皓
　　　　吴秀峰　任　静　钟迎冬　王星国　程　旭
　　　　刘　荣　彭一鸣　邱　健　程志华　李宏飞

# 前　言

2018 年 4 月 26 日，习近平总书记在深入推动长江经济带发展座谈会上明确要求，"三峡集团要发挥好应有作用，积极参与长江经济带生态修复和环境保护建设"。中国长江三峡集团有限公司（以下简称"三峡集团"）牢记习近平总书记的殷殷嘱托，坚持以习近平生态文明思想和习近平总书记关于共抓长江大保护系列重要讲话指示精神为根本遵循和工作指引，服从服务国家重大战略，深度融入长江经济带绿色发展，始终坚持科学治水理念，全面深入拓展共抓格局，着力构建"建成运营一批、开工建设一批、谋划储备一批"业务布局，持续探索实践新模式、新机制，努力发挥示范引领作用，推动共抓长江大保护工作早见成效。

九江市作为长江大保护先行先试的试点城市之一，由三峡集团牵头开展长江大保护工作，以城镇污水处理为切入点，用流域治理的系统化思维全面开展城市水环境综合治理。作为三峡集团开展长江大保护工作的实施主体，长江生态环保集团有限公司深入践行习近平生态文明思想，扎实推动长江大保护工作，在江西省委省政府、九江市委市政府的大力支持下，2018 年 7 月、2020 年 11 月九江市中心城区水环境综合治理 PPP 一期项目、二期项目先后落地，两期项目总投资 143.14 亿元，工程内容涉及水环境治理、污水处理提质增效、城市内涝治理、城镇污泥和餐厨垃圾处理处置、智慧水务系统工程等方面。

两河流域（十里河、濂溪河）水环境治理工程建设内容全面，治理成效显著，是九江水环境综合治理一期中的代表项目。本书梳理了该项目工程建设和机制建设方面的做法和经验，可供长江沿线城市在水环境治理工作中参考和借鉴。

本书共分 6 章，分别是综述、系统设计、工程案例、治理经验、治理成果、总结及可持续发展。第 1 章综述，介绍了项目背景和项目概况；第 2 章系统设计，系统性介绍了两河流域现状及水环境系统治理的治理目标、治理思路和治理方案；第 3 章工程案例，介绍了小区排水改造、管道非开挖修复、检查井修复、大口径管道修复、河道排口改造、厂站建设运维、河道治理、生态修复 8 个方面的典型案例；第 4 章治理经验，基于勘测设计和施工等方面工作实践，总结了具有本项目特色的水环境治理经验；第 5 章治理成果，从工程治理效果、生态效益与文化建设、智慧水务建设、管理模式探索、治理理念等方面总结了两河流域的治理成效；第 6 章总结及可持续发展，总结了三峡治水模式在两河流域实践的主要经验，并对水环境治理的可持续发展进行了探讨和展望。

本书将水环境治理的基础理论和工程实践相结合，在城市水环境整治方面具有一定的参考价值和指导意义，有助于推动我国城市水环境治理和污水处理提质增效工作的健康发展。

编著者

2023 年 6 月

# 目　录

## 第 3 章
## 工程案例

# 第 4 章
# 治理
# 经验

# 第5章 治理成果

# 第6章 总结及可持续发展

# 参考文献

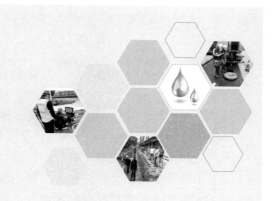

# 第 1 章　综述

## 1.1　国内水环境综合治理历程

水是一切生命机体的组成物质，也是生命代谢活动所必需的物质，又是人类进行生产活动的重要资源。20 世纪 50 年代以来，随着社会经济快速发展和人口剧增，人类活动对流域水资源利用和水环境破坏的强度不断加大，越来越强烈地影响水循环的过程[1]。20 世纪 60—80 年代，末端治理或污染控制成为我国城市污水处理与管理的主要手段。

1978—1999 年，我国地表水体质量不断恶化，污染加重。20 世纪 90 年代初期，湖泊富营养化问题比较突出，流经城市的河段污染十分严重。到 20 世纪 90 年代中期，各大江河均受到不同程度的污染，并呈发展趋势[2]。工业发达的城镇附近，水域污染尤为严重，大、中城市下游河段大肠杆菌污染明显加重。20 世纪 90 年代末期，我国七大水系的水质状况没有得到改善，水体污染程度仍在加重，范围也在不断扩大，地表水有机污染普遍，湖泊富营养化问题依旧严峻。90 年代后，环境保护和经济发展相协调的主张逐步成为人们的共识，以流域协调发展为目标的流域综合治理得到越来越多管理者和科学家的重视，强调全流域自然与人文要素的综合治理是实现流域协调发展目标的前提和条件[3]。

自"九五"计划开始，国家就集中力量对"三河三湖"（淮河、海河、辽河，以及太湖、巢湖、滇池）等重点流域进行综合整治。"十一五"以来，国家大力推进污染减排，水环境保护取得不错成效。但是，我国水污染严重的状况仍未得到根本遏制，区域性、复合型水污染问题日益凸显，已经成为影响我国水安全的最突出因素。

根据环保部的统计，2015 年，长江、黄河、珠江、松花江、淮河、海河、辽河 7 大流域和浙闽片流域、西北诸河、西南诸河的 700 个国控断面中，Ⅳ类水质断面占 14.3%，Ⅴ类占 4.7%，劣Ⅴ类占 8.9%，主要集中在海河、淮河、辽河和黄河流域。主要污染物指标为化学需氧量、五日生化需氧量和总磷。全国 295 座地级及以上城市中，有 77 座城市没有发现黑臭水体，其余218座城市中，共排查出黑臭水体1861个。其中，河流1595条，占85.7%；湖、塘266个，占14.3%[4]。

为切实加大水污染防治力度，保障国家水安全，2015年2月，中央颁布了《水污染防治行动计划》（简称"水十条"），主要目标包括：到2020年，全国水环境质量得到阶段性改善，污染严重水体较大幅度减少，饮用水安全保障水平持续提升，地下水超采得到严格控制，地下水污染加剧趋势得到初步遏制，近岸海域环境质量稳中趋好，京津冀、长三角、珠三角等区域水生态环境状况有所好转[5]。到2030年，力争全国水环境质量总体改善，水生态系统功能初步恢复。到21世纪中叶，全国生态环境质量全面改善，生态系统实现良性循环。自"水十条"发布以后，我国水环境治理行业进入了政策密集发布期。2016年8月，国家发展改革委发布《"十三五"重点流域水环境综合治理建设规划》，规划旨在进一步加快推进生态文明建设，改善重点流域水环境质量，恢复水生态，保障水安全。2016年12月，国家发展改革委发布《"十三五"全国城镇污水处理及再生利用设施建设规划》，规划到2020年底，实现城镇污水处理设施全覆盖，城市污水处理率达到95%，其中地级及以上城市建成区基本实现全收集、全处理。

随着政策口径从点污染源治理向面源治理转变，治理方式逐步从传统的单体项目转向综合治理，治理理念逐步转变为"源头减排、过程控制、末端治理"，通过顶层设计，将碎片化的单体项目集中转变为系统性工程，不仅有利于提高资金效率，而且有利于水环境改善的可持续发展。目前"十三五"规划与"水十条"中所规定的各项2020年治理指标已基本完成，"十三五"期间水环境治理投资规模约为7344亿元，"十四五"期间或进一步加码至万亿元规模。

## 1.2 新时代城市水环境治理要求

十三届全国人大四次会议通过的《中华人民共和国国民经济和社会发展第十四个五年规划和2035年远景目标纲要》明确提出，要深入打好污染防治攻坚战，建立健全环境治理体系，推进精准、科学、依法、系统治污，协同推进减污降碳，不断改善水环境质量。"十四五"水生态环境持续改善的总体目标不变，内涵更加丰富和亲民；"十三五"关注的重要河湖水体不变，"十四五"任务更加艰巨；水环境治理力度不变，重点工程更注重生态修复。

新发展阶段是实现人与自然和谐共生的重要阶段。重点流域水生态环境保护"十四五"规划从群众最关心、最期盼的事情做起，着力构建水资源、水生态、水环境"三水"统筹的规划指标体系[6]。

水资源方面，以生态流量的保障为重点，力争在"有河有水"方面实现突破。确定了达到生态流量（水位）底线要求的河湖数量、恢复"有水"的河流数量两项指标。

水生态方面，以维护河湖生态功能需要为重点，力争在"有鱼有草"方面实现突破。确定了水生生物完整性指数、河湖生态缓冲带修复长度、湿地恢复（建设）面积、重现土著鱼类或水生植物的水体数量4项指标。

水环境方面，有针对性地改善水环境质量，努力在"人水和谐"上实现突破。确定了地表水优良（达到或优于Ⅲ类）比例、劣Ⅴ类水体比例、水功能达标率、城市集中式饮用水水源达到或优于Ⅲ类比例、城市建成区黑臭水体控制比例 5 项指标。此外，还确定了恢复"有水"的河流数量、重现土著鱼类或水生植物的水体数量和城市建成区黑臭水体控制比例 3 项老百姓能切实感受到的亲民指标。

进入新发展阶段，需要构建流域统筹、区域协同的水生态环境治理体系。"十三五"污染防治力度加大，生态环境明显改善，水生态环境保护工作取得了新的历史性成就，全面建成小康社会生态环境目标任务高质量完成，"十三五"规划确定的地表水优良水质比例、劣Ⅴ类水体比例两项水生态环境约束性指标均超额完成。尽管"十三五"水环境质量明显改善，但与建设美丽中国的目标相比，水生态环境保护结构性、根源性、趋势性压力总体上尚未根本缓解，改善成效并不稳固，水生态环境保护形势依然严峻。"十四五"时期，要着力构建起河湖统领、"三水"统筹、4 个"在哪里抓落实"的水生态环境保护工作体系，统筹水资源、水生态、水环境治理，实现"一河一策"，精准治污。

习近平总书记在党的十九大报告中指出，经过长期努力，中国特色社会主义进入新时代，我国社会主要矛盾已经转化为人民日益增长的美好生活需要和不平衡不充分的发展之间的矛盾。当前我国水环境综合治理主题和工作应紧紧围绕如何增强人民的获得感、幸福感、安全感等方面展开。另外，随着生态文明纳入中国特色社会主义事业"五位一体"总体布局以及长江经济带等一系列重大战略实施，国家对生态环境与经济社会的协调发展提出了更高的要求。

城市是长江经济带发展、长江大保护中非常重要的区域和环节，城市水问题已成为制约长江经济带生态文明建设的明显短板，具有问题多、任务重、难度大的特点。随着未来城镇化水平不断提高，城市规模持续扩大，长江经济带面临的水安全和水生态环境形势将越发严峻。解决好城市水问题，建设城市水生态文明，对实现长江大保护背景下城市可持续高质量发展具有重要意义。

# 1.3　九江市城市水环境概况

九江，简称"浔"，古时候又叫"柴桑、江州、浔阳"，是一座有着 2200 多年历史的江南名城。基于河川纵横、通达四方的地理环境，这里诞生了悠久而灿烂的文化，让九江成为一座集名江、名湖、名山、名城于一身的千年古城。

早在新石器时代，九江的先民就在这里劳动、生息、繁衍；西汉时，九江建县；晋代，逐渐成为通都大邑和东南望镇；唐代，成为名副其实的黄金水道；两宋时期，政府在这里设立铸币机构广宁监、江州会子务等金融机构，显示出九江经济和河运商贸活动的重要地位；明清时期，九江是长江黄金水道十大港口之一，成为全国著名的三大茶市和四大米市之一，也是全国最大的瓷器市场；鸦片战争后，九江被辟为通商口岸，成为进出口贸易的重要商埠，江西近代贸易的中心，与上海、汉口相比肩的商埠城市[7]。

九江地势地貌较为复杂，主要以江南丘陵为主，形成丘陵、山地、滨湖平原、沿江平原等多元化地形地貌综合体，整体呈东西高、南部略高、中部低、向北倾斜的趋势。这种地质地貌为地表水的蓄积与过境水、地下水的贮存提供了良好条件。流经九江境内的长江水域与鄱阳湖以及赣、鄂、皖 3 省的毗连的河流交流汇集，呈现百川归集的流域特征。但随着近年来经济社会的发展、城市规模的扩大和城市人口的增加，昔日碧水环抱、水可濯锦的九江市十里河、濂溪河及城内湖泊受到了不同程度的污染[8]。

# 1.4 九江市水环境综合治理项目概况

### 1.4.1 九江市中心城区水环境综合治理项目

为整体改善九江城区水环境，2017 年 12 月，三峡集团长江大保护九江项目前期工作组进驻九江，在江西省委省政府、九江市委市政府的大力支持下，2018 年 7 月，九江市中心城区水环境综合治理 PPP 一期项目率先落地实施，九江打响了城市水环境综合治理的"第一枪"。

九江市中心城区水环境综合治理共分为两期实施。一期项目作为三峡集团开展长江经济带城镇污水治理试点工程，重点梳理了中心城区（除浔阳古城保护区外）问题最突出、治理最迫切、示范意义最重要的工程项目作为治理的范围。项目建设工期 2～3 年，运营期 17～18 年，设计污水处理能力 14.5 万 $m^3/d$，设计管网长度 339.5km，服务城镇面积 56.5km²，服务人口 79.6 万人，主要包括以下 6 个子项工程：

（1）芳兰区域污水处理综合治理一期工程。

（2）白水湖区域污水处理综合治理一期工程。

（3）九江市中心城区长江排水口污水综合治理工程。

（4）两河（十里河、濂溪河）流域综合整治工程。

（5）八里湖赛城湖控制枢纽工程。

（6）环赛城湖区域污染控制及生态化改造工程。

九江一期项目的建设旨在优化中心城区防洪排涝安全格局；提升工程范围内市政管网系统运行效率，减少污水处理中存在的破损渗漏问题（根据政府文件要求，污水厂进水水质提升至 COD≥132mg/L）；减轻污水直排长江造成的污染，保障取水口水源安全；减少排入其他河道或湖泊的污染物，缓解地表水水污染状况，消除黑臭水体，对九江市绿色生态城市建设和长江大保护先行示范产生重要的示范引领作用。

九江二期项目总投资 66.15 亿元，合作期限 30 年，项目立足于污水处理提质增效，与一期项目形成互补，主要包括以下 6 个子项工程：

（1）老鹳塘污水系统提质增效工程。

（2）鹤问湖污水系统提质增效工程。

（3）中心城区分散区域污水系统提质增效工程。

（4）城镇污泥和餐厨垃圾处理处置工程。

（5）城区应急水源建设工程。

（6）智慧水务系统工程。

九江二期项目于 2020 年 11 月 24 日完成 PPP 合同签署，于 2020 年 12 月 4 日完成项目公司工商行政注册，项目公司正式成立。

### 1.4.2　九江市两河流域综合整治工程

九江市两河流域位于九江市中心城区，由十里河、濂溪河及其支流汇水范围组成。两河的源头水来自庐山，流经九江城区，注入八里湖前河道逐渐变宽，水流流速变缓使得上游的污染物沉积，水质不断变差，加之流经区域的排水系统不规范、沿河直排等问题，至两河下游的八里湖口时，下游 7.20km 河道成为轻度黑臭水体。

工程为全面消除十里河黑臭现象，使得远期两河河道水质达到地表 Ⅳ 类水标准，通过设立水安全、水环境、水生态等方面的目标，从整体上构建一个功能多元化和运营高效化的城市滨水绿廊。两河项目自开工以来，围绕十里河和濂溪河黑臭水体治理等突出问题，综合运用河道拓宽整治、污染源控制和兴建海绵城市设施等措施，解决防洪排涝、水质保障、景观营造等多方面问题，主要包括水资源调配及防洪工程、截污工程、河道清淤工程、补水活水工程、生态修复工程、环境景观提升工程、智能监测系统 7 大内容[9]。

通过系统治理，两河项目新建改造污水管网约 50km，完成 77 个小区管网改造，新建污水处理厂 2 座，污水处理规模日增 10 万 t。鹤问湖污水处理厂二期按照一级 A 标准排放，地下式污水处理厂按照地表水准 Ⅳ 类排放，服务面积 10.19km$^2$，服务人口 12 万人，小区改造前后污水收集率从 60％提升至 90％，出水 COD 浓度从平均 100mg/L 提升至 200mg/L 以上；新建初雨调蓄池 4 座；整治沿河直排口 50 余个。通过治理，每天减少约 10 万 m$^3$ 污水直排河道，削减入河污染物生化需氧量（BOD$_5$）约 3000t/a、化学需氧量（COD）约 5200t/a、总氮（TN）约 520t/a、悬浮物（SS）约 5000t/a、总磷（TP）约 80t/a。黑臭水体整治于 2020 年 4 月底全部完成。根据水质检测结果，两河 32 个检测断面河道水体氨氮、氧化还原电位、溶解氧及透明度 4 项指标均达标，河道水质均得到明显改善，十里河全线黑臭基本消除。3 座亲水公园，由昔日的"黑臭水体"变成如今公众争相游玩的"网红打卡地"，生态产品价值实现了有效转化，公众网络调查总满意度超 99％，治理效果显著[10]。

# 第2章 系统设计

## 2.1 基本情况

### 2.1.1 区域概况

两河（十里河、濂溪河）位于九江市中心城区，包括十里河、濂溪河以及小杨河、五柳河、濂溪河支流一、濂溪河支流二等支流河道。河道总长约40.6km，覆盖区域约20km²，涉及人口约27万人。两河的源头水来自庐山，源头水质可达到地表水Ⅱ类标准以上，流经九江中心城区后注入八里湖，最终排至长江。

两河（十里河、濂溪河）综合治理工程主要位于九江市中心城区的濂溪区和浔阳区，服务范围北至长虹大道、南至莲花大道、西至长江大道、东至陆家垄路—莲花大道，总面积19.25km²，属鹤问湖污水处理厂汇水范围。两河治理工程服务范围见图2-1。

### 2.1.2 水文概况

全市主要过境水体是长江，沿市域自西向东流，河床宽1.5～2km，常年洪水位18～18.25m（7—8月）。每年1—2月最低水位9.4m左右，最大流量8.17万 m³/s，年均流量2.43万 m³/s，

图2-1 两河治理工程服务范围

多年平均过境水量 7450 亿 m³。全市地表水资源水质情况良好，河流源头水质多在Ⅰ类，中下游常年能维持在Ⅲ类以上，部分河流枯水季节低于Ⅲ类。少量地区存在较为严重的污染，其中最主要的是重金属污染，滥用化肥、农药造成的水污染和生活垃圾污染。地下水除部分地区存在水的硬度大（矿盐含量高）问题外，整体水质较好，基本上尚未受到污染。

### 2.1.2.1　设计暴雨

采用等值线图查算法，根据《江西省暴雨洪水查算手册（2010 年版）》中短历时暴雨等值线图，查得两河流域设计点暴雨量见表 2-1。

表 2-1　两河流域设计点暴雨量　　　　　　　　　单位：mm

| 历时 | 统计参数 | | | 重现期 | | | | |
|---|---|---|---|---|---|---|---|---|
| | $E_x$ | $C_v$ | $C_s/C_v$ | 100a | 50a | 20a | 10a | 5a |
| 1h | 45 | 0.4 | 3.5 | 103.9 | 93.7 | 79.9 | 69.1 | 57.7 |
| 6h | 70 | 0.5 | 3.5 | 191.5 | 169.1 | 139.2 | 116.2 | 92.8 |
| 24h | 114 | 0.5 | 3.5 | 311.9 | 275.4 | 226.7 | 189.3 | 151.1 |

### 2.1.2.2　设计洪水

根据《江西省暴雨洪水查算手册（2010 年版）》说明，采用推理公式法由设计暴雨计算设计洪水，两河主要断面设计洪峰流量见表 2-2。

表 2-2　两河主要断面设计洪峰流量

| 河道 | 断面 | 集水面积（km²） | 洪峰流量（m³/s） | | | |
|---|---|---|---|---|---|---|
| | | | 2% | 5% | 10% | 20% |
| 十里河 | 莲花大道 | 6.65 | 79 | 63 | 49 | 57 |
| | 濂溪河汇入口 | 21.29 | 185 | 141 | 110 | 79 |
| | 八里湖河口 | 47.12 | 348 | 269 | 208 | 150 |
| 濂溪河 | 入十里河处 | 18.32 | 138 | 106 | 83 | 59 |
| | 莲花大道 | 8.15 | 117 | 94 | 73 | 51 |

### 2.1.2.3　防洪标准

根据 GB 50201—2014《防洪标准》、SL 252—2017《水利水电工程等级划分及洪水标准》中相关规范要求，并考虑与下游八里湖堤防等级衔接（防洪标准 50 年一遇，堤防等级为 3 级），综合确定十里河、濂溪河城区段（莲花大道以下）防洪标准采用 50 年一遇，堤防等级为 3 级；十里河、濂溪河城郊段（莲花大道以上）防洪标准采用 20 年一遇，堤防等级为 4 级。

### 2.1.3　水系概况

九江市中心城区东临鄱阳湖，北靠长江，市区内诸水直接汇入长江，属长江一级小支流。因为这些小支流多位于长江中游下端南岸的丘陵地带，所以均先流入沿江南岸的小湖泊，然后再经湖泊出口汇入长江。九江市区沿江一带分布八里湖、赛城湖、白水湖、甘棠湖、南湖和琵琶湖等通江湖泊。

#### 2.1.3.1　外河水系

长江：江水与河湖水相通，可起调节作用，每年有 40 天时间长江水位高于河湖水面，其他时间龙开河、甘棠湖、八里湖均可流入长江。1998 年 7 月长江水位达 23.03m。

鄱阳湖：鄱阳湖水位涨落受五河（赣江、抚河、信江、饶河、修河）及长江来水的双重影响。洪水季节，水位升高，湖面宽广，一望无际；枯水季节，水位下降，洲滩出露，湖水归槽，蜿蜒一线。洪、枯水的水面、容积相差较大。

#### 2.1.3.2　内湖水系

八里湖：位于市区西南部，流域面积约 273km²，主要水源是庐山北部的来水，流域内主要水系有十里河、沙河等。

赛城湖：位于九江市区西部，东与八里湖仅一堤之隔（八赛隔堤），由赛湖和城门湖组成，故全称赛城湖。赛城湖全流域面积为 991km²，主要水源有长河和城门湖水。

甘棠湖及南门湖：位于九江市城区中心。两湖连通在一起，中间有小堤和桥涵隔开，西边的称甘棠湖，东边的称南门湖。

白水湖：位于九江东部的长江大桥附近，集水面积 15.63km²。白水湖最高设计水位 18.00m，常水位 15.62m。

琵琶湖：位于九江东部的石化总厂附近，集水面积 11.30km²，常水位 15.62m。

十里河：是八里湖的两条主要支流之一，发源于庐山北坡，由濂溪水系和莲花水系交汇而成，河流自南向北流经庐山区、开发区，在九江职业技术学院附近与濂溪河交汇后改道向西流入八里湖，全流域面积约 43.9km²。

### 2.1.4　河道情况

#### 2.1.4.1　基本情况

1. 十里河

十里河整治工程，南起莲花洞森林公园，北抵八里湖，全长约 12.5km，全线均为敞开段，工程范围见图 2-2。工程将十里河分为 5 段：

Ⅰ段：莲花洞森林公园—莲花大道。

Ⅱ段：莲花大道—濂溪大道。

Ⅲ段：濂溪大道—昌九高速。

Ⅳ段：昌九高速—长虹大道。

Ⅴ段：长虹大道—八里湖。

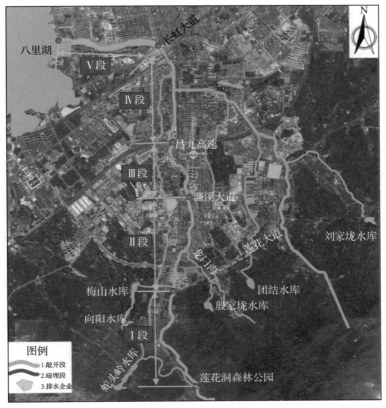

图2-2  十里河整治工程范围

十里河莲花大道以南沿线以农村自建房（农家乐）为主，莲花大道至八里湖沿线以棚户区、住宅小区为主。沿岸排水口共 62 个，其中排污口 32 个，雨水口 30 个，沿线共有 3 条支流汇入，分别为濂溪河、小杨河和龙门沟。

十里河上游水体清澈见底，底部沉积物少。水体流经城区后，水质逐步恶化，至八里湖汇入点，水体浑浊，河底淤泥沉积明显。

十里河沿线共穿越约 11 个小区，分别为怡溪苑、新桥新村、华声社区、莲花社区、奥克斯缔壹城、十里蓝山、轻机生活区、俊逸社区、十里河岸、水木清华、湖畔花园，其中怡溪苑、奥克斯缔壹城、十里蓝山、十里河岸、水木清华、湖畔花园为分流制排水系统；新桥新村、华声社区、莲花社区、轻机生活区、俊逸社区为合流制排水系统。沿岸排污口 32 个，雨水口 30 个。十里河沿线小区及用地现状见图 2-3。

1）莲花洞森林公园—莲花大道

该河段两侧为原始生态自然护坡，沿线少有污水接入，水体清澈见底，水体流速较快，底部沉积物较少。该河段两侧用地为原始生态自然山林，沿线分布农村自建房（农家乐），暂无棚改计划。该段农村自建房沿河修建，全线无截污管道。

2）莲花大道—濂溪大道

该河段南段驳岸已建成，北段为生态自然护坡，沿线有部分污水接入，水体略变浑浊，河底存有部分沉积物。该河段两侧用地为住宅，南段住宅为新建小区，北段以棚户区为主，

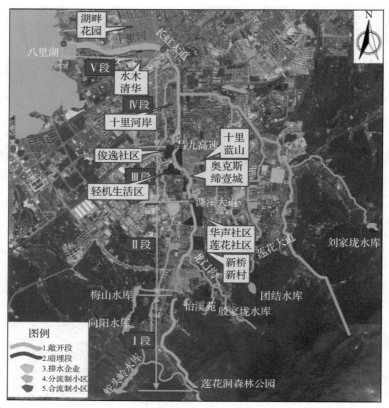

图 2-3　十里河沿线小区及用地现状

沿线棚户区已列入拆迁计划。该段棚户区及小区围墙沿河修建，学府一路至濂溪大道段于河底敷设两根 DN600 截污管道。

3）濂溪大道—昌九高速

该河段全线驳岸已建成，沿线少有污水接入，水体略微变浑浊，河底存有部分沉积物。该河段南山路以南西侧为商业用地，东侧为在建住宅；南山路以北两侧为住宅，无棚改计划，沿河生态缓冲绿带已建成。该河段全线敷设两根 DN800～DN1200 截污管道，南山路以南段敷设于河底，南山路以北段敷设于沿岸道路。

4）昌九高速—长虹大道

该河段驳岸已建成，沿线有大量污水排入，水体略显浑浊，垃圾沉积显著，水体透明度约为 0.3m，河底依稀可见。该河段两侧用地以公共建筑、住宅为主，无棚改计划，沿河生态缓冲绿带已建成。该河段全线于岸边敷设两根 DN1200 截污管道。整治前该河段 P1、P2、P3、P4 排口分布情况见图 2-4，整治前该河段 P1、P2 排口状况见图 2-5。

5）长虹大道—八里湖

该河段沿线有污水排入，十里河南侧有垃圾、枯枝等堆放，水体较为浑浊。该河段两侧为新建小区，沿河驳岸及绿化带已建成。该河段全线于南侧岸边敷设一根 DN2000 截污管道。整治前该河段 P1、P2、P3、P4 排口状况见图 2-6。

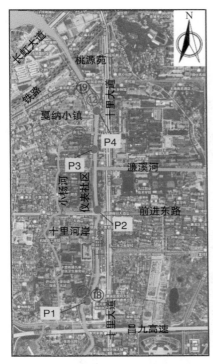

（a）沿河管道 P1 排口

（b）沿河箱涵 P2 排口

图 2-4　整治前昌九高速—　　　　　图 2-5　整治前昌九高速—
长虹大道河段 P1、P2、P3、P4 排口分布情况　　长虹大道河段 P1、P2 排口状况

图 2-6　整治前长虹大道—八里湖河段 P1、P2、P3、P4 排口状况

2. 濂溪河

濂溪河整治工程，整治范围全长约 8.0km，全线均为敞开段，工程范围见图 2-7。工程将濂溪河分为 4 段：

Ⅰ 段：马尾水—莲花大道。

图2-7　濂溪河整治工程范围

Ⅱ段：莲花大道—濂溪大道。

Ⅲ段：濂溪大道—昌九高速。

Ⅳ段：昌九高速—十里河。

濂溪河莲花大道以南沿线为农村自建房，莲花大道至十里河沿线以棚户区、住宅小区为主。沿线共有3条支流汇入，分别为五柳河、濂溪河支流1和濂溪河支流2。

濂溪河上游水体清澈见底，底部沉积物少。水体流经城区后，水质逐步恶化，至十里河汇入点，水体浑浊，河底淤泥沉积明显。濂溪河上游水库见图2-8。

（a）殷家垅水库

（b）团结水库

（c）刘家垅水库

图2-8　濂溪河上游水库

1) 马尾水—莲花大道

该河段两侧为原始生态自然护坡，沿线少有污水接入，水体清澈见底，流速较快，底部沉积物较少。该河段两侧用地为原始生态自然山林，沿线东侧分布有农村自建房，暂无棚改计划。该河段西侧为农田和芦苇丛，东侧为农村水泥路，全线无截污管道。整治前该河段L1、L2、L3、L4河道状况及周边用地情况分别见图2-9、图2-10。

图2-9　整治前马尾水—莲花大道河段L1、L2、L3、L4河道状况

图2-10　整治前马尾水—莲花大道河段L1、L2、L3、L4河道周边用地情况

2) 莲花大道—濂溪大道

该河段大部分驳岸已建成，小部分为生态自然护坡。沿线有部分污水接入，有垃圾堆放，水体略微变浑浊，河底存有部分沉积物。该河段两侧用地以老旧小区及棚户区为主，西侧为水泥路，目前暂无棚改计划。全线于河底敷设一根DN600截污管道。整治前该河段L1、L2、L3、L4河道状况及周边用地情况见图2-11和图2-12，周边用地鸟瞰图见图2-13。

图2-11　整治前莲花大道—濂溪大道河段L1、L2、L3、L4河道状况

图2-12　整治前莲花大道—濂溪大道河段L1、L2、L3、L4河道周边用地情况

（a）沿河农田　　　　　　　　（b）沿河房屋建筑

图2-13　整治前莲花大道—濂溪大道河段周边用地鸟瞰图

3）濂溪大道—昌九高速

该河段驳岸已建成，沿线有大量污水接入及垃圾堆放，水体较为浑浊，透明度低，垃圾石块堆积，淤泥沉积较明显。该河段南段穿越九江职业技术学院，北段两侧用地以老旧小区及棚户区为主，暂无棚改计划。河道穿越九江职业技术学院段两侧为绿化带，北段棚户区、老旧小区建筑沿河而建。该段全线于河底敷设一根DN800～DN1000截污管道。整治前该河段L1、L2、L3、L4河道状况及周边用地情况见图2-14，周边用地鸟瞰图见图2-15。

图2-14　整治前濂溪大道—昌九高速L1、L2、L3、L4河道状况及周边用地情况

（a）沿河用地情况　　　　　　　（b）沿河房屋建筑

图2-15　整治前濂溪大道—昌九高速河段周边用地鸟瞰图

4）昌九高速—十里河

该河段驳岸已建成，沿线有大量污水接入及垃圾堆放，水体较为浑浊，透明度低，垃圾石块堆积，淤泥沉积较明显。该河段穿越九江学院、九江职业技术学院及老旧小区和棚户区，暂无棚改计划。该段全线于河底敷设一根DN1000～DN1350截污管道。整治前该河段L1、L2、L3河道状况及周边用地情况见图2-16和图2-17，周边用地鸟瞰图见图2-18。

图 2-16 整治前昌九高速—十里河河段 L1、L2、L3 河道状况

图 2-17 整治前昌九高速—十里河河段 L1、L2、L3 河道周边用地情况

（a）河道鸟瞰图　　　　　（b）沿河房屋建筑

图 2-18 整治前昌九高速—十里河河段周边用地鸟瞰图

### 2.1.4.2 水质情况

#### 1. 十里河

十里河上游各项水质指标均可满足地表水Ⅳ类水水质标准，主要污染物为总氮、氨氮。随着十里河进入城区段，沿线溢流污水和面源污染接入，河水水质逐渐恶化，从昌九高速下游开始，河道水质变为Ⅴ类，至濂溪河入口下游，河道水质变为劣Ⅴ类，发黑发臭。十里河沿线水质采样点位置示意图见图 2-19。

对整治前的十里河化学需氧量、氨氮、总磷、总氮、悬浮物 5 个指标进行检测，得到十里河水质分析结果，见表 2-3。整治前十里河各采样点水质指标浓度见图 2-20～图 2-23。

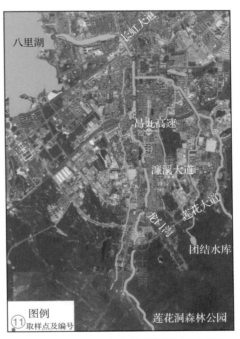

图 2-19 十里河沿线水质采样点位置示意图

表2-3　整治前十里河水质分析　　　　　　　　　　　　　　单位：mg/L

| 采样点编号 | 化学需氧量（COD$_{Cr}$） | 氨氮（NH$_3$-N） | 总磷（TP） | 总氮（TN） | 悬浮物（SS） |
|---|---|---|---|---|---|
| 7 | 8 | 0.027 | 0.086 | 0.9 | 12 |
| 8 | 30 | 1.151 | 0.106 | 3.15 | 10 |
| 9 | 21 | 2.618 | 0.322 | 4.95 | 13 |
| 10 | 20 | 1.381 | 0.238 | 3.23 | 7 |
| 11 | 30 | 1.4 | 0.272 | 2.86 | 11 |
| 12 | 60 | 14.19 | 1.22 | 16.4 | 6 |
| 13 | 36 | 3.378 | 0.38 | 6.4 | 23 |
| 14 | 91 | 10.66 | 0.97 | 14.4 | 25 |

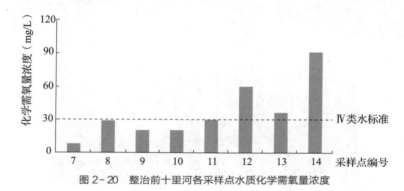

图2-20　整治前十里河各采样点水质化学需氧量浓度

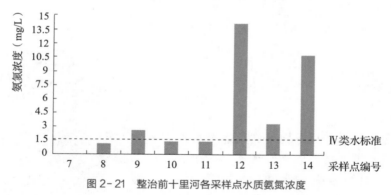

图2-21　整治前十里河各采样点水质氨氮浓度

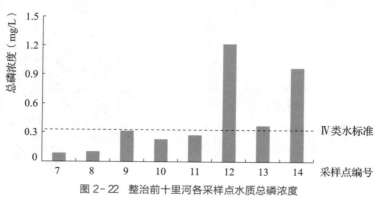

图2-22　整治前十里河各采样点水质总磷浓度

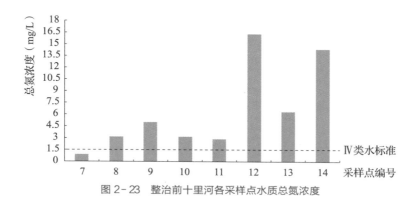

图2-23 整治前十里河各采样点水质总氮浓度

2. 濂溪河

濂溪河濂溪大道以北段主要采样点水质指标均可满足地表水Ⅴ类水水质标准，主要污染物为总氮。随着濂溪河进入城区段，沿线溢流污水和面源污染接入，河水水质恶化，河道水质逐渐变为Ⅴ类，水体的主要污染物为氨氮和总氮。濂溪河沿线水质采样点位置示意图见图2-24。

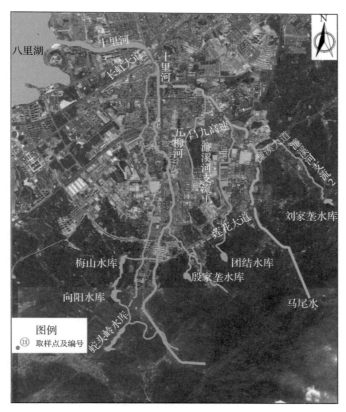

图2-24 濂溪河沿线水质采样点位置示意图

对整治前的濂溪河化学需氧量、氨氮、总磷、总氮、悬浮物5个指标进行检测，得到濂溪河水质分析见表2-4。整治前各采样点水质指标浓度见图2-25～图2-28。

表 2-4　整治前濂溪河水质分析　　　　　　　　　　　　单位：mg/L

| 采样点编号 | 化学需氧量（COD$_{Cr}$） | 氨氮（NH$_3$-N） | 总磷（TP） | 总氮（TN） | 悬浮物（SS） |
|---|---|---|---|---|---|
| 1 | 12 | <0.025 | 0.07 | 1.07 | 6 |
| 2 | 20 | 1.52 | 0.228 | 3.45 | 15 |
| 3 | 15 | 0.444 | 0.158 | 1.89 | 8 |
| 4 | 37 | 4.746 | 0.362 | 6.36 | 22 |
| 5 | 21 | 4.138 | 0.448 | 6.08 | 6 |
| 6 | 22 | 1.815 | 0.328 | 4.85 | 5 |

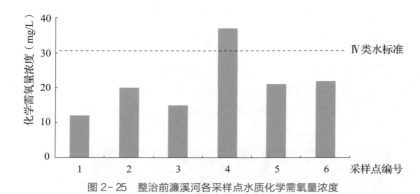

图 2-25　整治前濂溪河各采样点水质化学需氧量浓度

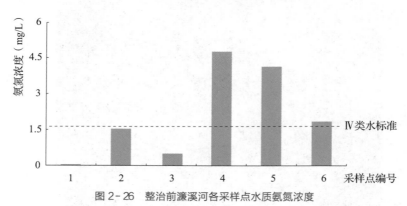

图 2-26　整治前濂溪河各采样点水质氨氮浓度

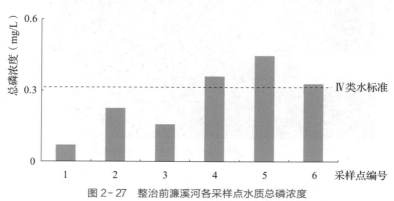

图 2-27　整治前濂溪河各采样点水质总磷浓度

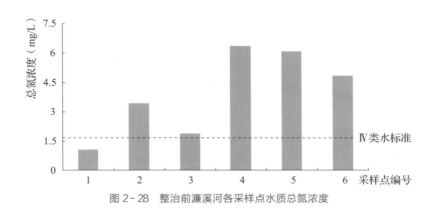

图 2-28　整治前濂溪河各采样点水质总氮浓度

### 2.1.4.3　底泥情况

为了解两河（十里河、濂溪河）河道底泥状况，工程选取两河及其支流的重要节点进行底泥监测，监测点位的空间分布见图 2-29、图 2-30。

#### 1. 十里河下游（长虹西大道—八里湖）

淤积底泥主要分布在十里河下游河势缓和段，河段底泥平均厚度 0.74 m。十里河水域靠近八里湖的 DNS1 和 DNS2 断面底泥厚度最大，断面中部底泥厚度为 0.93m 和 1.27m，DNS3～DNS7 断面区间河槽中部的底泥厚度为 0.85～0.90m，DNS8 断面上为砾石河床基底，仅护岸坡脚处存有少量底泥。同一断面底泥厚度差异较大，一般顺直河段中间厚、两侧薄，如 DNS1、DNS2、DNS6 和 DNS7 断面处；靠近北侧凸岸处偏薄，靠近南侧凹岸处偏厚，如 DNS3 断面处。十里河下游底泥厚度分布图见图 2-31。

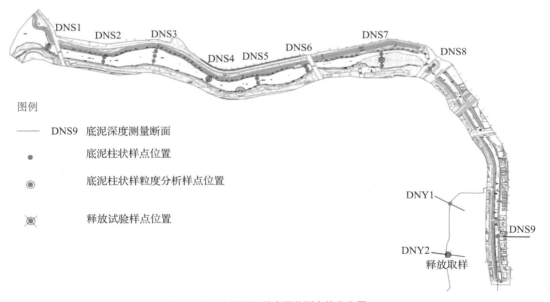

图 2-29　十里河下游底泥监测点位分布图

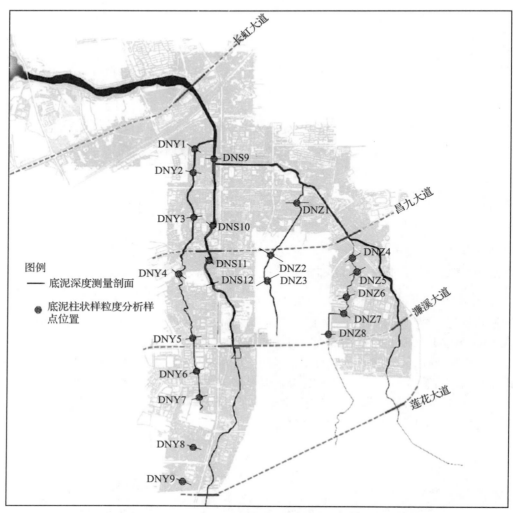

图2-30 十里河中上游、濂溪河及支流底泥监测点位分布图

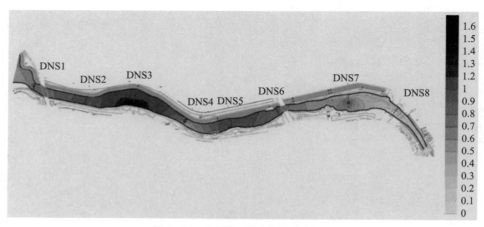

图2-31 十里河下游底泥厚度分布图

根据十里河下游底泥蓄存厚度的实测结果，十里河下游的底泥受河道水流流态影响分布不均，同一断面上底泥厚度也存在较大变化。总体来看，底泥厚度呈现沿水流方向递增的趋势，第7个断面（DNS7）存在底泥淤积现象，仅在断面DNS7-4处存在过水河道，DNS7-1、DNS7-2和DNS7-3处的底泥均位于水面以上形成河滩。第3个断面的左岸测量点（DNS3-3）厚度最大，为1.63 m。十里河下游河段淤积底泥总量约13万 m³。

2. 十里河中游

十里河中游分布5座钢坝，自下至上底泥厚度呈逐步递减趋势，DNS9、DNS10、DNS11和DNS12断面处底泥厚度分别为0.35m、0.31m、0.25m和0m。

3. 小杨河及濂溪河支流

小杨河，濂溪河支流一、支流二，以及五柳河各断面上均未发现明显底泥分布。除支流末端河段为石质底床，上覆生活垃圾外，其余河段均为石质河床，缝隙存有少量粗砂。

4. 十里河底泥分析

1）底泥有机污染物分析

为全面分析该河段底泥理化性质、污染物平面和垂直分布规律以及底泥对水质的影响情况，项目团队进行了底泥有机污染物的检测分析工作。

根据检测结果，调查范围内底泥TP含量为1028～2822mg/kg，TN含量为1622～1812mg/kg，参考《湖泊河流环保疏浚工程技术指南》，高氮磷污染底泥界定值为TP≥625mg/kg、TN≥1627mg/kg，该调查范围柱状样浓度普遍大于该参考值，采样点底泥深度达到20～50cm，污染物的垂直分布具有明显的趋同性，差异性较小，且都具有较强的污染性。不同深度底泥总磷、总氮含量见图2-32。

2）底泥重金属污染物分析

本次调查共测试了8项重金属（铜、铅、锌、砷、汞、镉、镍、铬）和1项无机物（六价铬）指标，采用GB 36600—2018《土壤环境质量建设用地土壤污染风险管控标准（试行）》对重金属和无机物含量进行评价。标准对铜、铅、锌、砷、镍、汞、铬这7种重金属及六价铬含量的建设用地土壤污染风险筛选值（建设用地土壤污染风险筛选值指的是在特定土地利用方式下，建设用地土壤中的污染物低于或等于该值的，对人体健康的影响可忽略；超过该值的，对人体健康可能存在风险）做了规定，对于总Cr和总Zn含量，标准无明确规定，故采用湖南地方标准DB43/T 1165—2016《重金属污染场地土壤修复标准》中针对目标用地为居住用地的重金属总量标准值为参考进行评级，总Cr和总Zn的标准值分别为400mg/kg和500mg/kg。总体上底泥重金属污染风险较低，但严重影响到地表水Ⅳ类水目标，可以采用保护性清淤工艺进行处理，淤泥经过物理化学反应加工成泥饼用作化肥，争取无害化处理。

该段河道河床平缓，水动力条件及自净能力差，受外源污染负荷波动影响大，建议采取沿河截污、生态修复、上游河段施工环保监督等措施，以维护底泥状况和下游水质。

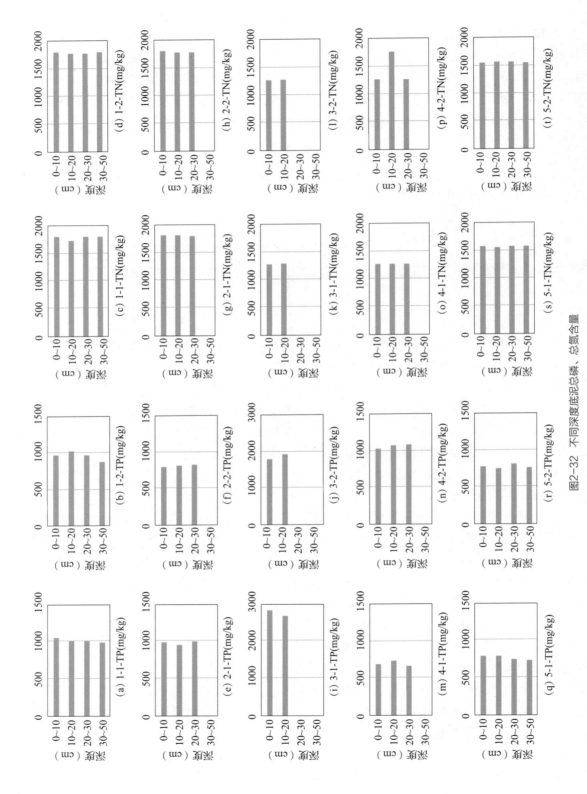

图2-32 不同深度底泥总磷、总氮含量

### 2.1.4.4　生态情况

#### 1. 生境条件

十里河昌九高速以南河道底质以砾石为主，中上游存在断流现象，以北下游淤积明显，呈现厌氧黑臭现象。莲花大道以南河道护岸为自然生态河道，生境条件优良；十里大道以北以新建护岸为主，硬质化问题突出。整治前十里河上游、中游及下游段水生态状况见图 2-33 和图 2-34。

（a）上游河段　　　　　　　　　　（b）中游河段

图 2-33　整治前十里河上游、中游段水生态状况

图 2-34　整治前十里河下游段水生态状况

#### 2. 生物群落

整治前，十里河普遍存在水生植物群落种类少、数量少、分布不均匀等问题；莲花大道以南河段山溪性特征明显，河岸带植被群落丰富，河床内无植被分布；十里大道以南河段，全线基本无水生植物。河道水体总体污染严重，底栖生物群落种类少、数量少，罕见有鱼类分布。

#### 3. 景观现状

已建护岸段，十里河（八里湖至南山路段、怡溪苑公租房段）及濂溪河（九江职业技术学院段、九江新天地段、九江职业技术学院新校区段、5727 宿舍区段）护岸景观建设较好，其余部分河段景观功能较差。未建护岸段，除莲花大道河段为天然河道，植被较好外，其余河段景观功能较差。

### 2.1.5　排水情况

### 2.1.5.1　截污系统情况

十里河截污系统沿十里河、濂溪河敷设 DN600～DN2200 截污干管，污水通过两河截污管收集，经八里湖污水提升泵站，进入鹤问湖污水处理厂处理。其中，十里河学府二路—濂溪大道段沿线于河底两侧已敷设 DN600 截污干管；十里河濂溪大道—长虹大道段沿线于河岸两侧已敷设 DN800～DN1500 截污干管；十里河长虹大道—八里湖段于河道南侧已敷设 DN2000 截污干管；濂溪河莲花大道—十里河段全线于河底敷设一根 DN600～DN1350 截污干管，在十里河与濂溪河交界处汇入十里河截污管。十里河截污干管系统示意图见图 2-35。

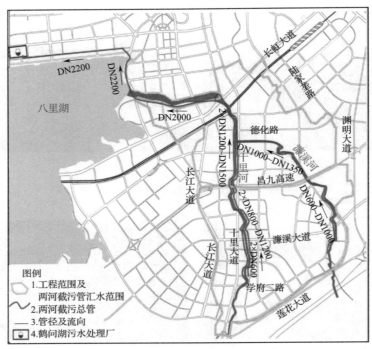

图 2-35  十里河截污干管系统示意图

整治前，十里河两岸虽然已敷设了截污干管，取得了一定的成效，但是污水直排、雨天合流制溢流污染以及初期雨水面源污染仍十分严重，并存在以下问题：

（1）有污水通过河道两岸排口直排入河道，对水体水质造成严重影响。

（2）污水截流设施简陋，难以控制截流水量和截流水质。

（3）少量雨水排口位于常水位以下，污水截流设施存在河水倒灌及外溢问题。

（4）初期雨水无任何收集处理设施。

（5）河道表面漂浮少量生活垃圾，易致河道水质恶化。

### 2.1.5.2  排水体制情况

工程排水体制以昌九高速为界，其中昌九高速以南二级管网雨污基本分流，三级管网基本实现雨污分流，存在部分棚户区及老旧小区雨污合流；昌九高速以北截流式合流制和分流制并存。

根据两河流域雨污水管网分区情况，将两河流域汇水范围共划分为 34 个排水分区和南山公园片区。高速以北共计 19 个分区，合流制和分流制并存，其中分流制排水分区 11 个，合流制排水分区 8 个；高速以南共计 15 个分区和南山公园片区，15 个分区以分流制排水体制为主，其中分流制排水分区 12 个，合流制排水分区 2 个，分流合流并存区 1 个。

昌九高速以北以合流制小区为主，片区维持合流制，有条件的小区可进行雨污分流改造；昌九高速以南以分流制小区为主，片区维持分流制；城中村、无拆迁计划的棚户区暂维持合流制。

### 2.1.5.3　河道排口情况

按照国家发布的《城市黑臭水体整治——排水口、管道及检查井治理技术指南（试行）》的要求，河道排水口类型分为分流制污水直排口、分流制雨水直排口、分流制雨污混接雨水直排口、分流制雨污混接截流溢流口、合流制直排口、合流制截流溢流口 6 大类。

十里河沿线共计排口 275 个（含小排口），其中分流制污水直排口 73 个、分流制雨水直排口 170 个、合流制直排口 15 个、分流制雨污混接雨水直排口 15 个、合流制截流溢流排水口 2 个。

### 2.1.5.4　市政管网情况

#### 1. 市政管网排水体制

九江市中心城区范围内老城区、新城区、城乡接合部并存，老城区早期建设的排水管网采用合流制，新城区随道路建设已按分流制要求埋设雨污水管网系统。城区大部分合流管通过截流干管进入污水处理厂，但老城区还有部分地区的合流管未进入截流干管，直接通过出江泵站排入长江。

#### 2. 市政管网总体布局

根据管网普查资料，九江市城区排水管（渠）总长度为 511.7km，其中雨水管（渠）319.5km，雨污合流管（渠）192.2km。此外，由于城西片区、八里湖南片区暂未进行管网普查，根据其现有排水管资料得知该片区雨水管长度约 149km（管长不包括连接雨水口的支管长度）。因此，九江市城区排水管（渠）总长度为 660.7km。城区内市政排水管网主要为 DN300～DN2200 尺寸圆管，其中 DN600～DN800 圆管占总管渠的 48.9%。九江市管渠类型占比见图 2-36。

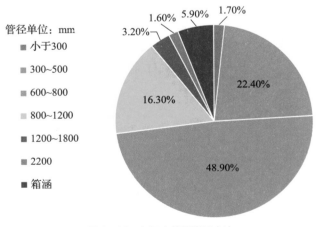

图 2-36　九江市管渠类型占比

### 3. 市政二级排水管网情况

两河市政道路二级管网以昌九高速为界。

昌九高速以北，市政道路二级管网分流制与合流制并存，区域包括杭州路、长江大道、九莲北路等；合流制道路主要包括十里大道（杭瑞高速以北）、长虹大道、上海路、前进西路、前进东路等。两河（昌九高速以北）市政道路二级管网示意图见图2-37。

图2-37　两河（昌九高速以北）市政道路二级管网示意图

昌九高速以南，市政道路二级管网以雨污分流为主，其中分流制道路有10条，分别为十里大道（莲花大道—南山路）、九莲南路、木樨路、莲花大道、前进东路、昌九高速、濂溪大道、学府二路、学府路、南山路；合流制道路为十里大道（南山路—昌九高速）。两河（昌九高速以南）市政道路二级管网示意图见图2-38。

图2-38　两河（昌九高速以南）市政道路二级管网示意图

昌九高速以北市政道路共计混接点 37 处，其中十里河南路 12 处、长江大道 12 处、紫阳北路 6 处、青年路 5 处、欣荣路和龙开河路各 1 处。混接等级根据《城市黑臭水体整治——排水口、管道及检查井治理技术指南》中 3.7.4 节确定。

### 4. 市政三级排水管网情况（小区管网）

两河流域三级管网以昌九高速为界。昌九高速以北以合流制小区为主，片区维持合流制，有条件的小区可进行雨污分流改造。昌九高速以南以分流制小区为主，片区维持分流制。城中村、无拆迁计划的棚户区暂维持合流体制。两河截污系统小区管网分布示意图见图 2-39。

图 2-39　两河截污系统小区管网分布示意图

两河截污系统服务范围待改造小区（含道路市政管道、学校等）共计 75 个。其中，合流制体系小区 33 个，覆盖面积约 141hm²；分流制体系小区 42 个，覆盖面积约 502hm²。

## 2.1.5.5　污水厂建设情况

两河汇水范围属于鹤问湖污水处理厂服务范围。鹤问湖污水处理厂位于九江市经济技术开发区，污水处理规模为 10 万 m³/d，远期规划设计规模为 30 万 m³/d。

污水处理厂一期采用 CAST 工艺，主要处理城市生活污水，出水采用紫外线消毒，经提标后，出水水质达到国家一级 A 排放标准，处理后的尾水排入新开河，最终汇入长江，污泥处理采用带式浓缩脱水一体机，脱水后污泥外运处理。

污水收集管网系统由 3 部分组成：第一部分为十里河及龙开河片区，这两个区域的污水沿环湖东路经已建成的八里湖泵站及龙开河泵站收集输送至污水厂；第二部分为开发区内以九龙街东侧为界的污水厂周边区域，这部分污水自流至污水处理厂；第三部分为开发区内泵站收水范围内污水，通过水泵输送至污水厂。

## 2.1.5.6　污染源解析

### 1. 气象分析

#### 1）降雨原始数据

九江市 1982 年 1 月 1 日至 2011 年 12 月 31 日共 30 年的原始降雨数据，降雨时间以日为单位，最小深度增量为 0.1mm，用于本研究的降雨计算使用。

2）降雨特点分析

根据 30 年原始降雨数据分析，九江市属中亚热带向北亚热带过渡的湿润季风气候带，气候温和、光照充足、雨量充沛、无霜期长，有利于农作物的生长。多年平均年降水量 1321.7～1527mm，雨日 140d 左右，年最大降水量 2165.7mm，最小降水量 868mm，3—6 月降水量占全年降水量的 53%，9—12 月降水量占全年降水量的 18%。

2. 典型年选择

根据欧美发达国家通行算法，通过分析历年实测降雨资料，制定当地典型年连续降雨数据，符合当地降雨实际情况，能反映具体区域的降雨特征，对进入河道的污染物负荷、CSO 溢流量可以做出较符合实际的计算评估。

根据九江市 30 年（1982—2011 年）的降雨数据，按月总降雨量进行排列，计算月平均总降雨量；从 30 年降雨数据中统计典型月降雨量并重新组合，组成人工模拟的典型年降雨，全年降雨量为 1460.6mm。九江市模拟典型年 5min 间隔降雨序列见图 2-40。九江市典型年逐月降雨量见表 2-5。

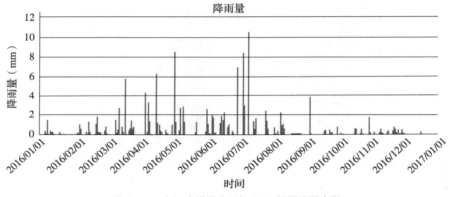

图 2-40　九江市模拟典型年 5min 间隔降雨序列

表 2-5　九江市典型年逐月降雨量

| 月份 | 降雨量（mm） |
| --- | --- |
| 1 月 | 71.9 |
| 2 月 | 92.6 |
| 3 月 | 144.5 |
| 4 月 | 171.7 |
| 5 月 | 190.0 |
| 6 月 | 193.4 |
| 7 月 | 190.6 |
| 8 月 | 133.1 |
| 9 月 | 78.4 |
| 10 月 | 75.9 |
| 11 月 | 69.6 |
| 12 月 | 48.9 |

### 3. 降雨特性

根据 5min 间隔的典型年降雨数据划分降雨场次，划分得到九江市全年降雨共 241 场。扣除 2mm 以下的降雨，得到有效降雨 88 场。其中单场次最大降雨 80mm，最小降雨 2mm，88 场降雨平均场次降雨量为 15.96mm。

统计 88 场降雨的降雨历时，其中降雨历时最长为 46.33h，最短为 0.17h，88 场降雨平均降雨历时为 9.15h。

### 4. 点源污染

两河流域排水体制以昌九高速为界，其中昌九高速以南大部分区域为雨污分流体制，部分棚户区及老旧小区为雨污合流体制；昌九高速以北区域截流式合流制和分流制并存，分流制区域存在雨污混接情况，大量污水直排河道。根据排口的水量和水质检测数据，对入河的点源污染负荷进行估算，两河排口年均污染负荷估算结果见表 2-6 和表 2-7。

表 2-6　十里河排口年均污染负荷估算结果

| 排口编号 | 日流量（m³/d） | 污染负荷计算结果（t/a） | | | |
| --- | --- | --- | --- | --- | --- |
| | | COD_Cr | TP | TN | NH₃-N |
| S1 | 256.94 | 21.57 | 0.9266 | 3.17 | 0.20 |
| S7 | 342.64 | 22.26 | 0.7691 | 3.39 | 2.59 |
| S8 | 295.51 | 15.53 | 0.6569 | 3.12 | 2.22 |
| S11 | 3351.52 | 146.80 | 2.4099 | 13.33 | 12.69 |
| S3 | 1.41 | 0.12 | 0.0018 | 0.01 | 0.00 |
| S2 | 81.25 | 5.87 | 0.2340 | 0.75 | 0.55 |
| S6 | 119.70 | 7.78 | 0.0952 | 0.44 | 0.28 |
| S10 | 8.67 | 0.42 | 0.0045 | 0.02 | 0.01 |
| S5 | 1.01 | 0.06 | 0.0011 | 0.004 | 0.002 |
| A1 | 0.39 | 0.04 | 0.0004 | 0.003 | 0.003 |
| A2 | 1782.74 | 136.65 | 0.9826 | 16.68 | 15.69 |
| A5 | 1553.31 | 104.32 | 0.7087 | 20.22 | 19.27 |
| A11 | 600.43 | 37.04 | 0.4800 | 7.05 | 6.77 |
| A12 | 159.93 | 7.36 | 0.3818 | 1.59 | 1.49 |
| A13 | 2.96 | 0.23 | 0.0015 | 0.04 | 0.04 |
| A14 | 22.30 | 1.01 | 0.0129 | 0.27 | 0.26 |
| A15 | 948.40 | 68.54 | 1.9697 | 9.75 | 9.20 |
| P13 | 42.00 | 3.80 | 0.0483 | 0.76 | 0.72 |
| P18 | 190.00 | 13.11 | 0.1761 | 2.17 | 2.02 |
| P7 | 0.16 | 0.01 | 0.0001 | 0.00 | 0.00 |
| P4 | 60.00 | 3.58 | 0.0403 | 0.53 | 0.49 |

续表

| 排口编号 | 日流量（m³/d） | 污染负荷计算结果（t/a） | | | |
|---|---|---|---|---|---|
| | | COD$_{Cr}$ | TP | TN | NH$_3$-N |
| P3 | 0.90 | 0.04 | 0.0003 | 0.01 | 0.01 |
| P1 | 450.00 | 27.59 | 0.2595 | 4.33 | 4.04 |
| 合计 | 10283.02 | 624.67 | 10.2034 | 87.82 | 78.71 |

表2-7　濂溪河排口年均污染估算结果

| 排口编号 | 日流量（m³/d） | 污染负荷计算结果（t/a） | | | |
|---|---|---|---|---|---|
| | | COD$_{Cr}$ | NH$_3$-N | TN | TP |
| L5 | 0.96 | 0.04 | 0.02 | 0.02 | 0.00 |
| L7 | 0.16 | 0.01 | 0.00 | 0.00 | 0.00 |
| L8 | 0.18 | 0.01 | 0.00 | 0.00 | 0.00 |
| L12 | 1015.85 | 88.25 | 18.28 | 18.32 | 36.34 |
| L3 | 0.04 | 0.00 | 0.00 | 0.00 | 0.00 |
| L2 | 58.68 | 2.18 | 1.25 | 1.27 | 0.06 |
| L1 | 2.68 | 0.16 | 0.01 | 0.02 | 0.00 |
| L26 | 311.00 | 18.05 | 2.04 | 2.26 | 0.11 |
| 船校排口1 | 5800.00 | 175.92 | 39.71 | 41.32 | 1.88 |
| 船校排口2 | 6.00 | 0.45 | 0.07 | 0.07 | 0.00 |
| L16 | 1062.53 | 76.79 | 4.54 | 5.55 | 0.28 |
| L13 | 81.82 | 7.85 | 0.51 | 0.52 | 0.02 |
| L10 | 321.72 | 14.56 | 4.93 | 5.16 | 0.21 |
| L17 | 1500.00 | 67.89 | 7.86 | 14.07 | 1.12 |
| L47 | 268.00 | 15.46 | 3.09 | 3.16 | 0.14 |
| L6 | 0.06 | 0.00 | 0.00 | 0.00 | 0.00 |
| L15 | 12.85 | 1.06 | 0.02 | 0.08 | 0.00 |
| L14 | 84.73 | 6.19 | 0.13 | 0.49 | 0.01 |
| A3 | 85.34 | 5.70 | 0.89 | 0.94 | 0.05 |
| A4 | 0.97 | 0.08 | 0.01 | 0.01 | 0.00 |
| A6 | 355.85 | 23.90 | 4.23 | 4.51 | 0.16 |
| A7 | 2.39 | 0.17 | 0.02 | 0.03 | 0.00 |
| A8 | 461.48 | 35.25 | 5.91 | 6.11 | 0.26 |
| A9 | 277.85 | 16.94 | 2.75 | 2.91 | 0.11 |
| A10 | 867.69 | 68.41 | 11.08 | 11.30 | 0.44 |
| L32 | 895.00 | 68.28 | 10.87 | 11.17 | 0.31 |
| 合计 | 13474.72 | 693.65 | 118.22 | 129.26 | 41.52 |

5. 面源污染

两河流域面源污染主要为分流制区域和南山公园片区，面积总计约为 13.05km²。由于两河均沿河布置截污总管，合流制区域主要为合流制溢流污染。分流制区域汇水流向示意图见图 2-41。

图 2-41  分流制区域汇水流向示意图

用地按照绿化用地、居住区及工业用地、道路用地、拆迁区域范围和其他下垫面进行分类，通过加权平均计算得到地块内的综合径流系数。不同下垫面类型径流系数参考值见表 2-8

表 2-8  不同下垫面类型径流系数参考值

| 下垫面类型 | 径流系数 |
| --- | --- |
| 各种屋面、混凝土或沥青路面 | 0.85～0.95 |
| 大块石铺砌路面或沥青碎石路面 | 0.55～0.65 |
| 级配碎石路面 | 0.4～0.5 |
| 干砌砖石或碎石路面 | 0.35～0.4 |
| 非铺砌土路面 | 0.25～0.35 |
| 公园或绿地 | 0.1～0.2 |

采用 GIS 技术，对两河流域雨水分区内的用地类型进行分类统计，不同下垫面占比分析示意图见图 2-42。

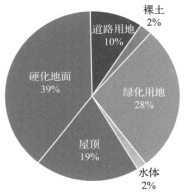

图 2-42  不同下垫面占比分析示意图

根据各用地类型占比及不同下垫面类型径流系数参考值计算两河流域内的综合径流系数，计算结果为0.656，用地类型分析统计表见表2-9。

表2-9　用地类型分析统计表

| 用地类型 | 用地比例（%） | 综合径流系数 |
|---|---|---|
| 道路用地 | 9.66 | 0.90 |
| 裸土 | 2.08 | 0.30 |
| 绿化用地 | 28.34 | 0.15 |
| 水体 | 1.84 | 1.00 |
| 屋顶 | 19.51 | 0.95 |
| 硬化地面 | 39.57 | 0.80 |
| 加权计算综合径流系数 | | 0.656 |

1）地表径流计算

根据两河流域汇水分区典型年面源径流量估算表（见表2-10）可以看出，两河流域汇水分区范围内，面源全年总径流量约为1250.39万m³，5—7月面源总量较大，均超过160万m³，6月最大，为165.57万m³，枯水季节12月径流量最低，为41.86万m³。

表2-10　两河流域汇水分区典型年面源径流量估算表

| 月份 | 降雨量（mm） | 综合径流系数 | 面源径流量（万m³） |
|---|---|---|---|
| 1月 | 71.9 | 0.656 | 61.55 |
| 2月 | 92.6 | 0.656 | 79.27 |
| 3月 | 144.5 | 0.656 | 123.70 |
| 4月 | 171.7 | 0.656 | 146.99 |
| 5月 | 190 | 0.656 | 162.66 |
| 6月 | 193.4 | 0.656 | 165.57 |
| 7月 | 190.6 | 0.656 | 163.17 |
| 8月 | 133.1 | 0.656 | 113.94 |
| 9月 | 78.4 | 0.656 | 67.12 |
| 10月 | 75.9 | 0.656 | 64.98 |
| 11月 | 69.6 | 0.656 | 59.58 |
| 12月 | 48.9 | 0.656 | 41.86 |

2）面源污染负荷估算

雨水径流中污染物的含量变化较大，雨水中污染物与降雨的频次、前期干旱的天数有关。

雨水径流污染物中，一般TSS含量最高，为COD的主要贡献者。考虑到本项目区内存在较多的分流制区域、水域、绿地系统，因此，对雨水径流中污染物的参考值进行了调整，在下一步的工作中，可以根据实际调查的数据进行最后的调整优化。雨水径流中污染物参考值见表2-11。

表 2 - 11　雨水径流中污染物参考值　　　　　　　　　　　单位：mg/L

| 指标 | TP | TN | NH₃-N | COD |
|---|---|---|---|---|
| 参考值 | 0.5 | 6 | 2.5 | 72 |

根据以上分析，采用式（2-1）计算雨水径流污染总量 $T$：

$$T=C \cdot W \tag{2-1}$$

式中：$C$ 为雨水径流污染浓度，mg/L；$W$ 为年雨水径流量，$m^3$。

由式（2-1）计算得出两河汇水片区面源污染负荷估算表，见表 2-12。

表 2 - 12　两河汇水片区面源污染负荷估算表　　　　　　　　单位：t

| 月份 | 面源污染 | | | |
|---|---|---|---|---|
| | COD | NH₃-N | TN | TP |
| 1 月 | 44.32 | 1.54 | 3.69 | 0.31 |
| 2 月 | 57.08 | 1.98 | 4.76 | 0.40 |
| 3 月 | 89.07 | 3.09 | 7.42 | 0.62 |
| 4 月 | 105.83 | 3.67 | 8.82 | 0.73 |
| 5 月 | 117.11 | 4.07 | 9.76 | 0.81 |
| 6 月 | 119.21 | 4.14 | 9.93 | 0.83 |
| 7 月 | 117.48 | 4.08 | 9.79 | 0.82 |
| 8 月 | 82.04 | 2.85 | 6.84 | 0.57 |
| 9 月 | 48.32 | 1.68 | 4.03 | 0.34 |
| 10 月 | 46.78 | 1.62 | 3.90 | 0.32 |
| 11 月 | 42.90 | 1.49 | 3.57 | 0.30 |
| 12 月 | 30.14 | 1.05 | 2.51 | 0.21 |
| 总计 | 900.28 | 31.26 | 75.02 | 6.25 |

根据公式计算，两河流域内降雨径流形成的面源污染，COD 全年总负荷为 900.28t，NH₃-N 全年总负荷为 31.26t，TN 全年总负荷为 75.02t，TP 全年入河负荷为 6.25t。典型年不同污染物入河负荷年内分布见图 2-43 和图 2-44。

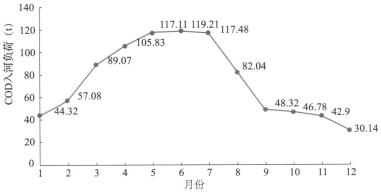

图 2 - 43　典型年 COD 入河负荷年内分布

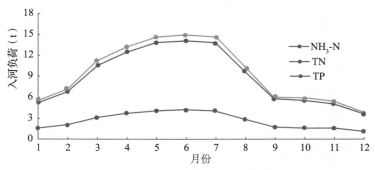

图 2-44 典型年 NH₃-N、TN、TP 入河负荷年内分布

#### 6. 溢流污染

##### 1）合流制溢流计算

根据上述分析，两河流域范围内合流制排水分区 11 个，面积总计约为 515.3hm²，分流、合流并存区 1 个，面积约为 139.70 hm²，两河流域合流制区域总计约为 655hm²。两河流域范围内合流制分区信息表见表 2-13。

表 2-13　两河流域范围内合流制分区信息表

| 分区 | 面积（hm²） | 截污管管径（mm） |
|---|---|---|
| 5 | 74.30 | 1500 |
| 6 | 135.90 | 1500 |
| 11 | 17.40 | — |
| 12 | 32.30 | 1200 |
| 13 | 21.60 | 1200 |
| 14 | 15.30 | — |
| 15 | 45.30 | 1200 |
| 17 | 63.20 | 1350 |
| 20 | 86.10 | — |
| 21 | 23.90 | 1200 |
| 26 | 139.70 | 800 |

对两河流域合流制区域进行合流制溢流污染估算，即分区 5、6、11、12、13、14、15、17、20、21 和 26，分区逐月溢流量估算表见表 2-14。由表可知，合流制分区 5 总溢流量为 34.97 万 m³。合流制分区 6 总溢流量为 67.86 万 m³。合流制分区 11 和 14 不与十里河直接接壤，经由分区 12 管网排入十里河左岸截污管，所以分区 11、14 和 12 一起估算，总溢流量为 16.22 万 m³。分区 13 总溢流量为 1.96 万 m³。分区 15 总溢流量为 16.45 万 m³。分区 17 总溢流量为 30.71 万 m³。分区 20 不与十里河接壤，区域内合流制排水经由分区 21 进入十里河两侧截污管，所以分区 20 和 21 一起估算，总溢流量为 38.87 万 m³。分区 26 总溢流量为 60.31 万 m³。

表 2 - 14　分区逐月溢流量估算表　　　　　　　　单位：万 m³

| 月份 | 分区 5 | 分区 6 | 分区 11、12 和 14 | 分区 13 | 分区 15 | 分区 17 | 分区 20 和 21 | 分区 26 | 总计 |
|---|---|---|---|---|---|---|---|---|---|
| 1 月 | 1.15 | 2.40 | 0.24 | 0.00 | 0.47 | 1.05 | 1.09 | 1.91 | 8.31 |
| 2 月 | 1.36 | 2.70 | 0.23 | 0.00 | 0.49 | 1.21 | 1.11 | 2.20 | 9.3 |
| 3 月 | 2.55 | 5.18 | 0.56 | 0.00 | 0.89 | 2.30 | 2.04 | 3.98 | 17.5 |
| 4 月 | 4.61 | 8.87 | 2.10 | 0.12 | 2.23 | 4.03 | 5.28 | 8.02 | 35.26 |
| 5 月 | 5.77 | 11.00 | 3.00 | 0.33 | 2.86 | 5.02 | 6.81 | 10.15 | 44.94 |
| 6 月 | 4.35 | 8.57 | 1.80 | 0.15 | 1.97 | 3.84 | 4.64 | 7.42 | 32.74 |
| 7 月 | 5.70 | 10.87 | 3.11 | 0.57 | 2.81 | 4.96 | 6.65 | 10.02 | 44.69 |
| 8 月 | 4.69 | 8.79 | 3.07 | 0.64 | 2.52 | 4.04 | 6.04 | 8.46 | 38.25 |
| 9 月 | 1.65 | 3.17 | 0.68 | 0.00 | 0.78 | 1.44 | 1.85 | 2.88 | 12.45 |
| 10 月 | 1.83 | 3.58 | 1.12 | 0.14 | 0.93 | 1.62 | 2.24 | 3.21 | 14.67 |
| 11 月 | 0.16 | 0.44 | 0.00 | 0.00 | 0.00 | 0.17 | 0.00 | 0.10 | 0.87 |
| 12 月 | 1.17 | 2.28 | 0.31 | 0.00 | 0.49 | 1.03 | 1.13 | 1.96 | 8.37 |
| 总计 | 34.97 | 67.86 | 16.22 | 1.96 | 16.45 | 30.71 | 38.87 | 60.31 | 267.35 |

　　根据估算结果，两河流域范围内溢流量最大的片区为分区 6，其全年溢流量约为 67.86 万 m³，区域内全年合流制溢流污染总量约为 267.35 万 m³。

　　对两河流域逐月合流制溢流污水量进行分析，根据分析结果可以看出，溢流量 5 月及 7 月较大，峰值溢流量出现在 7 月，溢流量为 44.94 万 m³。合流制管网溢流水质较差，其中混合生活污水溢流进入湖泊，对河道水质产生较大的影响。

　　2）溢流污染负荷

　　根据雨季实地检测数据及江西省项目经验，合流制溢流污水污染物平均浓度取值见表 2 - 15。

表 2 - 15　合流制溢流污水污染物平均浓度取值

| 水质指标 | COD | $NH_3$-N | TN | TP |
|---|---|---|---|---|
| 平均浓度（mg/L） | 150 | 10 | 20 | 2 |

　　计算两河流域逐月总溢流污染负荷，计算结果见表 2 - 16。从计算结果可以看出，十里河汇水范围内全年溢流污染 COD 的排放量可达 401.04t，$NH_3$-N 的排放量为 26.74t，TN 的排放量为 53.47t，TP 的排放量为 5.35t。

表 2 - 16　两河流域逐月总溢流污染负荷一览表

| 月份 | 两河总溢流量（万 m³） | COD（t/a） | $NH_3$-N（t/a） | TN（t/a） | TP（t/a） |
|---|---|---|---|---|---|
| 1 月 | 8.31 | 12.46 | 0.83 | 1.66 | 0.17 |
| 2 月 | 9.31 | 13.96 | 0.93 | 1.86 | 0.19 |
| 3 月 | 17.49 | 26.23 | 1.75 | 3.50 | 0.35 |

续表

| 月份 | 两河总溢流量（万 m³） | COD（t/a） | NH₃-N（t/a） | TN（t/a） | TP（t/a） |
|---|---|---|---|---|---|
| 4 月 | 35.26 | 52.89 | 3.53 | 7.05 | 0.71 |
| 5 月 | 44.93 | 67.40 | 4.49 | 8.99 | 0.90 |
| 6 月 | 32.75 | 49.13 | 3.28 | 6.55 | 0.66 |
| 7 月 | 44.69 | 67.03 | 4.47 | 8.94 | 0.89 |
| 8 月 | 38.25 | 57.37 | 3.82 | 7.65 | 0.76 |
| 9 月 | 12.46 | 18.70 | 1.25 | 2.49 | 0.25 |
| 10 月 | 14.67 | 22.01 | 1.47 | 2.93 | 0.29 |
| 11 月 | 0.89 | 1.33 | 0.09 | 0.18 | 0.02 |
| 12 月 | 8.36 | 12.53 | 0.84 | 1.67 | 0.17 |
| 总计 | 267.36 | 401.04 | 26.74 | 53.47 | 5.35 |

### 7. 内源污染

沉积物（也称为底泥）是水体中氮、磷、碳、硫等生源要素的重要蓄积库。内源污染主要是指底泥在一定条件下，各种有机和无机污染物通过沉积物与水界面的物质交换，将底泥中的污染物重新释放到水体中，从而对上覆水体的营养水平和环境质量产生不可忽视影响的一种水环境污染。

根据勘察数据，十里河下游底泥淤积严重，淤积厚度为 0.85~0.9m，十里河中游平均淤积厚度约为 0.3m。由于受到沿河溢流口、直排口、雨污混接排口多年排放的影响，导致底泥污染严重，各污染物含量及释放量较高。小杨河、濂溪河支流五柳河及 2 号支流各断面上均未发现明显底泥分布。除支流末端河段为石质底床上覆生活垃圾外，其余河段均为石质河床。内源负荷计算时只计算十里河中游、下游河道内源释放负荷。计算段内，河道全长约 7.9km，河床面积约为 23.7 万 m²。十里河中、下游底泥释放污染负荷计算结果见表 2-17。

表 2-17　十里河中、下游底泥释放污染负荷计算结果表　　　　　单位：t

| 月份 | COD | NH₃-N | TN | TP |
|---|---|---|---|---|
| 1 月 | 0.714 | 0.191 | 0.238 | 0.010 |
| 2 月 | 0.718 | 0.191 | 0.238 | 0.010 |
| 3 月 | 0.845 | 0.226 | 0.280 | 0.012 |
| 4 月 | 0.871 | 0.233 | 0.290 | 0.012 |
| 5 月 | 1.243 | 0.330 | 0.414 | 0.016 |
| 6 月 | 1.276 | 0.340 | 0.424 | 0.016 |
| 7 月 | 1.410 | 0.377 | 0.471 | 0.018 |
| 8 月 | 1.399 | 0.372 | 0.467 | 0.018 |
| 9 月 | 1.369 | 0.365 | 0.457 | 0.018 |

续表

| 月份 | COD | NH₃-N | TN | TP |
|------|-----|-------|-----|-----|
| 10 月 | 1.369 | 0.365 | 0.457 | 0.018 |
| 11 月 | 0.994 | 0.265 | 0.330 | 0.013 |
| 12 月 | 0.770 | 0.206 | 0.256 | 0.010 |
| 总计 | 12.976 | 3.460 | 4.325 | 0.173 |

从分析的结果可以看出，随着月平均气温的升高，底泥中的污染物释放量也不断增加，在 7—9 月，底泥中污染物的释放量达到最大。其中，COD 全年释放量约为 12.976t，$NH_3$-N 全年释放量约为 3.46t，TN 全年释放量约为 4.325t，TP 全年释放量约为 0.173t。

8. 污染源特征分析

根据上述针对两河流域范围内污染负荷计算结果，对点源污染、面源污染、溢流污染、内源污染负荷总量及占比进行分析。两河流域内污染负荷统计表见表 2 - 18。

表 2 - 18 两河流域内污染负荷统计表　　　　　单位：t/a

| 污染类型 | COD | NH₃-N | TN | TP |
|---------|-----|-------|-----|-----|
| 点源污染 | 1318.32 | 196.93 | 217.08 | 51.72 |
| 面源污染 | 900.28 | 31.26 | 75.02 | 6.25 |
| 溢流污染 | 401.04 | 26.74 | 53.47 | 5.35 |
| 内源污染 | 12.98 | 3.46 | 4.33 | 0.17 |
| 合计 | 2632.62 | 258.39 | 349.90 | 63.49 |

由表 2 - 18 可以看出，区域内点源污染较为严重，整体占比极大，各项污染物贡献率为：COD 占比 60％，$NH_3$-N 占比 82％，TN 占比 70％，TP 占比 84％。

影响较为突出的为区域内面源污染，各项污染物贡献率为：COD 占比 28％，$NH_3$-N 占比 9％，TN 占比 17％，TP 占比 9％。溢流污染造成的污染负荷总量与区域内面源污染接近，各项污染物贡献率为：COD 占比 12％，$NH_3$-N 占比 8％，TN 占比 12％，TP 占比 7％。

由于区域内含污底泥淤积严重区域为十里河中下游，范围较小，所以内源污染在区域整体的污染负荷占比不大。十里河汇水范围内控制点源直排为污染物管控的重中之重，区域内 N、P 等营养盐大部分都是源于点源污染。因此，汇水范围内应着重控制点源污染的发生，基本控制面源污染的发生。

此外，通过采用 PCSWMM 水力模型校核点源、面源、溢流、内源污染物负荷后发现，采用公式进行计算以及水力模型进行模拟，两种方法得出的趋势、量级及规律均基本吻合，且模型模拟计算的污染物负荷结果与水质分布趋势基本吻合，证明负荷计算及模型计算均具有可靠性，且可互为验证。

## 2.2 现状问题

### 2.2.1 水环境问题

根据《九江市地表水功能区划》，十里河水质应为地表Ⅳ类水体，但河道水质污染严重，与规划水质目标要求差距较远。造成十里河水质不达标的原因主要有以下几个方面：

**1. 内源污染严重**

十里河淤积较严重，尤其是下游十里公园段，淤泥较厚，已呈厌氧发酵状态。随着河道底泥中总氮、总磷等污染物浓度不断升高，水体富营养化加剧，最终导致蓝藻暴发。河道底泥以及蓝藻等水生植物形成的内源污染是导致十里河水质不良的重要因素之一。2018年7月十里河下游蓝藻暴发见图2-45。

**2. 水体自净能力差**

十里河下游以及设置拦水坝上游处水体流动性差，复氧量有限，河道淤积严重，自净能力不足。

**3. 生态建设滞后**

十里河两岸护坡大部分采用浆砌石挡墙，水体生态系统难以实施，未形成良好的生态链。

**4. 长效管理机制不足**

城市排水设施建设不完善，养护单位职能分散，未形成统一的管理标准，且管理标准贯彻执行不彻底。雨污水管道混接情况较为严重，管道建设质量未达到规范标准，且未及时维护，大部分排污管道淤堵或破损，管道排水能力大大降低。十里河沿线大量居民垂钓，垃圾遍布，河道的水体环境不断恶化。

图2-45　2018年7月十里河下游蓝藻暴发

### 2.2.2 水系统问题

#### 2.2.2.1 污水系统问题

**1. 合流制溢流污染**

两河汇水区老城区为截流式合流制，且部分临河小区的生活污水没有进入污水截流干管，直接排入水体，对水体造成一定的污染。并且，截流的雨污水会加大污水处理厂运行负荷，截流式合流制的排水体制在降水量大时会对水体造成一定的溢流污染。

**2. 污水系统建设滞后**

城区污水管网收集系统建设滞后，城市中心区雨污分流不彻底，污水处理设施难以充分发挥效益。鹤问湖污水处理厂建设滞后，随着未来城区的快速扩张，鹤问湖污水处理厂的规模已不能满足城市发展的需求。

### 3. 管网建设存在问题

两河汇水区部分区域排水管网建设不完善，部分排水管线存在"乱接""错接"的现象，有些地方甚至无法判断排水方向；部分管道埋深较浅，不利于支管接入；部分管道存在上游管径大、下游管径小的问题；部分区域在开发建设中，存在未考虑排水管道与周边竖向标高相结合的情况。

#### 2.2.2.2　雨水系统问题

##### 1. 运维能力薄弱

雨水管网建设不完善，运维管理能力薄弱。局部地区甚至有将餐厨垃圾等污废水直接倒入雨水管道的情况发生，使得局部管网严重淤积，极易导致排水不畅，增大汛期涝水的概率。

##### 2. 建设缺乏系统性

排水管网缺乏长远规划，系统性不强。排水标准偏低，城区主干道沿路地下雨水管网主管管径偏小，负荷较重。

##### 3. 受纳水体较少

河湖水系等受纳水体较少，城市天然滞蓄空间较少，城市硬质化程度较高。

##### 4. 建设进度滞后

九江老城区部分管网建设于 20 世纪 50 年代，部分管网建设年代甚至更早。城市排水管网的建设明显滞后于城市化进程，导致城市排水系统存在排水设施陈旧、排水管道能力不足等问题。

### 2.2.3　水生态问题

##### 1. 生态岸线硬质化

河道岸线作为水陆生态系统的交互地带，是维护河流生态健康的重要组成部分，项目区域内河道护坡大多为硬质化护坡，生态功能较弱，景观效果不佳，同时存在侵占河道岸线等问题。

##### 2. 生态效益不足

两河上游河道周边部分地区未按规划发展实施，河道两侧植被形式单一，以草本植物为主，景观整体协调性不佳。河道内植被杂乱无章，未形成一定规模的生态链，生态效益略显不足。

### 2.2.4　水安全问题

两河局部区域内管网排水能力较差，个别点位内涝问题严重，对于居民的生活和交通造成了严重影响。

### 2.2.5　水文化问题

九江市属于历史文化名城，水文化历史悠久，部分新建工程与城市水文化建设结合不够紧密，水文化正逐步流失，亟待加强水文化建设。

# 2.3　建设目标

## 2.3.1　总体目标

两河（十里河、濂溪河）流域水环境治理的总体目标为：打造具有防洪排涝水功能的安全水系格局；完美解决水环境污染问题，达到水环境功能区划的各项要求；营造良好的生态环境；构建功能多元化和运营高效化的城市滨水绿廊，展开十里河流域生态环境的新篇章。

### 2.3.1.1　水环境目标

《水污染防治行动计划》（"水十条"）和《城市黑臭水体整治工作指南》文件要求：2017年底前，地级及以上城市建成区应实现河面无大面积漂浮物，河岸无垃圾，无违法排污口，直辖市、省会城市、计划单列市建成区基本消除黑臭水体；2020年底前，地级及以上城市建成区黑臭水体均控制在10%以内；到2030年，城市建成区黑臭水体总体得到消除。

《九江市人民政府办公厅关于印发九江市中心城区黑臭水体治理实施方案的通知》（九府厅字〔2016〕57号）要求：2017年底前，城市建成区实现河面无大面积漂浮物，河岸无垃圾，无违法排污口；2020年底前，城市建成区黑臭水体控制在10%以内，且明确规定，在2020年底前完成龙开河整治工程，消除黑臭现象；到2030年，城市建成区黑臭水体总体得到消除。

### 2.3.1.2　水安全目标

十里河、濂溪河城区段（莲花大道以下）防洪标准采用50年一遇，堤防等级为3级；十里河、濂溪河城郊段（莲花大道以上）防洪标准采用20年一遇，堤防等级为4级。

### 2.3.1.3　水生态目标

通过河道水生态的恢复，采用碎石等较粗的基质作为河床，构建滨水生态系统、河道生态系统、岸际带植被和底栖生态系统。

### 2.3.1.4　水文化目标

构建以十里河为主脉，以功能活动为载体，以景观空间为语言的滨水城市，打造一个创新感官体验的城市多功能综合体。

## 2.3.2　指标体系

### 2.3.2.1　黑臭水系治理

十里河黑臭水体治理工程年度治理目标详见表2-19。

表 2-19 十里河黑臭水体治理工程年度治理目标

| 完成时间 | 年度治理目标 |
|---|---|
| 2018 年底 | 河面无漂浮垃圾 |
| 2019 年底 | 70%沿河排口治理完成，50%小区完成雨污分流改造，60%河道消除黑臭 |
| 2020 年底 | 消除黑臭水体（透明度>25cm、溶解氧 DO>2mg/L、氧化还原电位 ORP>50mV、氨氮 NH$_3$-N<8mg/L） |

## 2.3.2.2 流域系统治理

两河（十里河、濂溪河）治理工程河道水质考核指标详见表 2-20。

表 2-20 两河（十里河、濂溪河）治理工程河道水质考核指标

| 序号 | 项目标准值分类 | 《地表水环境质量标准》 IV类标准 |
|---|---|---|
| 1 | 水温（℃） | 人为造成的环境水温变化应限制在：周平均最大温升≤1℃；周平均最大温降≤2℃ |
| 2 | pH 值（无量纲） | 6～9mg/L |
| 3 | 溶解氧 | ≥3mg/L |
| 4 | 高锰酸盐指数 | ≤10mg/L |
| 5 | 化学需氧量（COD$_{Cr}$） | ≤30mg/L |
| 6 | 五日生化需氧量（BOD$_5$） | ≤6mg/L |
| 7 | 氨氮（NH$_3$-N） | ≤1.5mg/L（昌九高速以南）、≤2mg/L（昌九高速以北） |
| 8 | 总磷（以 P 计） | ≤0.3mg/L |
| 9 | 铜 | ≤1.0mg/L |
| 10 | 锌 | ≤2.0mg/L |
| 11 | 氟化物（以 F$^-$ 计） | ≤1.5mg/L |
| 12 | 硒 | ≤0.02mg/L |
| 13 | 砷 | ≤0.1mg/L |
| 14 | 汞 | ≤0.001mg/L |
| 15 | 镉 | ≤0.005mg/L |
| 16 | 铬（六价） | ≤0.05mg/L |
| 17 | 铅 | ≤0.05mg/L |
| 18 | 氰化物 | ≤0.2mg/L |
| 19 | 挥发酚 | ≤0.01mg/L |
| 20 | 石油类 | ≤0.5mg/L |
| 21 | 阴离子表面活性剂 | ≤0.3mg/L |
| 22 | 硫化物 | ≤0.5mg/L |

# 2.4 设计思路

## 2.4.1 设计原则

### 1. 控源截污

控源截污是整治黑臭水体直接有效的工程措施，也是采取其他技术措施的前提。通过沿河沿湖铺设污水截流管线，并合理设置提升泵房，将污水及初期雨水截流并纳入城市污水收集和处理系统，从而最大限度降低排河污染物总量，有效减轻河道污染负荷。通过完善沿线截污措施，逐步提高污水收集率，将污水纳入污水厂统一处理，杜绝污水直接排入河道，有效削减面源污染，减少水体污染，改善水环境质量。

### 2. 内源治理

河道大量的污染底泥是潜在的巨大污染源，在很长时期内将对水质改善及生态恢复产生不利影响。为了从根本上消除河道内源污染，应采取河道生态清淤，对十里河、濂溪河及其支流的河道底泥进行全面清理。

### 3. 生态修复

进行河道生态建设，设置生态浮床，建设生态护坡以及滨水湿地，涵养水生生物，构建良好生物链，增强河道水体自净能力。

河道生态修复以"水清、流畅、岸固、滩绿、景美"为目标，以"生态处理、循环持续发展"为原则，在美化环境的同时，利用生态循环，达到修复水体、改善环境的效果。

利用水体营养物—水生植物—水生动物形成的生物链，去除水体中氮、磷等有机污染物。这种生态循环的生物处理形式有3个特点：可持续性，无二次污染；水体净化与景观美化相结合；增加了水环境的生物多样性，促进了生态平衡，增强了水体自净能力。

### 4. 长治久清

建立集成运行管理、监督管理、工业污染源监测、防洪排涝、水生态与水环境监控、应急指挥与调度、数字化巡查与养护、三维展示等功能于一体的管理平台，实现九江市水务一体化管理。

### 5. 总体衔接

贯彻两河水环境综合治理工程总体要求，做到"整体规划、远近结合、分段实施、段段落实"。同时，做好与其他相关市政基础设施配套工程及其他河道综合整治工程的衔接。

## 2.4.2 设计思路

水环境综合治理工程是一项复杂的系统性工程，要以系统性的思维分析问题，贯穿"识别问题—明确目标—统筹优化—解决问题"的主线，从而实现各项目标要求。通过对现存问题的摸排、分析和建设目标的明确及具体量化，制定包括源头改造工程、过程管网工程和末端处理工程在内的系统性建设方案。工程区域内各汇水区结合自身排水体制特点，合理地选择各类工程措施进行组合，再根据组合的工程方案进行目标可达性分析，确保实现水环境治理目标。水环境治理系统性设计思路见图 2 - 46。

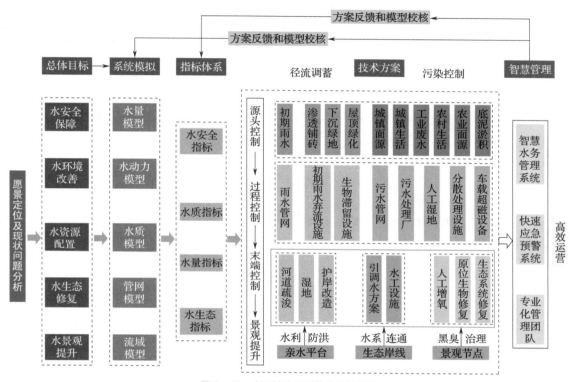

图 2-46　水环境治理系统性设计思路

水环境治理现状问题分析包括历史资料、降雨资料、现场调研结果及下垫面等本底分析；分析方法包括统计法、类比法、模型法以及调查问卷法。科学的问题分析可以多方位地反映现状条件下存在的问题，定性、定量地反映本底值的缺失程度，为工程的合理设计提供详细的基础依据。

水环境治理目标可分为水安全保障、水环境改善、水资源配置、水生态修复、水景观提升五个方面。从多重目标衍生出相对应的具体指标，包括常规排水管渠能力、径流污染控制率、溢流污染控制率、内涝防治能力、非常规水资源利用率和公共参与满意度。例如，当以"水安全保障"为实现目标时，其主要控制指标为常规排水管渠能力和内涝防治能力，辅助控制指标为径流污染控制率；当以"水环境改善"为实现目标时，其主要控制指标为径流污染控制率和径流总量控制率，辅助控制指标为溢流污染控制率；当以"水生态修复"为实现目标时，其主要控制指标为径流污染控制率和溢流污染控制率。针对控制指标，通过源头改造工程、过程管网工程和末端处理工程的系统性控制策略可实现指标控制，进而实现水环境治理目标。其中，源头改造工程可采用海绵城市建设等措施，以实现雨水的源头调蓄；过程管网工程包括常规雨污水管渠改造，建设调蓄设施，泵站、排口及检查井升级改造等；末端处理工程包括建设污水处理设施、人工湿地等。

# 2.5 设计方案

## 2.5.1 方案解析

水环境治理目标包括实现水环境、水安全、水生态、水文化等多重治理目标，不是单一的目标，通过单一类型的工程措施往往难以实现多重目标，必须依靠系统性的工程来解决。同样，每一项工程都不是孤立的，各项工程只要做到有机结合，就可以共同实现多个目标。

两河流域汇水范围共划分为 35 个排水分区，各个排水分区根据不同的条件状况，结合自身特点，采用侧重点不同的解决方案，主要包括源头型解决方案、排水系统改造型解决方案等。

源头型解决方案主要是以源头改造工程建设为主的方案，具体可选用海绵城市建设等措施对排水系统进行改造提升。

排水系统改造型解决方案主要是以排水系统改造为主的方案，主要包括常规雨污水管渠混接点消除、缺陷修复、截流及调蓄设施建设等。该解决方案通过对排水管渠的改造，实现对排水系统的补充和提升，对常规排水管渠提质增效、内源污染消除和内涝点治理具有重要作用。

## 2.5.2 技术措施

### 1. 源头改造

住宅小区是组成城市的基本单元，建立有序的排水系统是黑臭水体治理和提质增效的关键。在黑臭水体治理方面，要特别重视临河小区的污水直排口、混错接雨水排口对河道的污染问题；在提质增效方面，在消除小区污水系统空白区的同时应解决混错接对污水系统水质浓度的稀释问题，从源头实现污水收集效能提升。

两河项目中源头小区改造包括分流制改造、混错接改造以及海绵生态化改造等。本项目结合水质监测资料对研究范围内小区进行因地制宜的分类改造，具体改造思路及方案见表 2-21。

表 2-21 源头小区改造思路及方案

| 小区类型分类 | 界定条件 | 改造思路 |
| --- | --- | --- |
| Ⅰ类 | 所属区域为合流制，排水管道出口 COD 浓度大于 $M$ | 保留现状管网，管道淤积清理 |
| Ⅱ类 | 所属区域为合流制，排水管道出口 COD 浓度小于 $M$ | 新建污水系统，原管道损害严重处进行原位翻新或修复，管道淤积清理 |
| Ⅲ类 | 所属区域为分流制，小区内为合流制，需改造为分流制 | 雨污分流改造，新建污水管网纳入城镇污水系统 |
| Ⅳ类 | 所属区域为分流制，小区内为分流制，需错混接改造及缺陷修复 | 错混接改造，修复缺陷管道，取消化粪池，管道淤积清理 |
| Ⅴ类 | 棚户区/散户，无排水系统 | 新建排水管网，纳入城镇排水系统 |

注：表中小区类型分类方法，参考企业标准 Q/CTG 405《长江大保护　既有小区排水管网改造技术导则》。$M$ 的具体数值需根据城市提质增效目标制定，单位是 mg/L。

## 2. 过程补强

"黑臭在水里，根源在岸上，关键是排口，核心在管网"，城镇排水管网成为衔接源头小区与末端泵站污水厂的关键，其系统的完善与健康成为黑臭水体治理与提质增效的重中之重。城镇排水管网系统可能存在的问题与引发的后果见图 2-47。针对管网系统存在的问题及引发的后果，可采取管道更新修复、管道污泥处理处置、合流制溢流污染削减和初期雨水污染处理等技术措施。

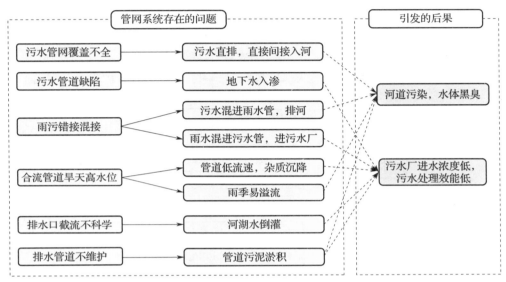

图 2-47　城镇排水管网系统可能存在的问题与引发的后果

在对排水管网进行更新修复的基础上，进一步对管道污泥进行处理处置，实现管道的清理维护，同时利用调蓄池、一体化快速处理设施等实现对合流制溢流污染、初期雨水污染的削减与处理，完善和提升城市整体排水骨架系统，衔接源头排水单元和末端处理设施，实现黑臭水体治理目标。

排水管道的更新及修复是解决外水入管、污水外渗等问题的主要方法，更是解决管道旱天高水位、满管流、污水厂进水水质浓度低的重要手段。管道更新修复手段见表 2-22。

表 2-22　管道更新修复手段

| 序号 | 技术手段类型 | | 适用条件 |
|---|---|---|---|
| 1 | 开挖换管 | | 严重结构性破坏管道、变形与起伏量过大管道；存在开挖施工条件 |
| 2 | 局部非开挖修复 | 局部树脂固化修复法 | 存在少量结构性缺陷的圆形或异形管道 |
| 3 | | 不锈钢双胀环修复法 | 存在少量结构性缺陷的圆形管道 |
| 4 | 整体非开挖修复 | 紫外光固化内衬修复法 | 存在较严重结构性缺陷的管道 |
| 5 | | 机械螺旋缠绕内衬修复法 | 存在较严重结构性缺陷，且管径较大的管道 |

## 3. 末端处理

末端处理措施包括检查井及排口升级、厂站能力建设与提升、河道生态清淤与生态修复等。以污水处理系统服务片区为控制单元，进行服务范围内污水处理厂的布局优化与能力提升，综合实现"厂网河（湖）岸一体"。黑臭水体治理与提质增效技术措施见图2-48。

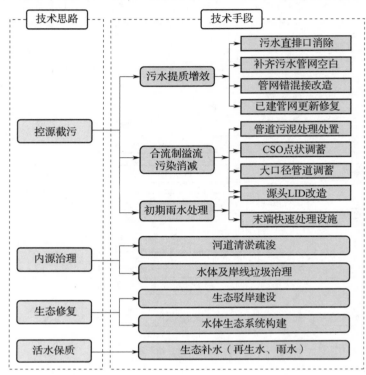

图2-48　黑臭水体治理与提质增效技术措施

## 2.5.3　设计方案

### 2.5.3.1　控源截污

1. 两河截污管网工程

治理前的十里河截污管于2011年建设完成，由于十里河、濂溪河截污管常年受到水力冲刷且部分截污管位于河道内，截污管存在大量结构性缺陷和功能性缺陷，污水收集效能低下。本次工程对已建的截污管道进行补充及原位非开挖修复，对河底检查井进行修复，同时对管道存在的倒逆坡现象进行整治，以保障排水的安全性。

十里河全线均为敞开段，莲花大道以南沿线为农村自建房，莲花大道至八里湖沿线以棚户区、住宅小区为主。

1）十里河1段（莲花大道以北）

根据现场踏勘情况，设计于十里河旁道路下敷设一根污水截流管道。十里河莲花洞森林公园段道路狭窄且沿线污水量小，因此以皇庭曜庐苑附近为起点沿河道路西侧敷设一根DN300～DN500截污管道，截流两侧棚户区、农家乐、度假村生活污水接入十里大道道路西侧DN500污水管道。

2）十里河2段（莲花大道—濂溪大道）

该段南段驳岸已建成，北段为生态自然护坡；沿线有部分污水接入，水体略变浑浊，河底有部分沉积物。该段沿线多为住宅，南段住宅为新建小区，北段以棚户区为主，沿线棚户区已列入拆迁计划。部分小区需进行雨污分流改造，设计在河道两侧各敷设一根截污管道收集两侧污水。

（1）莲花大道至学府二路。

莲花大道至学府二路两侧为住宅小区及棚户区，小区内存在雨污混接现象，部分生活污水直接排河，并且仅河道东侧一小段有污水管道，因此结合拆迁计划及小区雨污分流改造情况，设计在该段河道两侧各敷设一根 DN400～DN600 截污管道，收集两侧生活污水。

（2）学府二路至濂溪大道。

本段十里河流经新桥新村、莲花集镇、华声社区及砂轮厂地块。根据现场踏勘，新桥新村、莲花集镇、华声社区为雨污合流小区，砂轮厂地块目前拟拆迁。该段河底存在两根 DN600 截污管道。结合该段实际情况及改造计划，设计在河道西侧敷设一根 DN600 污水管道，在河道东侧敷设一根 DN600～DN800 污水管道，过路段采用顶管施工，外套 DN1500 钢筋混凝土管。对河底两侧污水管道予以废除。

3）十里河 3 段（濂溪大道—昌九高速）

（1）濂溪大道至南山路。

南山路以南西侧为商业用地，东侧为住宅区奥克斯缔壹城、喜盈门范城（在建），其中奥克斯缔壹城存在雨污混接现象。该段全线存在两根 DN800～DN1000 污水管道，敷设于河底。设计将原有污水管道废除，在该段河道西侧敷设一根 DN600～DN800 污水管道，河道东侧敷设一根 DN600～DN1000 污水管道。新建截污管道分别接入南山路南侧的污水管。

（2）南山路至昌九高速。

南山路以北两侧为住宅，无棚改计划，沿河生态缓冲绿带已建成。该段全线于沿岸道路下敷设两根 DN800～DN1200 截污管道，收集沿河两侧污水，计划采用紫外线光固化法，对该段两侧损坏管道进行修复。该段污水管道接入沿昌九高速下 DN1000 污水管道，最终排入新建地下污水厂。

4）十里河 4 段（昌九高速—长虹大道）

该段驳岸已建成，沿线有大量污水排入，水体略显浑浊，垃圾沉积显著。该段两侧用地以建成公共建筑、住宅为主，沿河生态缓冲绿带已建成。该段全线于岸边敷设两根 DN1200～DN1500 截污管道。设计在本河段对污水管道进行原位非开挖修复，采用紫外线光固化法修复。

5）十里河 5 段（长虹大道—鹤问湖污水处理厂）

该段全线敷设一根 DN2000～DN2200 截污管道。设计在本河段对污水管进行原位非开挖修复。根据不同的管道情况，分别采用螺旋缠绕、砂浆喷涂及点状修复工艺完成本段管道修复工作。

2. 两河重点排口整治工程

两河重点排口整治工程，根据不同排口的现状和特点制定不同的整治方案。以十里河为例，十里河沿线整治前共计 22 处重点排口（见图 2‐49），根据排口的特点分别采取管道改造、新建截污管道、执法介入、近期封堵、清淤疏通、接入现有一体化处理设施、安装闸门、河道治理等措施。十里河 22 处重点排口整治方案见表 2‐23。

图 2-49　十里河沿线整治前 22 处重点排口流域分布图

表 2-23　十里河 22 处重点排口整治方案

| 排口编号 | 重点排口名称 | 整治方案 |
|---|---|---|
| 1 | 园艺小区排口 | 管道改造 |
| 2 | 中航城排口 1 | 管道改造 |
| 3 | 中航城排口 2 | 管道改造 |
| 4 | 水木清华止水阀排口 | 管道改造 |
| 5 | 水木清华排口 | 管道改造 |
| 6 | 华东建材市场排口 | 已包括在十里河截污管道改造方案中 |
| 7 | 华东建材市场斜对面排口 | 执法介入 |
| 8 | 京九铁路截流井排口 | 近期封堵 |
| 9 | 德化路箱涵排口 | 清淤疏通 |
| 10 | 小杨河排口 2 | 已有一体化处理设施 |
| 11 | 前进西路排口 | 管道改造 |
| 12 | 十里老街排口 | 管道改造 |
| 13 | 小杨河排口 1 | 安装闸门 |
| 14 | 昌九高速欣荣路排口 | 管道改造 |
| 15 | 十里蓝山悦城二期排口 | 管道改造 |
| 16 | 十里蓝山悦城排口 | 管道改造 |
| 17 | 奥克斯缔壹城排口 | 已包括在小区管道改造方案中 |
| 18 | 濂溪大道排口 | 管道改造 |
| 19 | 学府二路瓜子厂排口 | 执法介入 |
| 20 | 怡溪苑小区排口 | 已包括在十里河截污管道改造方案中 |
| 21 | 莲花镇小学排口 | 已包括在小杨河截污管道改造方案中 |
| 22 | 濂溪河排口 | 河道治理 |

3. 两河流域小区改造工程

工程针对合流制小区进行雨污分流改造，对分流制小区进行雨污错混接改造，同时结合各小区情况，适量进行海绵城市改造。主要包括研究小区内雨水管道、污水管道收集系统的布置方案，分析其存在的问题，在此基础上对其进行雨污分流、混接点改造及管道非开挖修复等工作，实现雨水调蓄排放、污水稳定纳管等目标，减轻对周边河道和水环境的影响，改善居民居住和生活环境。

两河治理项目实际改造源头小区共75个，结合水质监测对研究范围内小区进行因地制宜的分类研究改造。小区排水管网系统在经过雨污分流、混接点消除、缺陷修复等技术改造后，污水系统出口COD浓度得到了明显提升，沿两河原有的污水直排口的污染问题得到了彻底解决，实现了河道污染物的消除。

4. 污水处理厂建设工程

1）鹤问湖污水处理厂二期工程

建设规模：7万 m³/d。

建设地点：八里湖以北，鹤问湖污水处理厂一期西侧地块，占地8.36hm²。鹤问湖污水处理厂二期工程实景图见图2-50。

图2-50 鹤问湖污水处理厂二期工程实景图

服务范围：两河北片区、八里湖新区部分片区、陆家垅片区、经开区部分片区、长江排口部分片区。

出水要求：国家一级A标准，出水达标后通过尾水管道接入八里湖新区蛟滩污水厂尾水主管，两厂共用一个排放口，将尾水共同外排至长江。鹤问湖二期设计进、出水质主要指标见表2-24。

污水处理工艺：预处理＋AAO/AO生物处理＋磁混凝沉淀＋滤布滤池＋消毒工艺。

表2-24 鹤问湖二期设计进、出水质主要指标　　　　　　　　　　单位：mg/L

| 主要指标 | $COD_{Cr}$ | $BOD_5$ | SS | $NH_3$-N | TN | TP |
|---|---|---|---|---|---|---|
| 进水水质 | 240 | 120 | 200 | 30 | 35 | 3.5 |
| 出水水质 | ≤40 | ≤10 | ≤10 | ≤5（8） | ≤15 | ≤0.5 |

2）两河地下污水处理厂工程

建设规模：3万m³/d。

建设地点：厂址位于拟拆迁地块（九柴社区）规划绿化处，具体为九柴社区及花园畈南侧，仪表厂西侧，厂区占地面积约为2.207hm²。两河地下污水处理厂实景图见图2-51。

图2-51　两河地下污水处理厂实景图

服务范围：两河南片区，北至昌九高速，南至莲花大道，西至长江大道，东至前进路，服务面积为10.19km²。

出水要求：国家地表水（准）Ⅳ类标准，出水达标后通过尾水管道排放至十里河进行生态补水。两河地下污水处理厂工程设计进、出水水质见表2-25。

建设方式：厂址处于九江中心城区，周围为居民小区，厂区地势为西高东低，西侧及南侧有规划路，东侧靠近小杨河，考虑周围环境的敏感性，并结合地形，工程拟建模式为花园式全地下污水厂。项目除管理、应急等用房为地上布置外，西侧厂房为全地埋式，东侧厂房则为半地下式[11]。

污水处理工艺：预处理＋AAO/AO生物处理＋高密沉淀＋深床滤池＋消毒工艺。

表2-25　两河地下污水处理厂工程设计进、出水水质　　　　　　　　单位：mg/L

| 主要指标 | COD$_{Cr}$ | BOD$_5$ | SS | NH$_3$-N | TN | TP |
|---|---|---|---|---|---|---|
| 进水水质 | 250 | 120 | 200 | 30 | 35 | 3.5 |
| 出水水质 | ≤30 | ≤6 | ≤10 | ≤1.5 | ≤10 | ≤0.3 |

### 2.5.3.2　内源治理

1. 河道清淤工程

1）生态清淤目的

十里河下游底泥的存在削弱了汛期过洪能力，存在防洪隐患，且底泥中富集了大量的污染物，多条支流末端垃圾遍布，是两河潜在的污染源。对两河河床受污染段进行河道底泥清淤，可进一步消除内源污染影响，同时增大河道过流面积，提高泄洪排洪能力。

2）生态清淤原则

生态清淤规模需要在底泥环境调查与问题诊断分析的基础上，综合考虑底泥分布、污染特征、地质分层状况、水质、底质、水生态多种因素后确定。两河底泥生态清淤的原则如下：

（1）清除重污染底泥，减轻内源污染。

（2）底泥清淤与生态修复相结合。

（3）生态清淤与保留河道功能相结合。

（4）综合考虑淤泥处理及处置经济技术实施条件。

3）底泥分布和污染分析

开展必要的补充调查与监测工作，以准确掌握两河流域底泥分布和污染特性，为生态清淤工程方案的科学确定提供基础资料。

（1）底泥分布。

淤积底泥主要分布在十里河下游河势缓和段，河段底泥平均厚度 0.74m。十里河水域靠近八里湖断面底泥厚度最大，最大达 1.27m。同一断面底泥厚度差异较大，一般顺直河段中间厚、两侧薄。十里河中游分布 4 座钢坝，自下游至上游底泥厚度呈逐步递减趋势，4 个断面处底泥厚度分别为 0.35m、0.31m、0.25m 和 0m。

经现场人工开挖判断，华东市场附近河滩上常水位以上表土为黄土，在常水位附近及以下的底泥表层有黑色浮泥，厚度约 10～20cm，易受扰动而浮起。浮泥下基本为石块或砂质。

（2）底泥颗粒特征。

依据国际制土壤质地分类标准，十里河下游采样点的底泥颗粒分级占比为：砂粒32.0%、粉粒 50.7%、黏粒 17.3%；依据中国制土壤质地分类标准，相应占比为：砂粒10.4%、粉粒 72.3%、黏粒 17.3%，大部分底泥样品颗粒以粉粒为主。总体而言，十里河河段河床底泥以黏土质粉砂为主，平均中值粒径 11μm。从不同深度底泥颗粒分级结果上来看，各分层底泥颗粒组成较接近。只有十里河下游 DNS6 例外，0～0.2m 的表层底泥以砂粒为主，而 0.2m 以下的底泥以粉粒为主。

（3）柱状样取样及化学成分检测。

共采得 26 个柱状样，以 0.2m 为间隔对底泥竖向分层。从底泥性状上来看，十里河下游采样点处的底泥表层基本上为黑褐色淤泥，除了入湖口断面下部为黄色淤泥外，其余断面下部也均为黑褐色淤泥，可初步断定十里河下游底泥分层现象不明显，存在较重污染。

参考《湖泊河流环保疏浚工程技术指南》，本工程高氮磷污染底泥环保疏浚范围的控制值为 TN 含量大于等于 0.1627%、TP 含量大于等于 625mg/kg。十里河大部分监测点的底泥 TN 含量和 TP 含量均超过该参考值，其中十里河下游 10 个断面区间底泥的 TN 含量和 TP 含量平均为 0.21% 和 1243.17mg/kg，因此，可将其界定为高氮、磷污染底泥。尤其是磷含量，柱状样的采样厚度已接近探查的底泥厚度，但除了入湖口的断面外，其余断面最下层的磷含量仍在参考值以上，表明磷污染更为严重。

根据不同断面处底泥的有机指数计算值，十里河下游有 4 个断面的下层均存在有机污染。采用 GB 36600—2018《土壤环境质量建设用地土壤污染风险管控标准（试行）》中第一类用地的筛选值对重金属（Ni、Cu、Hg、Cd、Pb、As）含量进行评价，采用湖南省地方标准DB43/T 1165—2016《重金属污染场地土壤修复标准》中针对目标用地为居住用地的重金属

（Cr、Zn）总量标准值为参考进行评价，十里河下游 8 个断面的 8 种重金属含量均未超过标准限值，表明底泥重金属污染风险较低，疏浚后底泥经脱水处理后重金属含量满足建设用地的基本要求。

4）清淤规模论证

（1）生态清淤平面范围的确定依据。

以底泥淤积严重及污染物集中分布区域为生态治理重点区，包括靠近八里湖入湖口附近重点排口李家山泵站周边区域等；结合景观生态打造，保留生态湿地及沿岸生态带基底，长虹西大道附近淤浅区充分保护利用；与两岸已建岸坡间预留不小于 2m 的安全距离，沿线桥梁两侧各预留约 10m 安全距离，保证河道中部过洪通道宽度不小于 20m；对主流、支流中下游片区污染严重底泥及垃圾全面清除。

（2）生态清淤深度的确定依据。

加密清淤设计断面布置，由各清淤断面清淤深度推及河段；生态清淤以清除表层污染严重、释放强度高的近代沉积物为主；依据主要污染物含量垂直分布规律，保证清淤后泥水界面处表层底泥污染物含量处于较低水平；考虑河道行洪、水动力及地形塑造需要，参考自然坡降设定河底梯级高程，下游河段清淤后总体坡降约为 0.2%。

（3）底泥清淤规模论证。

由于淤泥主要分布在十里河下游，且污染相对严重，因此，将十里河下游（长虹西大道至八里湖段）作为集中清淤区域。根据清淤后河底高程的不同，将清淤范围分成 7 个区域，清除污染底泥总量约 8.0 万 m³。另外，对于八里湖入湖口处水下潜堤进行拆除，拆除黏土量共计约 5.9 万 m³。十里河上游 4 个钢坝蓄水区共计清除底泥约 6300m³。

根据底泥厚度、污染分布、生态清淤的原则，以及清淤范围与深度确定需要考虑的有关因素，确定两河底泥清淤区域位置分布和工程量。

①十里河生态修复段（长虹西大道至八里湖段）。

河段 1：典型断面 SL4。

本河段位于十里河入八里湖湖口附近河道最下游，由于入湖口处潜堤的存在导致水流情势放缓，大量颗粒物沉积于此，底泥受到的污染也相对较重。因此，设计平均清淤厚度为 0.78m，清淤后河底高程 11.5m，工程量 9151m³。

河段 2：典型断面 SL10。

本河段靠近入八里湖湖口，底泥淤积厚度较深，受到的污染也相对较重，需进行以清除污染底泥为主的疏浚。该河段设计平均清淤厚度为 0.95m，清淤后河底高程 9.5m，工程量 5274m³。

河段 3：典型断面 SL16。

本河段底泥淤积厚度在全河范围中最大，受到污染也相对较重，主要原因为李家山泵站等排口常年排污，需进行以清除污染底泥为主的疏浚。设计平均清淤厚度为 0.78m，清淤后河底高程 10.5m，工程量 13 473m³。

河段 4：典型断面 SL16。

本河段设计平均清淤厚度为 1.11m，清淤后河底高程 11.0m，工程量 10 672m³。

河段 5：典型断面 SL23。

本河段位于李家山泵站出口上游，两侧沿岸均存在带状淤积，设计平均清淤厚度为1.10m，清淤后河底高程12.0m，工程量23 262m³。

河段6：典型断面SL29。

本河段位于十里河生态公园集中景观段，因景观平台的存在两侧沿岸均存在带状淤积，平均清淤厚度为0.78m，清淤后河底高程12.5m，工程量7125m³。

河段7：典型断面SL35。

本河段因南侧凹岸的存在分布带状淤积，平均清淤厚度为0.50m，清淤后河底高程13.2m，工程量4311m³。

河段8：典型断面SL39。

本河段设计平均清淤厚度为0.62m，清淤后河底高程13.2m，工程量5938m³。

河段9：典型断面SL47。

本河段存在集中性淤浅滩面，平均清淤厚度为0.26m，工程量666m³。

②十里河生态净化段（钢坝蓄水区上游）。

十里河上游4个钢坝蓄水区，淤泥厚度为0.25～0.35m，确定平均清淤厚度为0.3m，共计清除底泥约6300m³。

5）清淤工艺

不同清淤工艺各有优缺点，考虑到本工程各清淤河段清淤深度、水深和环境存在较大差异，因此，在方案设计阶段拟选择几种工艺结合开挖，扬长避短，使开挖方案更为经济合理。

十里河河道中游（钢坝蓄水区）河道地势较高，非汛期基本处于干河的露滩状态，拟采用干式清淤方式，直接以挖掘机挖土、自卸汽车运土的方案施工。

十里河下游段（长虹西大道至八里湖段）水深较深（约2～3m），河道较宽，两侧房屋密集，若干河清淤，则围堰工程量、基坑排水量较大，工程投资较大，且干河施工对于两岸房屋的稳定不利，因此，该段河道拟采用湿式清淤方式，又考虑到该段河道淤泥主要为污染严重的黑臭底泥，为了避免开挖过程中淤泥中的有害物质扩散对水体造成二次污染，在方案设计阶段拟采用环保型挖泥船吹填工艺清淤。

十里河入湖口处水下潜堤黏土拆除拟采用抓斗式挖泥船清淤及泥驳船运输的工艺施工。

6）底泥处理

（1）底泥处理工艺。

采用板框压滤和化学固化的方式进行淤泥处置，技术较简单，在清淤工程量较小的前提下，施工工期较短。

（2）底泥处理场地。

所有底泥均经过机械疏挖后，先运至河道附近中转场，对其中含水率较高的部分进行脱水后外运处置。污染底泥处理设施包含中转沉砂池、浓缩池、底泥调质池、脱水机械等，占地面积共需2hm²左右，施工临时占地约8～12个月。

根据八里湖新区控制性详细规划及现场用地情况分析，选定淤泥固结场地位于十里河长江大道的上游左岸。场地布置上考虑尽量减少对于周边居民生活环境的影响，沉砂池距离居民小区不小于50m，施工期在居民侧设置临时防护屏障，阻隔噪声影响及粉尘，同时达到景观围护效果。施工期间加强管理，严禁夜间施工。

### 2. 底泥处置

针对十里河下游的污染底泥，采用环保式挖泥船湿式清淤工艺输挖后，就近选择十里河下游区域附近闲置用地开展处理处置，通过成套化设备即时脱水后，分别将处理达标后余水排回十里河，脱水后经底泥检测合格用于路基填筑等资源化利用。

#### 2.5.3.3 面源治理

##### 1. 解决措施

在一些已实施了分流制排水系统改造的城市，改造后的排水系统经过一段时间的运行，由于初期雨水污染的影响，周边水体的污染情况改善并不明显，封闭性水体的污染情况反而更为严重。如果将初期雨水直接排入自然承受水体，将会对水体造成一定的污染，可对初期雨水进行收集、处理。

城市初期雨水污染主要指降雨初期，由于雨滴在淋洗大气，冲刷城市路面、建筑物、废弃物等之后，携带氮氧化物、重金属、有机物以及病原体等污染物质进入地表水和地下水，加重城市水源的污染，从而形成影响水资源的可持续利用、加剧水资源短缺的面源污染。早在 1956 年，Wilkinson 等在研究屋面雨水污染时就发现雨水径流存在污染物冲刷规律。研究表明，初期 20％雨水径流中的污染负荷占整场降雨污染的 80％。初期雨水的适当收集、处理，可以有效降低城市供水压力和排水管网负荷，有利于保持水土，控制水体污染，预防水体富营养化，改善生态环境；同时中后期雨水可以回用于冲厕、洗涤、浇灌绿地、消防等多个方面。

随着城市的发展，城市面源污染已成为城市水体污染的重要来源，其中城区屋面和道路雨水径流污染是城市面源污染的重要组成部分。在降雨初期，随着地表径流的产生及不断增大，径流中的污染物浓度快速增高。至地表径流开始急剧增大时，污染物浓度达到最大值。径流接近或达到最大值时，污染物浓度开始或者已经显著下降。城市雨水管道污染物出流过程线见图 2 - 52。城市雨水污染物浓度变化图见图 2 - 53。

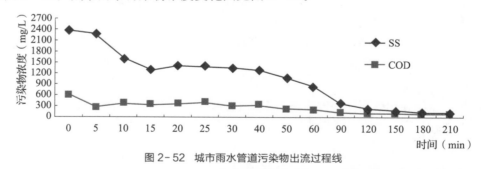

图 2 - 52　城市雨水管道污染物出流过程线

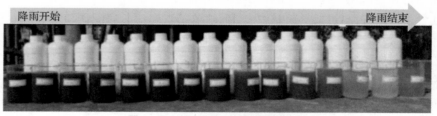

图 2 - 53　城市雨水污染物浓度变化图

根据降雨时间，将降雨分为初期雨水和中后期雨水。中后期雨水可直接排入河道，初期雨水由于污染较重，需对其进行处理后再排放。对于两河流域初期雨水治理，采用低影响开发的思路，将绿色设施（雨水花园、下凹绿地）与灰色设施（调蓄池、截流井）相结合，根据汇水区域大小对初期雨水进行分类控制。雨水收集、调蓄池系统图见图 2-54。

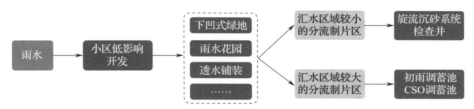

图 2-54　雨水收集、调蓄池系统图

具体做法是，对于汇水区域较小的分流制片区，可考虑源头 LID 控制设施＋末端雨水在线处理设施的建设，通过综合性措施从源头上降低开发导致的水文条件的显著变化和雨水径流对生态环境的影响；对于汇水区域较大的分流制片区，可考虑源头 LID 控制设施＋末端设初期雨水调蓄池的方式进行截流控制，将初期降雨储存至调蓄池，待雨季过后排放至两河截污管道。在市政雨水管道排入河道之前，安装雨水过滤器，通过滤网过滤、重力沉降和吸附组合的方式来分离雨水中的漂浮物、泥沙和油脂等。

2. 调蓄标准

调蓄标准的确定，对调蓄池工程的投资和效益影响很大。

1）国家标准与规范

目前关于雨水径流污染控制和调蓄池方面的国家标准和规范主要有 GB 50014—2021《室外排水设计标准》与《海绵城市建设技术指南——低影响开发雨水系统构建》。

根据《室外排水设计标准》，用于分流制排水系统径流污染控制时，雨水调蓄池调蓄量可取 4～8mm（按降雨量计）。

合流制排水系统径流污染控制时，调蓄池调蓄量根据截流倍数确定，由要求的污染负荷目标削减率、当地截流倍数和截流量占降雨量比例之间的关系确定。

2）国内外经验借鉴

关于标准的确定，从国内外相关工程综合分析来看主要有两种观点：

（1）初期雨水污染控制标准满足环境学、生态学要求。

（2）合流制排水系统溢流污染负荷与分流制排水系统排放污染负荷相当。

初期雨水污染控制工程学标准主要有以下两种：

（1）污染物控制率和溢流次数标准。

（2）当量雨量标准。

根据各地对截流初雨的相关研究成果，1h 雨量达到 12.7mm 的降雨能冲刷掉 90% 以上的地表污染物。同济大学对上海芙蓉江、水城路等地区的雨水地面径流研究表明，在降雨量达到 10mm 时，径流水质已基本稳定。国内还有研究认为，当降雨量控制在 6～8mm 时，可使 60%～80% 的初期雨水污染物得到控制，是雨量控制和径流污染削减的高效区，能够有效控制初期雨水造成的径流污染。国内外城市初期雨水控制标准见表 2-26。

表2-26　国内外城市初期雨水控制标准

| 体制 | 美国 | 日本 | 上海 | 天津 | 合肥 |
|---|---|---|---|---|---|
| 合流制 | 雨天溢流事件控制频率为4次/a，环境容量有条件的地区为6次/a。雨天收集截流量占年平均收集总量的百分比最小为85%（以体积流量计），实际折算在23mm左右 | $BOD_5$削减率：旱天95%；雨季65%。工程标准：8.3～15mm | 最新规划工程标准：11mm | 最新规划工程标准：25mm | 最新工程标准：14mm |
| 分流制 | — | 工程标准：1.8～6mm | 最新规划工程标准：5mm | 8mm的设计降雨量可有效地控制分流制系统的初期雨水污染 | 最新工程标准：5～10mm |

3. 设计标准

本次工程内，合流制溢流污染及初期雨水面源污染除源头采取海绵城市措施以外，主要采用末端控制解决。在主要雨水排口及合流制管网溢流口前端设置调蓄池。

结合两河整治需求、规划排水体制以及九江市的经济水平，工程分流制排水系统根据所属分流片区需要的面源污染削减量进行调蓄池规模计算，合流制排水系统根据所属合流片区需要的溢流污染削减量进行调蓄池规模计算。

4. 调蓄工程

初期雨水带来的面源污染及合流制溢流污染，采用建设调蓄池的方式进行削减。工程新建调蓄池4座，其中2座CSO调蓄池、1座初雨调蓄池、1座CSO＋初雨组合调蓄池，总调蓄规模32 158m³。两河调蓄池设置一览表见表2-27。

表2-27　两河调蓄池设置一览表

| 调蓄池编号 | 排水体制 | 服务面积（hm²） | 调蓄容积（m³） | 设置位置 |
|---|---|---|---|---|
| 1 | 合流区 | 74.3 | 5900 | 长虹西大道以西、龙开河路以北绿地 |
| 2 | 合流区 | 135.9 | 10 800 | 十里大道以东、德化路以南公交修理厂 |
| 4 | 分流区 | 184.7 | 6158 | 濂溪大道以南、濂溪河以西绿地 |
| 7 | 合、分流并存区 | 139.7 | 9300 | 南山路以北、十里大道以西绿地 |

#### 2.5.3.4　活水提质

为保持良好的河道生态条件和景观风貌，十里河干流必须保持适当的生态流量。工程以水质改善和水生态修复为主要目的，通过点源截污、面源治理、内源清淤、生态修复、补水循环等多种措施，改善河道水质。在各工程措施整体实施、有序落实的前提下，通过环境容量计算及模型校核，十里河能够达到消除黑臭的水质目标。

根据径流计算成果，十里河河口多年平均天然径流量为3217万 m³，折合年均流量1.02m³/s。按水文比拟法，两河流域内各断面径流和生态流量需求分析成果见表2-28。

表 2-28 两河流域内各断面径流和生态流量需求分析成果

| 河道 | 断面 | 集水面积（km²） | 年均流量（m³/s） | 生态流量（m³/s） | | |
|---|---|---|---|---|---|---|
| | | | | 下限（10%） | 非常好（30%） | 最佳（60%） |
| 十里河 | 莲花大道 | 6.65 | 0.14 | 0.014 | 0.043 | 0.086 |
| | 濂溪河汇入口 | 21.29 | 0.46 | 0.046 | 0.138 | 0.277 |
| | 八里湖河口 | 47.12 | 1.02 | 0.102 | 0.306 | 0.612 |
| 濂溪河 | 莲花大道 | 8.15 | 0.18 | 0.018 | 0.053 | 0.108 |
| | 入十里河处 | 18.32 | 0.40 | 0.04 | 0.119 | 0.238 |

考虑通过区域内两河污水处理厂的尾水补给至河道，以此改善十里河中下游河段的水动力学条件，增强水体自净能力。根据生态基流量分析，十里河在杭瑞高速下游段较适宜的生态基流量约为 $0.34 m^3/s$，折合约 2.90 万 $m^3/d$。

十里河补水管线路分为两路：一路为沿邹家河一支巷敷设 DN600 补水管，将污水厂尾水由西向东输送至十里河南路后补充至十里河；另一路为沿邹家河一支巷敷设 DN400 补水管，后向南沿十里河南路至欣荣路加油站对面补充至十里河。

### 2.5.3.5 生态修复

1. 修复原则

1）自然生态段（莲花大道上游）

本段河道生态修复策略为：结合现有自然生态基底，保留原有砾石河床状态，发挥生态砾石床的效能，局部高差较大的节点构建置石叠瀑，同时保证过水堤坝具有良好透水性，尽可能保留并提升近源头优质山溪资源。

2）生态亲水段（莲花大道—濂溪大道）

本段河道生态修复策略为：结合地块改造及居住区品质升级，考虑扩大水面范围，增加驳岸宽度，高差较大区则设置台地式驳岸及滨岸亲水活动区域，结合护岸打造全系列滨岸湿地，构建丰富植被层次；结合九江市水泵厂地块整体拆迁，进行亲水滨岸带功能全面打造；结合地块整体提升的用地条件，适当拓宽河面，塑造宽浅型河道过流断面，通过全面生态系统打造及景观设施布置，形成可供周边居民亲水乐居的滨岸场所。

3）生态柔化段（濂溪大道—杭瑞高速）

本段河道生态修复策略为：保留原有河道驳岸，在堤脚和堤顶合适区域利用局部改造增加植物种植区域，形成"上垂下应"的柔化生态岸段，同时扩展景观绿道范围，为城市丰富生态形成助力；本段河道硬质化明显，且属于城区窄深型矩形断面水体，水生植物种植重点保证不能阻水，植物选择耐冲刷、耐盐碱的品种。

4）生态净化段（杭瑞高速—长虹西大道）

本段河道生态修复策略为：在生态柔化改造的基础上，利用原有河岸滩地，设置砾石床＋植物净化型湿地以及分散式生态净化带，进一步提升昌九大道中水补水水质，同时作为河道生态系统修复的重要措施，促进城区河段人水和谐，景美怡人。利用物化＋生物＋生态法联合治理，对河道水质进行提升。以上生态处理设施不但具有占地小、设备布设灵活、处理费用较低的优点，而且可以在处理水体的同时辅助河道建立起结构稳定、功能完善的生态系统。

5）生态修复段（长虹西大道—八里湖）

本段河道生态修复策略为：适应坡降较缓的基底开展全面生态修复。补充配套服务设施，增加河岸植物季相变化和植物层次，改变生态湿地的形态。通过污染底泥全面清除及阻水构筑物的拆除，增加水系流动，增加过水面积，保证河湖水体顺畅交换。通过河滨缓冲带、集中式净化湿地与条带状沿岸生态修复带的全面构建，打造"舒缓、净美"的类自然城市生态绿肺。

2. 修复方案

1）滨水驳岸

新建滨水驳岸，长度640m，位于南山路—濂溪大道。该驳岸利用原有河道设计，并借鉴韩国清溪川项目，在水道内增加亲水步道。建成后的滨水驳岸可以为市民创造一个良好的休憩空间。龙门公园滨水驳岸见图2-55。

2）河道湿地

河道湿地改造充分结合现状进行设计，对原有湿地内水系进行重新整理，依据原河道地势堆筑湿地岛，在拓宽过水面积的同时，充分利用湿地的沉淀过滤功能，从而达到净化水质的目的。在堆筑的湿地岛上栽植土著植物，提高湿地生物多样性和湿地景观价值。公园内设置集散广场、亲水平台等配套设施，布置运动场所和健身步道等功能设施。改造后的水木清华公园河道湿地见图2-56。

图2-55 龙门公园滨水驳岸

图2-56 改造后的水木清华公园河道湿地

3. 景观工程

1）景观设计目标和定位

（1）设计目标。

十里河及其重要支流濂溪河、小杨河与河道两岸绿地共同组成九江浔南片区、十里片区的连续绿地脉络，承载着市民美好生活的追求。本工程设计目标如下：

①文化之河。

九江是一座有着2200多年历史的江南文化名城。九江之称最早见于《尚书·禹贡》中"九江孔殷""过九江至东陵"等记载。九江的历史文化最突出的特点是山水文化。十里河作为九江的母亲河，更是山水文化的重要载体。通过本次河道整治，融入名人文化、诗词文化、戏剧文化、宗教文化等文化基因，体现科普教育和文化展示功能，展示九江市民的文化生活。

②生态之河。

通过河道生态整治，建设生态型河岸及生态河流，改善片区的生态环境，满足人民日益增长的对优美生态环境的需求，建设水更清、天更蓝、地更绿、人与自然和谐共生的生态十里河。

③品质之河。

完善沿河两岸的公共服务设施及保障体系，建设人性化的配套服务设施以及高品质的绿地公园，提升两岸的居住品质，打造城市治理完善、共建共治共享的品质之河。

（2）设计定位。

景观设计定位是集生态保护、文化展示及服务居民于一体的多元化、开放式水岸空间，规划从生态河道的修复、滨水景观空间的有序梳理、休闲游憩体系的构建、滨水景观品质的提升4个方面对两河滨水带进行景观规划设计。设计总体遵循以人为本的原则，强调人与自然和谐共处、人水相亲的理念。

2）景观提升设计原则

（1）生态设计原则。

滨河绿带在改善城市环境、调节小气候方面有着不可替代的作用。因此，本设计中十分重视植物造景，植物的选择以具有较高观赏性的植物为主，运用大量灌木、小乔木及水生花草，利用植物的不同生态习性及形态、色彩、质地等，配以特色驳石，营造自然园林景象。

（2）亲水设计原则。

该景观区域为滨水绿带，有亲水设计的良好基础。沿河设置石质、木质或阶梯式亲水平台。

（3）景观结合功能原则。

该景观设计中，不论植物造景、小品设计，还是道路铺装的设计，都十分注重艺术性表现。线条流畅的园路，简洁的护栏，轻巧的凉亭、花架，草阶的应用，处处体现着时尚元素和现代艺术风格。

3）景观提升设计方案

（1）水木清华公园。

水木清华公园北起十里河北路，南至十里河南路，东起长虹西大道，西至长江大道，面积为125 097m²。水木清华公园实景图（亲水廊道）见图2-57。

公园改造主要涉及中心岛、南岸、慢行系统、北岸等。中心岛的改造思路为疏通水系，增加生态浮岛，在净化水质的同时丰富景观层次。两个河心岛由栈道衔接，形成连贯步道，以加强两个岛与南岸的联系，为

图2-57 水木清华公园实景图（亲水廊道）

市民休闲漫步提供多样化的选择。南岸的改造巧妙利用现状地块设置各种标准运动场，即一个七人制足球场、一个标准篮球场、三个标准羽毛球场，提升市民健身活动的品质。慢行系统通过架设人行桥通往中心生态岛，保证慢行步道的连续性，同时在金属栈道与林荫大道交会处将栈道抬高，形成多层次景观空间。北岸的改造则巧妙利用北岸现有高差形成有趣的城市空间，以镂空锈钢板挡墙展示九江市传统文化，并利用太阳光影形成趣味小

景观。

（2）双溪公园。

双溪公园生态综合体位于九柴社区及花园畈南侧，属仪表厂西侧拆迁地块，地块东侧距离十里河约300m，占地约2.9万m²。项目采用地上公园＋地下污水厂的创新生态设计，配套管理用房建筑面积约0.46万m²。公园的建设可进一步净化出厂尾水，提高污水处理厂排放水质，改善河流的水动力条件，促进水中污染物的扩散、净化和输出，能有效提高水体水质，从而达到生态补水综合利用目标。

在设计理念上，双溪公园充分借鉴了中国传统风景园林艺术特色，使处理达标后的水从假山上潺潺流下，形成滤水瀑布场景，实现了科学与自然完美结合。双溪公园（假山瀑布）见图2-58。

（3）龙门公园。

龙门公园位于九江市濂溪区莲花镇，西起十里大道，东至十里河东岸，南起怡溪苑北围墙，北至龙门小区北围墙，学府二路横跨而过。公园占地约6.9万m²，以"休闲、生态、民生"为理念，为市民提供充满活力的休闲绿地。龙门公园（异形环廊）见图2-59。

图2-58　双溪公园（假山瀑布）　　　　图2-59　龙门公园（异形环廊）

龙门公园在景观设计上巧妙提取溪流元素，用现代手法展现河道景观的自然优美，并结合公园周边居住环境、商业用地现状，打造集健身、休闲、交流等功能于一体的滨水空间。

### 2.5.3.6　监测系统建设

1. 建设目标

监测系统是智慧水务建设的基础感知层，通过获取不间断的实时数据，可为业务层面提供大量的数据支撑，使决策者有理可循、有据可依，其重要性不言而喻。基于九江市排水防涝规划及排洪防涝现状、污水处理模式、河湖水环境、地下水环境等问题进行监测布点设计，拟达成以下建设目标：

1）优化完善水务信息采集基础设施网络，整合水务、环保等部门资源

围绕九江市涉水事务建设、管理、服务工作对信息化、智能化需要，调查水利、供排水等相关涉水业务应用系统、网络基础设施、数据体系、标准规范、运行环境保障等方面的情况。整合水务、环保等部门资源，实现水文、水资源、水环境、水务工程等实时信息的自动

采集、网络汇集。建立健全水务信息集成与共享、各业务系统协同工作保障体系。

2）摸清基础管网信息资料，实现设施资产的数字化管理

基于完善的管网普查资料，利用地理信息系统技术和互联网技术统一集成管理九江市海量的市政排水设施，包括排水管线、泵站、污水处理厂、调蓄池等。实现空间数据管理、查询、拓扑检查、统计分析，更加有效、综合、丰富、全面地显示和分析大量排水设施数据，为城市排水设施的运行管理、模拟分析和联合调度提供翔实全面、多角度、不同显示模式的基础数据支持。

3）识别排水系统运行规律，建立在线监测与异常报警机制

以九江市排水安全与水环境质量保障为根本目标，设计科学合理的综合监控网络技术方案，进行泵站、调蓄设施等重要设施运行情况及进出水的监控集成，在排水管网关键环节安装在线监测节点，实现关键参数的在线采集和动态监控，构建覆盖收集管网、提升泵站、调蓄设施的城市排水综合监控技术体系，实现城市排水系统全覆盖、全过程监管，显著提升城市排水系统整体安全水平。通过实时在线监测数据，及时发现管网运行中的突发问题，快速进行事故溯源、追踪与预警，辅助管理部门做到防患于未然，提升对排水事故的预警和处理能力。

4）提高水务资产巡查养护的智能化水平

九江市目前的管网养护工作主要依靠人工定期巡查、用户故障上报，更多是凭借一线运维人员的主观经验。由于管网铺设范围大、面积广、隐蔽性强，所以管网问题的出现具有随机性、不确定性、不易被发现等特点。这些问题导致当前的管网运维效率低下、针对性弱。运维人员运用在线监测智能物联设备，通过对不间断、分钟级数据的分析、挖掘，判断管网运行规律，评估排水能力，及早发现管网淤塞、拥堵、溢流问题，确定管网破损可能出现的管段位置，减轻设施养护工作强度，通过制定科学合理的巡检养护计划，延长设施的使用寿命，提高设施的巡检效率和智能化水平。

5）实现排水设施远程监控和调度指挥

九江市已建成 5 座污水厂、4 座污水提升泵站、26 座防涝泵站，待建污水厂 3 座，排水管网总长度将近 1000km。面对如此复杂的排水设施，网站厂河的联合调度显得尤为重要。采用信息化手段，实现排水设施远程集中监控和调度指挥，可有效降低人员成本，提升雨污水排放效率。通过可视化地监管重要设施的运行状况，可及时发现问题并采取相应的应对和调度措施，从而科学有效地应对片区合流制溢流污染、城市内涝等突发事故，改善城市生态环境。

2. 监测目的

（1）评估管线分流改造效果，确保降雨后污水管线排水量基本不受影响。分析污水厂进水水质浓度能否达到项目 PPP 合同约定的进水浓度考核指标，若无法达到考核指标，应指明原因并提出解决方案。

（2）监测污水厂进水水量能否达到设计标准，若不达标，分区域识别污水收集率及源头可能存在的漏失问题。

（3）获取十里河关键断面的水质数据，确保水体不黑臭，并达到项目考核要求。

（4）识别管网的运行规律和负荷情况，及时发现施工和运行过程中出现的混接、地下水入渗等问题，提前预警预报污水冒溢问题。

（5）统计合流制管网的溢流次数与降雨量之间的关系，定量分析溢流污染量对河道水环境的影响。

（6）掌握泵站、调蓄池、截流井的工况，结合管网负荷优化水量调度，保障污水厂进水平稳。

（7）为两河片区积累城市排水的一般参数，为模型率定和校准提供一定的数据支撑。

### 3. 布点方案

监测布点方案应紧密围绕项目考核的需求和涉水部门的要求，并积极着眼于项目建成后的运维工作。选取管网关键节点、河道考核断面布设流量、液位、水质在线监测设备，通过分析中长期的监测数据，获取管网的运行状态及河道水质变化规律，以满足监测目的要求。两河流域排水系统图见图2-60。

### 1）布点思路

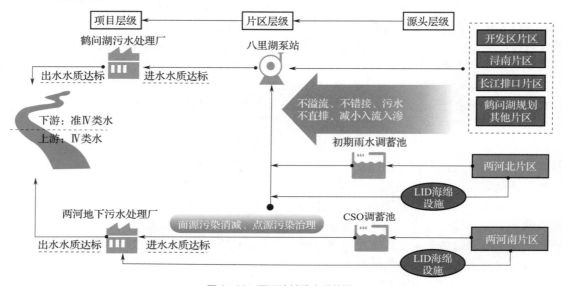

图2-60 两河流域排水系统图

两河流域整治工程内容包括扩建鹤问湖污水处理厂和新建两河地下污水厂，两个污水厂的污水收集范围包含两河北片区、两河南片区、开发区片区、浔南片区、长江排口片区。其中两河北片区和南片区为项目整治区域。

为建立完善的监测和预警体系，支持两河流域截污改造和水环境治理工程智慧化运行，监测布点思路按照"项目—分区—源头"三个层级展开，监测内容覆盖项目范围内所有排水设施及构筑物。通过分析两河流域排水系统特点，选择适宜监测点安装在线雨量计、在线流量计、在线液位计以及水质监测分析仪，构建"源、网、站、厂、河"一体化监测网络[12]。

（1）项目层级。

在十里河关键断面布设液位计和水质监测站，并辅以视频监控，全方位获取河道运行状态。在鹤问湖污水处理厂和两河地下污水处理厂进水管道布设流量计和在线水质分析仪，以判断进水水量和水质达标情况。同时，为分析雨季水环境和污水厂运行工况的变化规律，需要在开阔地带均匀布设在线雨量监测设备。

（2）分区层级。

分区层级的监测对象主要针对管网及其附属排水设施。首先，根据两河流域已划分的排水片区，分别在每个片区的出口布设监测点，用以分析片区内水量、水质的达标情况，并与项目层级的监测数据作对比分析，达到溯源的目的。其次，在泵站接入管、初期雨水调蓄池和 CSO 调蓄池的排空管等关键节点布设监测点，获取管网的运行工况，结合降雨数据分析入流入渗、堵塞等问题，预警预报污水冒溢的发生。最后，在主要排口溢流口的位置布设监测设备，获取流量和污染物浓度数据，定量化评估对水环境的影响。

（3）源头层级。

源头层级的监测对象为雨污分流改造小区、错接混接改造小区、重点工业区和商业区等接入二级管网的排口，实时监测旱季和雨季的流量数据，统计各排水户的排水规律，分析源头的雨污混接问题。结合人均综合用水量指标法对比理论用水量与实际用水量的差异，为后期规划设计积累排水参数。最终通过层级溯源的方法，精细化管理两河流域排水系统。

2）布点内容

结合项目需求，两河流域共设计 55 套流量计、20 套液位计、6 套 COD 在线监测仪、2套雨量计、1 套大屏展示系统、1 套 PLC 系统及控制柜、1 套 SCADA 平台等。两河水质水量监测布点示意图见图 2-61。

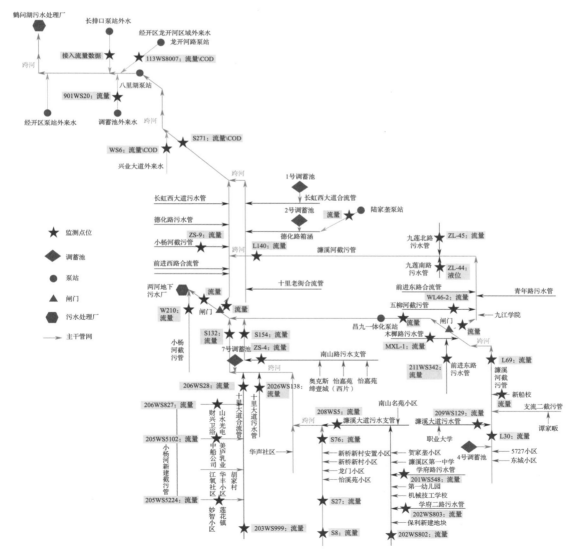

图 2-61　两河水质水量监测布点示意图

结合 PPP 合同考核指标，在十里河选择关键断面布置水质监测站进行水质监测，共设置水质监测站 2 个，站点信息统计表见表 2-29。

表 2-29　十里河水质监测站信息统计表

| 序号 | 监测站名称 | 监测目的 | 设备类型 | 监测指标 |
|---|---|---|---|---|
| 1 | 十里河入湖口水质监测站 | 监测十里河进入八里湖之前的水质情况、十里河末端水质达标情况 | 微型水质自动监测站 | pH 值、温度、电导率、浊度、溶解氧、COD、氨氮、总磷、总氮、ORP 等 |
| 2 | 十里河分界水质监测站 | 确保上游水质达标（地表水Ⅳ类） | 微型水质自动监测站 | |

## 2.5.4　可达性分析

### 2.5.4.1　水环境容量模型

1. 计算区段划分

水环境容量计算范围为十里河莲花大道—八里湖湖口段。水环境容量计算时，一般以整段水功能区为基本计算单元，但是对于河段较长，或有支流和取排水口等导致水量变化较大的水功能区，在计算时将其划分为几段，分段计算水环境容量，然后汇总整个水功能区的水环境容量。

根据《九江市水功能区划》，计算范围包括十里河九江保留区，水质目标为Ⅲ类。由于十里河莲花大道—八里湖湖口段水功能和开发利用程度与《九江市水功能区划》中的规定有较大出入，因此两河流域综合整治工程的水质目标确定为：上游（昌九高速以南）水质满足地表水Ⅳ类水标准，主要指标：DO≥3mg/L、COD≤30mg/L、NH₃-N≤1.5mg/L、TP≤0.3mg/L；下游（昌九高速以北）水质满足地表水Ⅳ类水标准，主要指标：DO≥3mg/L、COD≤30mg/L、NH₃-N≤2.0mg/L、TP≤0.3mg/L。

水环境容量计算时以从严控制为原则，综合确定两河项目水质目标。根据计算范围内两河流域水系分布及水文特征，水环境容量计算分为 3 段：

（1）十里河莲花大道—濂溪河汇入口段。

（2）十里河濂溪河汇入口—八里湖湖口段。

（3）濂溪河莲花大道—入十里河段。

2. 计算公式及参数选取

水环境容量是在水资源利用水域内，在给定的水质目标、设计流量和水质条件下，水体所能容纳污染物的最大数量。参照水功能区的水质目标浓度值 $C_s$ 和初始浓度值 $C_0$，并根据设计流量及污染物降解系数，计算工程后河道的水环境容量，计算公式如下：

$$W = W_{稀释} + W_{自净} = Q_0(C_s - C_0) + KVC_s + qC_s$$

式中：$W$ 为总环境容量，kg/d；$Q_0$ 为河段设计流量，m³/s；$C_s$ 为污染物控制目标浓度值，mg/L；$C_0$ 为污染物环境本底浓度值，mg/L；$K$ 为综合降解系数，d$^{-1}$；$V$ 为河段水体体积，

$m^3$；$q$ 为河段支流入流流量，$m^3/s$。

按照污染物降解机理，水环境容量可划分为稀释容量和自净容量两部分。稀释容量是指在给定水域的来水污染物浓度低于出水水质目标时，依靠稀释作用达到水质目标所能承纳的污染物量。自净容量是指由于沉降、生化、吸附等物理、化学和生物作用，给定水域达到水质目标所能自净的污染物量。

根据 MIKE 模型的参数率定验证结果，COD 降解系数取值为：$0.15\sim0.2d^{-1}$，氨氮降解系数取值为：$0.08\sim0.1d^{-1}$，TP 降解系数取值为：$0.01\sim0.02d^{-1}$。水质目标根据此次两河（十里河、濂溪河）流域综合整治工程的水质目标取 IV 类，$C_s$ 根据《地表水环境质量标准》中所对应指标的数值进行设置。

### 2.5.4.2 水环境容量

经计算，十里河莲花大道—八里湖湖口段水环境容量计算结果详见表 2-30。

单位：t

表 2-30 十里河莲花大道——八里湖湖口段水环境容量计算结果

| 月份 | 水环境容量 | | | |
|---|---|---|---|---|
| | COD | NH$_3$-N | TP | TN |
| 1 月 | 80.1 | 2.9 | 0.34 | 1.0 |
| 2 月 | 80.9 | 3.1 | 0.51 | 0.9 |
| 3 月 | 93.7 | 3.8 | 0.68 | 1.0 |
| 4 月 | 96.0 | 4.4 | 1.02 | 0.8 |
| 5 月 | 107.5 | 5.1 | 1.19 | 0.8 |
| 6 月 | 114.8 | 5.7 | 1.53 | 0.8 |
| 7 月 | 95.9 | 4.3 | 1.02 | 0.8 |
| 8 月 | 101.8 | 4.4 | 0.85 | 1.0 |
| 9 月 | 84.3 | 3.3 | 0.51 | 0.9 |
| 10 月 | 83.2 | 3.1 | 0.51 | 1.0 |
| 11 月 | 79.8 | 3.0 | 0.51 | 0.9 |
| 12 月 | 78.0 | 2.8 | 0.34 | 1.0 |
| 全年 | 1096.0 | 45.9 | 9.01 | 10.9 |

根据以上统计表显示，COD 全年水环境容量为 1096.0t，NH$_3$-N 全年水环境容量为 45.9t，TP 全年水环境容量为 9.01t，TN 全年水环境容量为 10.9t。

### 2.5.4.3 规划水平年水环境容量

选取 COD 及 NH$_3$-N 两个指标作为规划水平年的水环境容量，其数值与上述水环境容量计算结果保持一致。十里河莲花大道—八里湖湖口段规划水平年水环境容量见表 2-31。

表2-31 十里河莲花大道—八里湖湖口段规划水平年水环境容量      单位：t

| 月份 | 水环境容量 | |
| --- | --- | --- |
| | COD | NH₃-N |
| 1月 | 80.1 | 2.9 |
| 2月 | 80.9 | 3.1 |
| 3月 | 93.7 | 3.8 |
| 4月 | 96.0 | 4.4 |
| 5月 | 107.5 | 5.1 |
| 6月 | 114.8 | 5.7 |
| 7月 | 95.9 | 4.3 |
| 8月 | 101.8 | 4.4 |
| 9月 | 84.3 | 3.3 |
| 10月 | 83.2 | 3.1 |
| 11月 | 79.8 | 3.0 |
| 12月 | 78.0 | 2.8 |
| 全年 | 1096.0 | 45.9 |

### 2.5.4.4 规划水平年污染负荷

1. 面源污染负荷

以昌九高速为界，经计算得到昌九高速以南 COD 全年面源污染负荷为 347.69t、NH₃-N 全年面源污染负荷为 12.07t、TN 全年面源污染负荷为 28.97t、TP 全年面源污染负荷为 2.41t；昌九高速以北 COD 全年面源污染负荷为 417.37t、NH₃-N 全年面源污染负荷为 14.49t、TN 全年面源污染负荷为 34.78t、TP 全年面源污染负荷为 2.90t。昌九高速以南、以北面源污染负荷估算见表2-32、表2-33。

表2-32 昌九高速以南面源污染负荷估算      单位：t

| 月份 | 面源污染负荷 | | | |
| --- | --- | --- | --- | --- |
| | COD | NH₃-N | TN | TP |
| 1月 | 17.12 | 0.59 | 1.43 | 0.12 |
| 2月 | 22.04 | 0.77 | 1.84 | 0.15 |
| 3月 | 34.40 | 1.19 | 2.87 | 0.24 |
| 4月 | 40.87 | 1.42 | 3.41 | 0.28 |
| 5月 | 45.23 | 1.57 | 3.77 | 0.31 |
| 6月 | 46.04 | 1.60 | 3.84 | 0.32 |
| 7月 | 45.37 | 1.58 | 3.78 | 0.32 |
| 8月 | 31.68 | 1.10 | 2.64 | 0.22 |
| 9月 | 18.66 | 0.65 | 1.56 | 0.13 |

续表

| 月份 | 面源污染负荷 | | | |
|---|---|---|---|---|
| | COD | NH₃-N | TN | TP |
| 10 月 | 18.07 | 0.63 | 1.51 | 0.13 |
| 11 月 | 16.57 | 0.58 | 1.38 | 0.12 |
| 12 月 | 11.64 | 0.40 | 0.97 | 0.08 |
| 总计 | 347.69 | 12.07 | 28.97 | 2.41 |

表 2 – 33　昌九高速以北面源污染负荷估算　　　　　　　　单位：t

| 月份 | 面源污染负荷 | | | |
|---|---|---|---|---|
| | COD | NH₃-N | TN | TP |
| 1 月 | 20.55 | 0.71 | 1.71 | 0.14 |
| 2 月 | 26.46 | 0.92 | 2.21 | 0.18 |
| 3 月 | 41.29 | 1.43 | 3.44 | 0.29 |
| 4 月 | 49.06 | 1.70 | 4.09 | 0.34 |
| 5 月 | 54.29 | 1.89 | 4.52 | 0.38 |
| 6 月 | 55.26 | 1.92 | 4.61 | 0.38 |
| 7 月 | 54.46 | 1.89 | 4.54 | 0.38 |
| 8 月 | 38.03 | 1.32 | 3.17 | 0.26 |
| 9 月 | 22.40 | 0.78 | 1.87 | 0.16 |
| 10 月 | 21.69 | 0.75 | 1.81 | 0.15 |
| 11 月 | 19.89 | 0.69 | 1.66 | 0.14 |
| 12 月 | 13.97 | 0.49 | 1.16 | 0.10 |
| 总计 | 417.37 | 14.49 | 34.78 | 2.90 |

**2. 初雨调蓄后入河污染负荷**

昌九高速以北不具备初雨调蓄池的建设条件。昌九高速以南初雨调蓄池降雨后期入河污染负荷见表 2 – 34。

表 2 – 34　昌九高速以南初雨调蓄池降雨后期入河污染负荷　　　　　　单位：t

| 月份 | COD | NH₃-N | TN | TP |
|---|---|---|---|---|
| 1 月 | 1.91 | 0.08 | 0.16 | 0.02 |
| 2 月 | 2.06 | 0.09 | 0.18 | 0.02 |
| 3 月 | 3.86 | 0.17 | 0.33 | 0.03 |
| 4 月 | 7.79 | 0.33 | 0.67 | 0.07 |

续表

| 月份 | TP | TN | NH₃-N | COD |
|---|---|---|---|---|
| 5 月 | 0.08 | 0.84 | 0.42 | 9.76 |
| 6 月 | 0.06 | 0.62 | 0.31 | 7.26 |
| 7 月 | 0.08 | 0.83 | 0.41 | 9.66 |
| 8 月 | 0.07 | 0.70 | 0.35 | 8.20 |
| 9 月 | 0.02 | 0.24 | 0.12 | 2.76 |
| 10 月 | 0.03 | 0.27 | 0.14 | 3.17 |
| 11 月 | 0.00 | 0.02 | 0.01 | 0.18 |
| 12 月 | 0.02 | 0.16 | 0.08 | 1.86 |
| 总计 | 0.50 | 5.01 | 2.51 | 58.49 |

**3. CSO 调蓄溢流污染负荷**

以昌九高速为界，昌九高速以南调蓄池溢流总量为 37.3 万 m³，其中，COD 溢流污染负荷为 55.96t，NH₃-N 溢流污染负荷为 3.73t，TN 溢流污染负荷为 7.46t，TP 溢流污染负荷为 0.75t。昌九高速以南 CSO 调蓄池溢流污染负荷见表 2-35。

表 2-35 昌九高速以南 CSO 调蓄池溢流污染负荷

| 月份 | 溢流量（万 m³） | COD（t） | NH₃-N（t） | TN（t） | TP（t） |
|---|---|---|---|---|---|
| 1 月 | 0.68 | 1.02 | 0.07 | 0.14 | 0.01 |
| 2 月 | 0.67 | 1.00 | 0.07 | 0.13 | 0.01 |
| 3 月 | 1.37 | 2.06 | 0.14 | 0.27 | 0.03 |
| 4 月 | 4.93 | 7.39 | 0.49 | 0.99 | 0.10 |
| 5 月 | 6.87 | 10.31 | 0.69 | 1.37 | 0.14 |
| 6 月 | 4.22 | 6.32 | 0.42 | 0.84 | 0.08 |
| 7 月 | 6.92 | 10.38 | 0.69 | 1.38 | 0.14 |
| 8 月 | 6.77 | 10.16 | 0.68 | 1.35 | 0.14 |
| 9 月 | 1.64 | 2.46 | 0.16 | 0.33 | 0.03 |
| 10 月 | 2.49 | 3.74 | 0.25 | 0.50 | 0.05 |
| 11 月 | 0.00 | 0.00 | 0.00 | 0.00 | 0.00 |
| 12 月 | 0.74 | 1.11 | 0.07 | 0.15 | 0.01 |
| 总计 | 37.30 | 55.96 | 3.73 | 7.46 | 0.75 |

以昌九高速为界，昌九高速以北调蓄池溢流总量为 90.23 万 m³，其中 COD 溢流污染负荷为 135.34t，NH₃-N 溢流污染负荷为 9.02t，TN 溢流污染负荷为 18.05t，TP 溢流污染负荷为 1.80t。昌九高速以北 CSO 调蓄池溢流污染负荷见表 2-36。

表 2 - 36　昌九高速以北 CSO 调蓄池溢流污染负荷

| 月份 | 溢流量（万 m³） | COD（t） | NH₃-N（t） | TN（t） | TP（t） |
|---|---|---|---|---|---|
| 1 月 | 1.89 | 2.83 | 0.19 | 0.38 | 0.04 |
| 2 月 | 1.87 | 2.80 | 0.19 | 0.37 | 0.04 |
| 3 月 | 3.48 | 5.22 | 0.35 | 0.70 | 0.07 |
| 4 月 | 12.10 | 18.16 | 1.21 | 2.42 | 0.24 |
| 5 月 | 16.54 | 24.81 | 1.65 | 3.31 | 0.33 |
| 6 月 | 10.31 | 15.46 | 1.03 | 2.06 | 0.21 |
| 7 月 | 16.31 | 24.47 | 1.63 | 3.26 | 0.33 |
| 8 月 | 15.79 | 23.69 | 1.58 | 3.16 | 0.32 |
| 9 月 | 4.08 | 6.13 | 0.41 | 0.82 | 0.08 |
| 10 月 | 5.86 | 8.79 | 0.59 | 1.17 | 0.12 |
| 11 月 | 0.00 | 0.00 | 0.00 | 0.00 | 0.00 |
| 12 月 | 1.99 | 2.99 | 0.20 | 0.40 | 0.04 |
| 总计 | 90.23 | 135.34 | 9.02 | 18.05 | 1.80 |

　　将表 2 - 32 至表 2 - 36 中的各污染物指标入河污染负荷相加可得到总体入河污染负荷。经计算两河总体入河污染负荷 COD 为 1014.85t，$NH_3$-N 为 41.82t，TN 为 94.28t，TP 为 8.36t。两河总体入河污染负荷见表 2 - 37。

表 2 - 37　两河总体入河污染负荷　　　　　　　　　　　　　　　　　　　　单位：t

| 月份 | COD | NH₃-N | TN | TP |
|---|---|---|---|---|
| 1 月 | 43.42 | 1.65 | 3.82 | 0.33 |
| 2 月 | 54.37 | 2.03 | 4.72 | 0.41 |
| 3 月 | 86.83 | 3.28 | 7.61 | 0.66 |
| 4 月 | 123.28 | 5.16 | 11.57 | 1.03 |
| 5 月 | 144.41 | 6.21 | 13.82 | 1.24 |
| 6 月 | 130.34 | 5.28 | 11.97 | 1.06 |
| 7 月 | 144.34 | 6.20 | 13.79 | 1.24 |
| 8 月 | 111.77 | 5.03 | 11.03 | 1.01 |
| 9 月 | 52.42 | 2.12 | 4.81 | 0.42 |
| 10 月 | 55.46 | 2.36 | 5.25 | 0.47 |
| 11 月 | 36.64 | 1.27 | 3.05 | 0.25 |
| 12 月 | 31.58 | 1.24 | 2.84 | 0.25 |
| 总计 | 1014.85 | 41.82 | 94.28 | 8.36 |

### 2.5.4.5　污染负荷达标分析

两河莲花大道—入八里湖湖口段水环境容量中，COD全年水环境容量为1096.00t，$NH_3$-N全年水环境容量为45.90t，TP全年水环境容量为9.01t。

根据上述章节的规划水平年污染负荷及环境容量计算结果，结合Ⅳ类水质目标条件下的水环境容量值，对十里河下游规划水平年污染负荷平衡进行分析，分析计算结果见表2-38。

表2-38　十里河下游规划水平年污染负荷平衡分析计算结果表　　　　　　　　　单位：t

| 项目 | COD | $NH_3$-N | TP |
|---|---|---|---|
| CSO溢流污染负荷 | 191.30 | 12.75 | 2.55 |
| 初雨调蓄池入河负荷 | 58.49 | 2.51 | 0.5 |
| 面源污染负荷 | 765.07 | 26.56 | 5.31 |
| 污染负荷总计 | 1014.85 | 41.82 | 8.36 |
| 水环境容量 | 1096.00 | 45.90 | 9.01 |
| 剩余负荷 | 81.15 | 4.08 | 0.65 |
| 是否达标 | 是 | 是 | 是 |

根据上表模拟计算结果，经过两河综合治理项目的建设，COD、$NH_3$-N、TP等水质数据的全年平均值均可达到Ⅳ类水环境的治理目标。

## 2.6　设计小结

九江市两河流域治理是一项系统工程，其面临的主要难题为老城区密度高，建设用地紧张，排水管网本底不清，排水设施陈旧，径流污染浓度较高，河道黑臭现象严重。项目本着先行先试、不断探索的方式，以规划为指引、现状为抓手，目标导向与问题导向并重，遵循流域统筹思路，按照"厂网河（湖）岸一体"的系统性设计理念，采取"源头改造—过程补强—末端处理"的技术手段，梳理和论证项目具体方案，进而实现两河流域达到"水安全、水环境、水生态、水资源、水文化"的综合目标。

在本底调查方面，进行"厂""网""河""源"系统化排查诊断，通过人工调研、管网探测、水质水量检测等技术措施，实现本底的全摸排。"厂"方面，对污水厂的服务范围、进水水质水量、运行状况等进行详细调研排查。"网"方面，结合水质水量检测、QV及CCTV等措施，进行管网的清污分流、雨污分流及运行状况排查等，全面识别管网的高水位运行、自身缺陷、河水倒灌等运行问题与安全风险。"河"方面，对河道断面的水质水量、河道底泥进行检测与定量分析，对河道排口进行全面排查溯源。"源"方面，从摸清小区、公建、工业企业等源头地块内的管网结构出发，结合关键节点的水质、水量，识别源头重要问题。项目对十里河32个河道断面进行水质检测，排查检测河道沿线大小雨污排口100余个，摸排十里河流域管网约51km，梳理罗列不同类型的现状问题，制订针对性治理方案，真正做到明其所源，治其所由。

在治理方案和治理思路方面，将黑臭水体治理与管网提质增效工作相结合，施行控源截污、内源治理、生态修复、活水提质等处理措施。控源截污体现了源头治理、雨污统筹，进行污水系统的提质增效，实现污水直排口消除、源头污水管网空白补齐和错混接改造，降河水、挤清水、堵渗水，进行排水管道的更新修复，实现入河污染降低，污水管道污染物浓度提升。通过点状 CSO 调蓄池建设，进一步降低合流制产生的溢流污染，通过源头改造等措施，进一步削减面源径流污染。加强对污水管道通沟污泥的处理处置，实现泥水并重。在控源截污的基础上，加强河道内源治理、生态修复、活水提质，实现污水收集处理提质增效的目标。其中，源头小区管网改造 77 项，新建及修复市政二级管道 10km，新建及修复沿河主干截污管道 36km，建设初雨及 CSO 调蓄池 4 座，新建污水处理厂 2 座，河道整治直排口 50 个，河道生态清淤约 8 万 $m^3$，建设沿河景观及湿地公园面积约 30.3 万 $m^2$，最终实现工程范围内污水全收集、收集全处理、处理全达标。此外，综合应用地理信息互联网技术以及在线监测、实时控制等手段搭建多功能的智慧化管理系统平台，以排水户、排水片区、厂网设施为核心，对片区内的运行工况数据进行监测与采集，与城市各类涉水要素、水务资产、项目片区的各项数据进行整合，形成厂、网、河一体化城市级水务智能调度及运营管理系统，有效提升市政基础设施管理和服务水平，推进九江市水务管理的长效机制形成与完善。

总体来说，长江大保护九江市两河（十里河、濂溪河）流域综合治理项目采用系统性顶层设计理念，并创新搭建智慧化水务调度运营管理平台，以求实现十里河黑臭水体治理与区域污水系统提质增效的既定目标，真正做到水清岸绿、鱼翔浅底。

# 第3章 工程案例

## 3.1 小区排水改造案例——怡嘉苑小区

### 3.1.1 项目概况

怡嘉苑小区位于九江市濂溪大道与南山路之间，西临九莲南路，东临五柳河，属于安置房小区，共有 86 栋房屋（6～10 层），建筑面积约 137 700㎡。小区为分流制，部分雨污水管道存在混接。

该小区的雨水系统分为南、北两个子系统。小区北部雨水通过 DN300～DN600 雨水管自南向北接入南山路 DN600 雨水管；小区南部雨水通过 DN400～DN500 雨水管自南向北接入小区间道路 DN800 雨水干管，最终排入五柳河。

该小区的污水系统分为南、北两个子系统，小区北部大部分污水通过 DN300～DN600 污水管道自南向北接入小区北侧南山路 DN400 污水管，小区北部少量污水通过自东向西的 DN300 污水管直接接入小区西侧九莲南路 DN500 污水管，最终汇入南山路 DN600 污水干管；小区南部大部分污水通过 DN300～DN400 污水管自南向北接入小区间道路 DN400 污水管，少量污水通过 DN300～DN400 污水管直接接入小区西侧九莲南路 DN400 市政污水管道。

### 3.1.2 本底调查

#### 3.1.2.1 排水管线测量

1. 工作目的

查明研究范围内小区排水系统现状，包括排水设施完善情况、污染源状况、错接混接情况等，为排水系统改造设计提供基础资料。

2. 技术要求

排水管线探测应查明排水管道及其附属设施的平面位置、埋深（或高程）、流向、性质、连接关系、管径、管材等信息，并初步查明错接混接情况，测量管线点坐标和高程，形成排水管线成果图和成果表。排水管线探测精度应满足 CJJ 61—2017《城市地下管线探测技术规程》的规定。

小区及厂区等排水管道应查明区域内排水管线位置和管径（包括立管），实测管底高程、检查井位置及高程、排水方向及雨水口位置等，探测至与市政道路衔接处。所有小区污水管道（合流管道）出口需要检测 COD 浓度。

### 3. 工作方法

采用直接打开地面检查井调查的方式确定管道（沟）的埋深和走向，沿管道（沟）走向追踪，逐井调查。现场调查相关检查井的连接关系、管道（沟）的断面尺寸、管底埋深等参数，现场采用手机 App 录入或手簿记录相关属性信息，并实地对相关检查井用红色油漆标注其编号，然后对各分支井、特征点进行平面与高程测量，以确定管道（沟）的平面位置及管底高程。

根据管道的排水类型将管道分为污水管（WS）、雨水管（YS）、合流管（HS）。晴天管内无水流，一般有雨算与之连接的管道，归类为雨水管；晴天管内有水流，且无雨算与之连接的管道，以及未通向天台、不具备雨水管功能且主要排放生活污水的立管归类为污水管；只有一套排水系统，晴天管内有水流，且有雨算与之连接的管道，归类为合流管。

### 4. 管线测量

管线测量采用与项目所在地现行一致的平面坐标系统和高程基准，地形图比例尺宜为 1 : 500。

### 5. 雨污混接调查

雨污混接调查一般分为以下 4 个工作步骤：

第一步工作为雨污水管道定性。结合收集的相关管网资料与现场管道状况，确认实地管道性质与设计规划是否相符合。

第二步工作为定位。通过管道潜望镜内窥检测、人工摸排等方法确定雨污混接井或者管道位置。

第三步工作为定量。采用流量监测以及 COD 浓度测定等方法对混接点的混接量进行测定，即进行水量和水质的测定。

第四步工作为评估及成果汇总。总结调查过程中发现的混接点信息，形成混接调查成果报告。

## 3.1.2.2　综合管线测量

### 1. 工作目的

查明拟进行排水系统改造范围内市政道路、小区地下管线的埋设情况，为排水系统改造设计和施工提供基础资料。

### 2. 技术要求

综合管线探测对象为除排水管道以外的其他各种地下管线，包括给水、燃气、电力、通信、热力、工业管道等。

综合管线探测应查明地下管线的类别、平面位置、走向、埋深、偏距、规格、材质、载体特征、建设年代、埋设方式、权属单位等，并确定地下管线平面坐标和高程。

综合管线探测精度应满足 CJJ 61—2017《城市地下管线探测技术规程》的规定。

3. 工作方法

综合管线探测工作方法分为实地调查和地球物理探查两种。先从明显点着手，采用实地调查的方法测定明显点位置和深度，再采用地球物理探查的方法对隐蔽点定位定深。

### 3.1.2.3 排水管道检测与评估

1. 工作目的

通过管道 CCTV、QV 检测等对管道现状、内部缺陷情况、破损情况、暗接情况进行检测，为管网改造修复提供依据；同时通过排水管道 CCTV 检测等查明混接情况。

2. 技术要求

使用管道 CCTV 检测设备对排水管道进行检测，确定管道内部结构性缺陷（破裂、变形、腐蚀、错口、起伏、脱节、接口材料脱落、支管暗接、异物穿入、渗漏）、功能性缺陷（沉积、结垢、障碍物、残墙、坝根、树根、浮渣）的位置及等级，对管道缺陷进行评估，并提出修复建议。

技术要求应满足 CJJ 181—2012《城镇排水管道检测与评估技术规程》的规定。

3. 工作方法

排水管道 CCTV 检测参照管网普查图进行，CCTV 检测实施流程图见图 3-1。

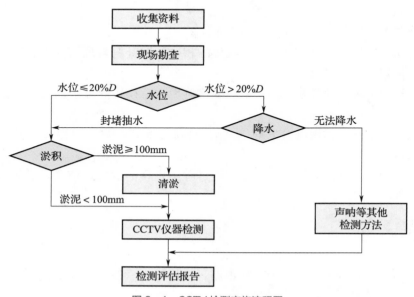

图 3-1　CCTV 检测实施流程图

1）CCTV 检测设备

CCTV 检测设备主要有高压疏通车、CCTV 检测机器人等，见图 3-2。

　（a）高压疏通车　　　　　　　　　（b）CCTV 检测机器人

图 3-2　CCTV 检测设备

2）管道封堵

根据 CJJ 181—2012《城镇排水管道检测与评估技术规程》的规定，在进行 CCTV 检测时，管道内水位不得超过管径的 20%，当管道内水位超过规定时，需要进行管道封堵。根据管道管径的不同应选择不同的封堵方式。目前常见的封堵方式有气囊封堵、机械封堵、潜水员封堵。气囊封堵示意图见图 3-3。

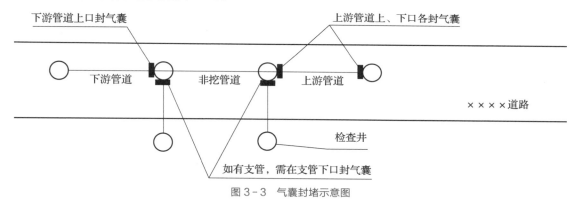

图 3-3　气囊封堵示意图

3）高压疏通车清淤

封堵完成后的管道要进行彻底的疏通清洗，才可以进行管道 CCTV 检测。在进行疏通清洗前，首先使用 QV 检测快速了解管道内部的淤积情况，然后根据 QV 检测的结果选择合适的方法进行疏通清洗。疏通清洗前 QV 检测见图 3-4。

图 3-4　疏通清洗前 QV 检测

在初步了解管道内的淤积状况后，开始对管道进行疏通清洗，当前进行疏通清洗的常用设备是高压射水疏通车（见图3-5），其基本原理是水箱内的水经增压泵加压后通过高压水管输送至不同型号的射水喷头（见图3-6），水流从不同角度的喷嘴喷出到达管壁，对管壁上的各种沉积物和淤泥进行疏通和清洗，然后将管道底部的淤泥冲到检查井处，方便后续的污泥清捞。

图3-5　高压射水疏通车

图3-6　射水喷头

高压射水疏通车的主要组成部分是高压泵、水箱、高压水管和射水喷头。高压泵决定了射水车可以达到的最高压力以及高压水管的出水流量。射水喷头则决定了不同种类的污泥和沉积物的冲洗效果，不同种类的射水喷头有不同的使用范围和使用对象。

管道进行疏通清淤之后，再对管道进行CCTV检测，这样可以获得完整、清晰的CCTV检测录像，客观真实地反映管道运行状态。因此，被检测管道应清洗干净，无积水（如无法断水作业的应尽量降低水位），这样能更直观地评估管道结构性缺陷。

4）污泥清捞与运输处置

管道疏通清洗完成后，需要对管道内的沉积物和垃圾进行清捞。清捞时要根据污泥的含水量选择合适的清捞工具。对于含水量较高的污泥，可以使用吸污车（见图3-7）将淤泥从管道中吸取出来。

5）检测报告编辑

根据拍摄的检测视频和现场检测记录表，对被检测管道进行缺陷判读和分析，根据CJJ 181—2012《城镇排水管道检测与评估技术规程》形成检测评估报告。评估报告中应包含检测管道的基本情况、缺陷位置、缺陷类型、缺陷等级判断、缺陷修复指数计算、缺陷评价以及修复建议等内容。

图3-7　吸污车

### 3.1.3　存在问题

（1）小区存在雨污水管道混接、雨污分流不彻底等问题。

（2）小区管道出口污水COD浓度较低，化粪池均没有废除。

### 3.1.4　改造思路

本小区内有分流制排水管道，小区外附近有雨污水出路，本次改造保留大部分雨污水管道，修复破损管道，部分管道原位改建，对混接、漏接污水管道进行梳理改造，废弃化粪池，将建筑屋面雨水散排至就近绿地。

### 3.1.5　整治过程

本次整治主要对雨污水混接点进行改造，修复破损管道，并清理管道、雨水口和检查井内垃圾、淤泥等杂物，确保管道完好和通畅，对部分不满足排水需求的管道进行原位改建，废除小区内原有化粪池。小区新建管道施工过程如下：

1. 路面破除

使用切割机按照设计开挖边线进行路面切缝处理（切缝深度 20cm，线形必须顺直），然后使用风镐从管道中央至两边逐渐破除。路面切缝和路面破除见图 3-8。

（a）路面切缝　　　　　　　　（b）路面破除

图 3-8　路面切缝和路面破除

2. 沟槽开挖

沟槽开挖前，根据管线物探图及现场实际勘察情况，对沟槽开挖范围内存在的其他管线位置进行预估，并采取人工开挖探沟的方式确定其具体位置。使用机械挖槽时，开挖至距设计槽底高程 20cm 土层后进行人工清挖。机械开挖和地基验槽见图 3-9。

（a）机械开挖　　　　　　　　（b）地基验槽

图 3-9　机械开挖和地基验槽

### 3. 管道基础铺设

主管道基础回填施工要求采用 15cm 厚碎石＋5cm 厚中粗砂。应先将管道垫层、基础地基表面的浮土和杂物清除干净，再进行回填。基础回填过程中应避免反坡。碎石垫层和中粗砂垫层见图 3-10。

（a）碎石垫层　　　　　　　　　　　（b）中粗砂垫层

图 3-10　碎石垫层和中粗砂垫层

### 4. 管道、检查井连接

管道与混凝土检查井采用承插式弹性密封橡胶圈连接，管道与检查井连接完毕后，须沿管道中心的井壁外侧浇筑 1.5 倍管径的 C20 混凝土保护体。管道连接和混凝土保护结构见图 3-11。

管道与塑料井连接时，检查井座与管道连接顺序为井→管→井→管，并逐渐向下游支管、干管延伸。检查标准要求管道安装线性顺直、接口处采用管道连接器密封处理、管井连接采用热收缩套密封。管道安装完成后，需复核上下游高程是否满足要求。

（a）管道连接　　　　　　　　　　　（b）混凝土保护结构

图 3-11　管道连接和混凝土保护结构

### 5. 闭水试验

在管道连接完成后，进行闭水试验前，应将井筒上提一定高度，保证其高于管顶内壁不小于 2m，且保证坑槽内无水。未通过闭水试验不得提前回填。闭水试验的试验准备和试验阶段见图 3-12。

（a）试验准备 　　　　　　　　　　　（b）试验阶段

图 3-12　闭水试验的试验准备和试验阶段

## 6. 管沟回填

小区管道工程管线沟槽采用中粗砂回填，管道安装验收合格应立即进行回填。沟槽回填时应分层回填，每层回填虚铺厚度不大于 300mm，回填完成后需进行压实度检测。沟槽回填和压实度检测见图 3-13。

（a）沟槽回填 　　　　　　　　　　　（b）压实度检测

图 3-13　沟槽回填和压实度检测

## 7. 管道 CCTV 检测

在沟槽回填完成后，进行路面恢复之前，应及时进行 CCTV 检测，检查管道接口、管道自身是否出现缺陷问题。如发现管道无任何缺陷，应及时对路面进行恢复，保证新建管道无任何质量问题。管道 CCTV 检测见图 3-14。

图 3-14　管道 CCTV 检测

### 8. 路面恢复

小区路面恢复施工顺序为：路基压实→回填 300mm 厚碎石→压路机压实（压实度≥95％）→路面混凝土浇筑→路面混凝土养护。路面恢复见图 3-15。

（a）混凝土浇筑 　　　　　　　　　　（b）混凝土养护

图 3-15　路面恢复

### 9. 安全通道及防护栏杆设置

因小区管道施工位置多位于小区进出口，施工过程中为保证居民进出安全，应在横跨沟槽位置设置安全通道，沟槽四周做好安全防护。安全通道及防护栏杆见图 3-16。

（a）安全通道 　　　　　　　　　　（b）防护栏杆

图 3-16　安全通道及防护栏杆

### 10. 现场安全文明施工

因小区改造多为土石方开挖作业，应对施工现场扬尘进行控制，对车辆经过位置安排专人清扫并安排洒水车辆洒水降尘，在保证施工进度的同时，将施工对小区居住环境的影响降到最低。路面洒水降尘见图 3-17。

图 3-17　路面洒水降尘

### 3.1.6 治理成效

本工程从小区排水现状出发，结合现场踏勘调查成果，制订了详细的设计和施工方案，解决了小区雨污水管道混接和污水出口水质浓度不高的问题，改善了小区的生活环境。

### 3.1.7 总结提炼

（1）小区改造进场前必须对小区污水出水口现状条件下出水 COD 浓度情况进行检测分析，并结合浓度情况综合确定小区改造思路。

（2）施工单位应严格把控新建管道的高程，使上游污水能顺畅地流入下游管道。

（3）小区工地进场施工前必须对小区所有污水利旧管网进行 CCTV 全检，并根据检测结果对现有缺陷进行处理。

（4）小区改造设计方案需根据多方面因素综合考虑，合理设计，以便改造更贴合实际、更彻底，改造一个达标一个。

## 3.2 管道非开挖修复案例——濂溪河截污管道

### 3.2.1 紫外光固化修复案例（整体修复）

#### 3.2.1.1 管道概况

濂溪河截污管道 LXBW6～LXBW7 位于濂溪河九江职业技术学院段河道内，管道长度为 60.06m，管径为 DN1500，材质为钢筋混凝土管。经 CCTV 检测，发现 2 级渗漏 4 处。

#### 3.2.1.2 修复方案

本方案拟采用紫外光固化技术对管道进行修复。紫外光固化技术是原位固化技术的一种，专业人员采用专用设备从检查井口将渗透树脂的玻璃纤维拉入所要修复的管道内部后，封闭两端管口，并在此玻璃纤维内衬管中充入压缩空气，再采用小车式紫外线灯组进行照射。在修复过程中，使用电脑调试设定小车式紫外线灯组的爬行速度及软管内温度的控制参数，并实时查看小车上的 CCTV 监测器，及时调整参数。通过严格控制施工工序和施工条件，仅用 3～4h 即可修复管道原有缺陷，最终将玻璃纤维管两端封口切除，管道便可正常排水。

#### 3.2.1.3 施工过程

1. 工艺流程

紫外光固化修复工艺流程图见图 3-18。

2. 施工准备

为保证工程顺利实施，工程施工前，施工单位应进行下列准备工作：

（1）现场查勘。

（2）组织技术与安全交底。

（3）根据勘察施工图纸及施工放样复核截污管道现有检查井坐标方位。

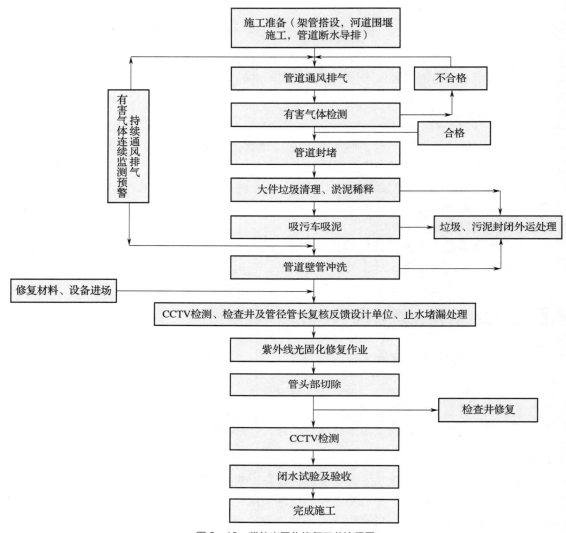

图 3-18　紫外光固化修复工艺流程图

（4）组织对进场设备进行验收及维护，现场固化材料等用起重机吊运至施工地点；组织对施工中涉及的安全标志标牌及围挡提前加工，做好供应准备。

（5）依据"利于施工、交通方便、确保安全、组织有效"的原则，合理进行施工。

（6）施工前设置临时便道，临时便道采用围堰＋沙袋覆盖施工，围堰高度暂按高于规划河底标高 3m 计，施工时以实际水位计算。

（7）施工现场设置每日临时设备堆放点。

（8）罐式淤泥运输车及垃圾运输车停放于下游，高压射水疏通车停放于上游。现场发电机停放于高压射水车前。

（9）在工程封闭区域尾部设置车辆与施工人员出入口。

（10）如需临排，施工临排点设于上游封堵处，临排接收点设于下游封堵处，临排管线设于安全维护区域内。

（11）搭设作业平台及通道。

## 3．修复过程

### 1）检查井开口通风

本工程采用大功率鼓风机向管道内持续送风，并配合抽风机进行强制通风。为了减少有害气体（如 $H_2S$）及异味对周边居民的生活影响，在强制通风时，在井口增加气体导流管，将气体引流到下游管道内。尽可能在夜间行人稀少时进行通风作业，并将噪声控制在 55dB 以下。强制通风示意图见图 3－19。

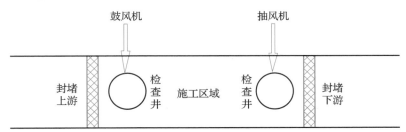

图 3－19　强制通风示意图

### 2）有毒有害气体监测

检查井开井作业及管道充分通风后，采用气体检测仪对管道内部的有毒有害气体的浓度进行连续检测，检测标准参见 CJJ 60—2011《城镇污水处理厂运行、维护及安全技术规程》。

### 3）管道封堵排水

有害气体检测合格后，专业施工人员须穿好潜水服，戴好防毒面具，携带气体检测仪及探照灯，腰间系安全牵引绳，通过检查井爬梯进入检查井内，对管道施工段上下游两个检查井进行封堵。轻装潜水作业见图 3－20。

在待修复管道上游检查井上口和下游检查井下口进行临时封堵截流，封堵顺序遵循"先封上游、后封下游"的方式。对于 DN1500 钢筋混凝土管道，采用加厚型气囊进行封堵。

### 4）管道临排导流

本工程临时排水采用临排钢管代替原有管道将污水排至下游井中。临泵、临排配置达到排水管道原有流量标准，施工期间不得出现污水冒溢。

图 3－20　轻装潜水作业

临泵架设采用 1 用 1 备的方式，将临泵与制作好的钢管整体吊入检查井内，钢管安装需垂直，钢管支架用角铁在井口固定牢固，同时安装一个自动控制开关，以控制井内的水位。临泵架设好后，应在其周围设置临时围护，并搭设岗亭或箱式值班房，派人 24h 值班，确保施工作业安全。临泵出水管采用钢管，钢管采用法兰和无缝焊接两种方式连接，待污水管道封堵墙砌筑完成后，在上游污水井处架设 1 台临时泵（1 用 1 备），通过临排泵及输送管道，将上游污水抽排至下游检查井内。管道封堵和管道临排导流示意图见图 3－21。

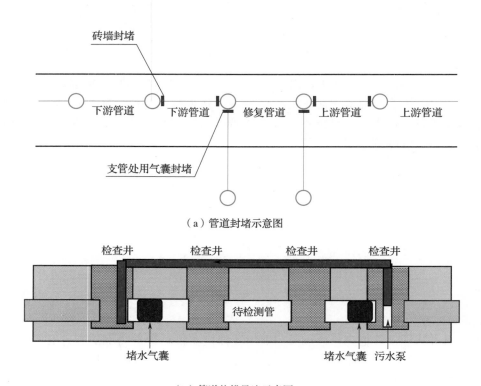

（a）管道封堵示意图

（b）管道临排导流示意图

图3-21　管道封堵和管道临排导流示意图

5）管道清淤

管道清淤主要包括高压疏通车射水稀释、人工清理大件垃圾、重型吸污车吸污、污泥及垃圾外运处理、检查井管壁冲洗等工序。高压射水清洗示意图见图3-22。

管道清淤采用从上游往下游清理的方式，两个检查井之间为一个作业段，高压射水疏通车布置在上游检查井处，吸污车布置于下游检查井处，淤泥杂物在疏通车射水冲击作用下由高到低向下游逐步清疏推进。

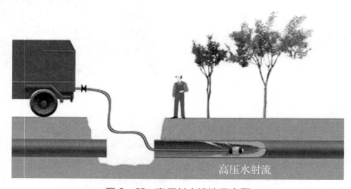

图3-22　高压射水清洗示意图

6）管道检测

管道清淤后使用 CCTV 管道机器人从头至尾进行检测，查找管道缺陷处并出具检测报告。当发现管道内壁存在较大凸起、异物穿插等缺陷时，考虑其可能影响后续管道内衬修复，应先采用管道切削打磨机器人进行局部处理；发现管道存在局部渗漏，可能影响后续固化修复时，应将管道内壁漏水点采用注脂注浆等方法填堵，直至管道内部无漏水现象发生。

7）软管拉入

在待修复管道的两端分别安装拖入导向轮，并在一端安装固定拖入牵引动力装置。在原有管道内铺设底膜，底膜置于原有管道底部，覆盖大于 1/3 的管道周长，且在原有管道两端进行固定。用起重机将软管吊运至施工平台，用牵引机从井口将软管拉入管道，过程保持流畅匀速。软管的轴向拉伸率不大于 2%，软管两端比原有管道长出 300～600mm。现场固化 CIPP 修复施工图见图 3-23。

图 3-23 现场固化 CIPP 修复施工图

8）充气设备

安装固定好扎头后，将充气高压管、压力管连接在扎头装置上，软管的尾部通过气管与尾部气体控制装置连接，各连接口密封完好。连接气管通气顺畅后，打开高压风机进行充气。

9）软管充气胀贴和固化

软管充气胀贴后根据现场配料采样的固化实验数据，结合实际的材料、环境等因素，制定充气压力和固化速度的控制方案。紫外光固化数字化控制系统将自动采集固化速度、温度与压力等数据，实现固化过程的控制和优化。紫外光固化数字化控制系统操作界面见图 3-24。紫外光固化施工见图 3-25。

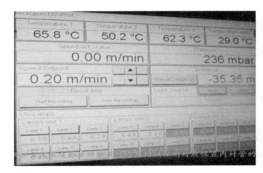

图 3-24 紫外光固化数字化控制系统操作界面

图 3-25 紫外光固化施工

10）收尾工作

固化完成后，继续充气使内衬层慢慢冷却，管内温度降低到38℃以下后下井拆除扎头。管道修复施工完成照片见图3-26。

端口处理通过以下3个步骤完成：

（1）切割内衬层端头。

（2）脱除衬管内膜。

（3）端口密封处理。

图3-26　管道修复施工完成照片

施工完成后需要进行内衬质量检测，包括壁厚测量、强度测量、CCTV检测，检测完成后将所有资料（包括影像资料）存档备案。管道修复前与修复后对比见图3-27。

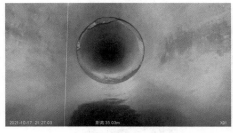 

（a）管道修复前　　　　　　　　　　　　（b）管道修复后

图3-27　管道修复前与修复后对比

### 3.2.1.4　工艺特点

（1）适用于地下雨水、污水管道及供水管道的修复。

（2）修复的管道截面可为圆形、椭圆形、蛋形、方形等特殊形状。

（3）可修复旧管道脱节、错口、破裂、渗漏、树根侵入等结构性缺陷，降低管道摩阻系数，提高管道过水能力，减少淤泥沉积。

（4）可满足DN150～DN1600的管道修复，一般用于两个井位间管段修复。

（5）单次（通常）修复长度可达150m，可根据施工管道长度确定。

（6）根据管径和管道现状，内衬管设计壁厚3～15mm，几乎不影响过水能力。

（7）内衬管基材韧性好、强度高，与复合树脂浸渍相容性好，固化后内衬层弯曲模量可达12000MPa以上，内衬层和原管道贴合紧密，可以隔绝腐蚀环境，起到堵漏效果。

（8）具有施工周期短、环境影响小、不影响交通、施工安全性好等优势[13]。

## 3.2.2　螺旋缠绕修复案例（整体修复）

### 3.2.2.1　管道概况

螺旋缠绕非开挖修复试验段位于中交桥梁—八里湖入湖口，共有WZ8～WZ13 6个井位，5段管道，管径DN2000，全长约580m，管道内部存在多处脱节、渗漏等结构性缺陷。修复试验段平面图见图3-28。

图 3-28　修复试验段平面图

### 3.2.2.2　修复方案

本工程主要施工内容为管道非开挖修复，采取分段施工方式，以相邻检查井之间的管道为单元，进行管道封堵、降水（临排）、清淤、检测、修复施工、竣工检测、编制竣工图等工作。本次管道修复采用机械制螺旋缠绕技术，是一种排水管道非开挖内衬整体修复技术，通过螺旋缠绕的方法，在旧管道内部使带状型材通过压制卡口不断前进形成新的管道，新管道卷入旧管道后，在固定口径的内衬管与旧管之间注浆形成新管。

### 3.2.2.3　施工流程

#### 1. 工艺流程

明确需修复的管段后，首先对该管段上、下游的管道进行封堵，利用临排设备将修复段上游检查井污水导流至下游检查井；然后进行气体检测、管道清淤，清淤后通过 CCTV 检测确定需预处理部位，预处理完成后开展管道修复作业。

#### 2. 施工准备

为保证工程顺利实施，施工前，施工单位应进行下列准备工作：

（1）现场查勘。

（2）组织技术与安全交底。

（3）根据勘察施工图纸及施工放样复核截污管道现有检查井坐标方位。

（4）组织对进场设备进行验收及维护，现场修复材料等用起重机吊运至施工地点；组织对施工中涉及的安全标志标牌及围挡提前加工，做好供应准备。

（5）依据"利于施工、交通方便、确保安全、组织有效"的原则，合理进行施工。

（6）为便于施工人员及作业车辆通行，按实际情况设置临时便道。

（7）施工现场设置每日临时设备堆放点。

（8）罐式淤泥运输车及垃圾运输车停放于下游，高压射水疏通车停放于上游。现场发电机停放于高压射水车前。

（9）在工程封闭区域尾部设置车辆与施工人员出入口。

（10）如需临排，施工临排点设于上游封堵处，临排接收点设于下游封堵处，临排管线设于安全维护区域内。

（11）搭设作业平台及通道。

#### 3. 修复过程

##### 1）管道封堵

试验段选择气囊和砖墙封堵方式，砖砌封堵示意图见图 3-29。

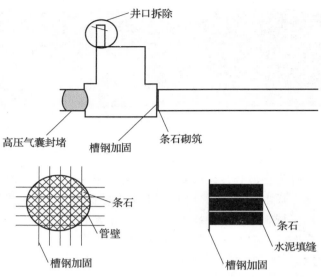

图3-29 砖砌封堵示意图

2）临时导排

（1）一体化抽水设备抽水＋导流管。

试验段选用"抽水泵＋导排管"的导排方式进行导流，采用"2用4备"的导排方式进行抽排水。一体化抽水设备见图3-30，导流管道导排示意图见图3-31。

图3-30 一体化抽水设备

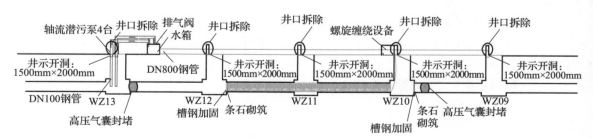

图3-31 导流管道导排示意图

现场焊接临时水箱、敷设临时钢管作为导流管道。围护安装完成后，架设两台轴流潜污泵及液位启停设备，导流设备试运行后，先在试验段 WZ13 号井下游封堵 1 个气囊，WZ09 号井上游封堵 1 个气囊，开启潜污泵导流。

一旦气囊封堵完成，立刻进行抽水导排，并观测上游检查井水位 24h，液位不上涨即可视为导流完成，可开展下一步修复工作。

（2）临排实施。

①管道施工段划分。

对所有管道根据周边环境和污水井的现状进行分段施工。根据现场实际情况和距离，本次选择 6 座井位区域作为一个管道施工段，便于临排和后续施工。

②导排方式。

本段导排选择"直筒潜污泵＋导流管"的导排方式。在 WZ13 处分别放置两台直筒潜污泵，铺设 1 条 DN800 定制钢管，钢管连接方式为焊接和法兰连接，通过定制钢架固定在人行道上。为保证倒排作业正常进行，施工单位应每天安排 3 人对从导排井上游流下的垃圾进行清理。

3）管道清淤

本工程根据现场管道情况，选择联合冲洗车和高压水冲洗对管道进行清淤。由于本地区地下管道淤积物的含砂量很大，为确保冲洗干净，须根据管道内淤积物淤积的高度进行多次冲洗。由于管道下游已经封堵，高压喷头清洗管壁产生的污水无法正常排出，所以要用吸污车或泥浆泵对清洗出的污水等混合物进行抽运，以便于高压喷头清洗出来的泥沙、污水可以继续顺畅排出管道。清理出来的杂物、垃圾等淤积物装入编织袋，避免渗漏，并运至指定地点。吸污车吸出的淤泥运送至指定处理点集中处理。

4）螺旋缠绕修复

修复所用主要设备螺旋缠绕机、不锈钢带成型机以及配套设备均安装在两辆 9.6m 工程车上，车辆施工时停放在道路上，仅占用一条车道，现场施工占地面积小（施工场地宽度 4m，长度 40m），基本不需要进行大型吊装作业。

主要修复材料为：91-25 型聚氯乙烯（PVC-U）带状型材，0.9mm 厚度奥氏体不锈钢，注浆料使用 42.5 级别水泥浆。设计新管内径 1800mm±50mm，具体依据管道实际检测结果确定。具体施工流程如下：

（1）管道内有毒有害气体检测。

施工人员进入检查井前应先对管道内有毒有害气体（$H_2S$、$CH_4$、CO 等）含量进行测定，当有毒有害气体浓度达到安全标准时方可下井作业。井内施工作业有毒有害气体检测见图 3-32。

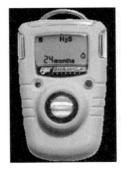

图 3-32　井内施工作业有毒有害气体检测

（2）管道及检查井预处理。

通过 CCTV 检测，对管道需要提前堵漏、填充的位置进行预处理，并达到缠绕作业要求。下井作业前对检查井进行必要改动，以符合设备下井工作的要求。在施工完成后应将改动的位置进行修复。

（3）缠绕作业施工方案。

采用螺旋缠绕工艺进行管道修复时，修复后的内径通常根据原有管道实际直径进行计算。如果管道内有特殊情况，修复后的管道内径需以原有管道内最小管径为标准进行缩径计算，并在原有管道内进行通行实验来确认管道最终缠绕直径，确认完成后再从上游检查井开始缠绕作业。

作业人员将由液压驱动头和缠绕模具组成的缠绕设备拆解后放入检查井内，并将设备在井内进行组装，型材和钢带送入检查井内进行缠绕施工。当管道长度太长或有其他影响缠绕作业的特殊情况时，可由另一侧检查井进行反向缠绕，在中间位置进行对接。

（4）管道注浆。

将新缠绕好的管道与原有管道交口处进行封堵，并将水泥浆注入新管道与原管道的缝隙处，注浆材料采用 42.5 级别水泥，水灰比为 1∶1。

当内衬管道完全安装好后，在新旧管道之间进行封堵，并埋设注浆管，由注浆管进行注浆，以填补新旧管道之间的间隙。

注浆压力不宜过高，控制在 0.1～0.15MPa。在规定压力下，灌浆孔停止吸浆，连续灌注 5min 即可封闭注浆口。

### 3.2.2.4 工艺特点

（1）可在带水环境下作业。即使管内有部分水流也可进行施工。

（2）可以对超大口径管道进行修复。

（3）材料强度高。修复后的管道由内衬新管和浆液组合而成，内衬新管按照独立结构管设计，能够独立承受外压。DN1200 管道环刚度可达到 8kN/m²。

（4）可一次性进行长距离管道修复。

（5）对原管道清理要求低，简单清理即可施工。

（6）施工迅速。对于不同直径管道，缠绕速度为每延米 1～5min（如修复 DN800 管道，每延米仅用时 1min），适合于工程抢险修复。

（7）施工时间灵活。可根据作业实际需要随时中断或继续施工作业，适合应用于作业时间受限区域。

（8）施工质量可靠。型材在工厂预制，现场施工时全机械物理操作，质量不受人为、环境限制，成型后的管道密闭性好[14]。

（9）能够克服复杂的地理环境。带状型材兼有柔性和刚性的优点，在车辆难以到达的地方仍可以施工。

## 3.2.3 局部树脂固化修复案例（点状修复）

### 3.2.3.1 管道概况

濂溪河支管 LXBW9～LXBW9-1 位于九江职业技术学院河道内，管道直径为 DN800，管道材质为钢筋混凝土管。

### 3.2.3.2 修复技术

局部树脂固化修复技术是一种排水管道非开挖局部内衬修复方法，该方法将紫外光固化整体修复技术用于管道局部缺陷的修复，过程中利用毡筒气囊局部成型技术，即用气囊使涂灌树脂的毡筒紧贴待修复管道，然后用紫外线等方法加热使树脂材料固化。

### 3.2.3.3 施工流程

1. 工艺流程

局部树脂固化法又称毡筒气囊局部成型法，是将涂抹有树脂混合液的玻璃纤维毡布用气囊紧压于管道内壁，使其在常温、加热或紫外线照射等条件下实现固化，在管道修复处形成新内衬管的一种非开挖修复方法。根据国外经验，该方法可应用于混凝土、钢筋混凝土、陶瓷黏土、石棉水泥等管道的局部修复，能够修复具备自身结构支撑强度的管道裂缝（径向或纵向裂缝）、机械磨损、腐蚀、破裂等缺陷。局部树脂固化施工流程图见图3-33。

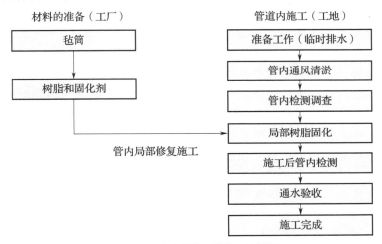

图3-33 局部树脂固化施工流程图

2. 施工过程

（1）毡布剪裁。根据修复管道情况，在防水密闭的房间或施工车辆上现场剪裁一定尺寸的玻璃纤维毡布。剪裁长度约为气囊直径的3.5倍，以保证毡布在气囊上部分重叠。毡布的剪裁宽度应使其前后均超出管道缺陷范围10cm以上，以保证毡布能与待修复管道紧贴。

（2）树脂固化剂混合。根据待修复管道实际情况，按照使用说明要求的配方比例配制一定量的树脂和固化剂混合液，并用搅拌装置混合，使混合液均色无泡沫。施工现场每批树脂混合液应保留一份样本并进行检测，记录其固化性能。

（3）树脂浸透。使用适当的抹刀将树脂混合液均匀涂抹于玻璃纤维毡布之上。通过折叠使毡布厚度达到设计值，并在此过程中将树脂涂覆于新的表面之上。为避免挟带空气，应使用滚筒将树脂压入毡布之中。涂覆树脂见图3-34。

（4）毡筒定位安装。经树脂浸透的毡筒通过气囊进行安装。为使施工时气囊与管道之间形成一层隔离层，使用聚乙烯（PE）保护膜捆扎气囊，再将毡筒捆绑于气囊之上，防止其滑动或掉下。气囊在送入修复管段时，应连接空气管，并防止毡筒接触管道内壁。气囊就位以后，使用空气压缩机加压使气囊膨胀，毡筒紧贴管壁。该气压需保持一定时间，直到毡布在常温（或加热、光照）条件下达到完全固化为止。最后，释放气囊压力，将其拖出管道，记录固化时间和压力。修复后管道内部效果见图3-35。

图3-34　涂覆树脂

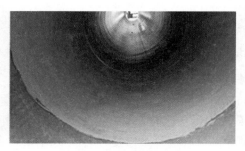

图3-35　修复后管道内部效果

### 3.2.3.4　工艺特点

局部树脂固化修复工艺的特点总结如下：

（1）保护环境，节省资源，不开挖路面，不产生垃圾，不堵塞交通，使管道修复施工的形象大为改观，总体的社会效益和经济效益好。

（2）施工时间短（每个缺陷点修复时间为2h左右，多个缺陷点可同时进行修复），设备占地面积小，施工方便，内衬管耐久实用。

（3）局部现场固化法修复技术和大开挖修复技术及其他技术比较，在每段管道待修复缺陷点不多的情况下，施工成本比开挖及其他修复技术成本更低。

（4）从施工时间和对社会产生的影响来看，局部现场固化法修复技术具有更大的优势，对交通、环境、生活和商业活动造成的干扰和破坏远远小于大开挖修复及其他修复技术。

### 3.2.4　管道非开挖修复方案对比

在项目建设过程中，应根据管道实际情况，选择最合适的修复工艺对管道缺陷进行处理。从修复类型、适用管径、施工时间、修复长度、过水能力、适用范围、优缺点、经济性等方面，对局部树脂固化法、螺旋缠绕法、紫外光固化法3种修复方案进行了对比[15]，见表3-1。

表3-1　修复方案对比

| 项目 | 局部树脂固化法 | 螺旋缠绕法 | 紫外光固化法 |
|---|---|---|---|
| 修复类型 | 局部修复 | 整体修复 | 整体修复 |
| 适用管径 | DN200~DN1500mm | DN150~DN3000mm | DN150~DN1600mm |
| 施工时间 | 短 | 较长 | 短 |
| 修复长度 | 按环计，每环修复长度约为30cm | 可以长距离（大于150m）施工 | 一般≤150m |
| 过水能力 | 内衬壁厚3~12mm，大大减少了过流面的损失，且材料内壁光滑，几乎不影响过水能力 | 管道内壁更为光滑，但会造成5%~10%的缩径 | 内衬管壁厚只需3~12mm，大大减少了过流面的损失，且材料内壁光滑，几乎不影响过水能力 |

续表

| 项目 | 局部树脂固化法 | 螺旋缠绕法 | 紫外光固化法 |
|---|---|---|---|
| 适用范围 | 适用于管道结构性缺陷呈现为破裂、变形、错位、脱节、渗漏，且接口错位小于等于5cm，管道基础结构基本稳定、管道线形无明显变化、管道壁体坚实不酥化的管道。不适用于存在管道基础断裂、管道坍塌、管道脱节口呈倒栽式状、管道接口严重错位、管道线形严重变形等结构性缺陷损坏的管道 | 适用于大型的矩形箱涵和多种不规则排水管道的修理。适用管道结构性缺陷呈现为破裂、变形、错位、脱节、渗漏、腐蚀，管道基础结构基本稳定、管道线形无明显变化的管道 | 适用于管道结构性缺陷呈现为破裂、变形、错位、脱节、渗漏、腐蚀，且接口错位小于等于直径的15%，管道基础结构基本稳定、管道线形无明显变化、管道壁体坚实不酥化的管道 |
| 优点 | 速度快、内衬管耐久实用，具有耐腐蚀、耐磨损的优点，可防地下水渗入。材料强度大，可提高管道结构强度，使用寿命可按实际需求设计，最长可达50年 | 可带水作业，水流30%的情况下通常可以正常作业。管道预处理要求较低，通常简单处理即可施工。施工质量可靠，适用于长距离、大管径管道施工，可以独立承载 | 速度快、耐腐蚀、施工简单，可以常温下自然固化，使用时间长 |
| 缺点 | 管道预处理要求高，管径较大时施工成本高 | 需注浆 | 管道预处理要求高 |
| 经济对比（以DN1000为例，参照广东省2019年定额基价） | 约22711元/环 | 约7810元/m | 约8147元/m |

# 3.3　检查井修复案例——十里河检查井修复

## 3.3.1　十里河下游检查井修复案例

### 3.3.1.1　项目概况

两河（十里河、濂溪河）流域综合整治工程十里河 DN2200 截污管道（水木清华至鹤问湖污水处理厂）长度约 5.93km，其中，十里河南路段 2.11km，跨十里河段 100m，兴业大道段 1.14km，八里湖北大道段 2.58km。根据前期水质检测和 2017 年 CCTV 视频资料显示，该段管道（包含检查井）存在破损、渗漏等情况。

为了进一步提升鹤问湖污水处理厂进水浓度，解决十里河截污管道外水入渗、河水倒灌等问题，需要对十里河末端 DN2200 截污管道及其检查井进行修复更新。

### 3.3.1.2　修复方案

根据《城市黑臭水体整治——排水口、管道及检查井治理技术指南（试行）》（住房城乡建设部，2016 年 8 月），检查井修复技术主要包括三大类：检查井原位固化法、检查井光固化贴片法、检查井离心喷涂法。下面主要对这 3 种方法进行介绍和比选。

1. 修复工艺介绍

1）检查井原位固化法

（1）原理。

检查井原位固化是指将浸渍热固树脂的检查井内胆装置吊入原有检查井内，加热固化后形成检查井内衬。检查井原位固化法修复示意图见图3-36。

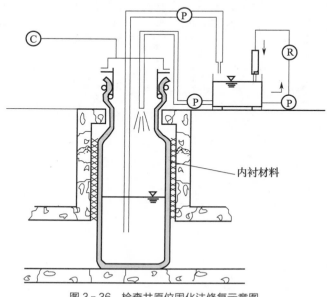

内衬材料

图3-36 检查井原位固化法修复示意图

（2）适用性。

适用于各种类型和尺寸检查井的渗漏、破裂等缺陷修复，不适用于检查井整体沉降的修复。

（3）施工工艺。

①预处理。

检查井原位固化技术对检查井壁的清洗质量要求较高，应确保检查井壁表面无影响施工的沉积、结垢、障碍物及尖锐突起物。为此，一般先利用高压冲洗设备，冲洗表面污垢，再通过人工进入检查井进行机械清洗，敲除附着的结垢物。同时，对检查井底板和四周井壁注浆，形成隔水帷幕防止渗漏，固化检查井周围土体，填充因水土流失造成的空洞，增加地基承载力和变形模量，防止地下水进入检查井以满足施工要求。

②真空浸润。

内衬材料在使用前，须在工厂控制条件下进行真空浸润。树脂及固化剂配比需进行测试，树脂的用量必须充足，能够充分填充内衬所有空隙，满足其公称厚度和直径。

③材料安装。

内衬材料应在密封保冷环境下运输到施工现场，并及时置入检查井。现场将内衬材料固定在安装设备上，再置于检查井内，井口限位装置能够使内衬材料到达正确位置，然后对内胆充气增压，加压至内衬材料完全贴合，并始终保持此压力值。

④加热固化。

当内衬材料与检查井壁紧密贴合后开始进行固化，固化的时间根据树脂体系、材料厚度、地下水温度、气温以及其他因素而定，一般情况下，固化需要 3～4h。

⑤切割。

固化完成后，首先移除安装设备，然后切割井口处多余内衬，使之与井盖平齐，开通主管及支管，并做防水密封处理。

（4）优缺点。

优点：具有高强度、耐磨损和耐腐蚀性能，施工占路面积小，施工快速，埋深 5m 以内检查井在 8h 内可以完成修复。

缺点：该技术实施过程复杂，成本高，最大的弊端在于，如待修复检查井结构不规则，在形状变化、转角等部位内衬不能与原结构紧密贴合，内衬与原结构相互独立。另外，在管道接入和踏步安装的地方，需要将固化好的内衬切开，而切开部位的密封十分困难，最终导致的结果是，固化的内衬既起不到结构补强的作用，也很难起到防渗作用。

2）检查井光固化贴片法

（1）原理。

将浸渍有光敏树脂的片状纤维材料拼贴在原有检查井内，通过紫外光照射固化形成检查井内衬。

（2）适用性。

适用于各种类型和尺寸检查井的渗漏、破裂等缺陷修复，不适用于检查井整体沉降的修复。

（3）施工工艺。

①井壁清洗。

通过高压水车对检查井内壁进行清洗。

②注浆堵漏。

对井内渗漏区域进行聚氨酯堵漏处理，然后使用高温灯管烘干检查井内壁，再通过打磨机对井壁进行打磨，确保井壁光滑整洁。

③玻璃纤维垫层铺设。

先在井壁涂刷底胶，然后将玻璃纤维垫层逐块铺设三层（单片尺寸 1.27m×1.27m），井壁与管道接口处向管内多铺设 2～5cm 保证连接处密封，再用同尺寸的钢板按压，固化后拆除。

④接口处切割。

按照管径尺寸进行切割，注意保证切口平滑，再将用毛毡等材料浸渍后的树脂塞入接口处的空隙内，防止接口处渗漏。

⑤检查井整体喷涂。

通过喷枪将防腐砂浆喷涂于玻璃纤维表面，确保均匀，无遗漏点。

（4）优缺点。

优点：施工快速、质量可靠。

缺点：对井室预处理要求较高，贴片完成后仍需要进行二次喷浆。

3）检查井离心喷涂法

（1）原理。

采用离心喷射的方法将预先配置的膏状浆液材料均匀喷涂在井壁上，形成检查井内衬。检查井离心喷涂法修复见图 3-37。

图 3-37 检查井离心喷涂法修复

（2）适用性。

适用于各种材质、形状和尺寸检查井的破裂、渗漏等缺陷修复，可进行多次喷涂，直到喷涂形成的内衬达到设计厚度。

（3）施工工艺。

①井壁清洗：通过高压水车对检查井内壁进行清洗。

②注浆堵漏：对井内渗漏区域进行聚氨酯堵漏处理，然后使用高温灯管烘干检查井内壁，再通过打磨机对井壁进行打磨，确保井壁光滑整洁。

③喷涂内衬厚度设计：根据防腐砂浆抗压强度计算出所需内衬材料的厚度。

④喷涂材料配备：按照无机浆料/聚合物类喷涂材料的产品说明加入定量灰料、水，然后在搅拌机内充分搅拌，注意砂浆黏度要达到喷涂的标准。

⑤离心喷涂：在喷涂过程中，内衬材料厚度是通过喷涂次数来控制的，可以多次喷涂直至内衬厚度达到设计要求。为保证喷涂均匀，在施工过程中应注意调整卷扬机速度、泵量，尽量每次喷涂的厚度控制在 2～3mm。

⑥井底人工抹平。

（4）优点。

①可针对埋深、地下水情况、水质及井壁破损等情况，灵活设计内衬厚度，并可在任意高度变化内衬厚度，最大限度节约修复成本。

②修复后为无接头、无裂缝的整体结构，不会出现渗漏破坏。

③施工干扰小，节约时间。

2. 修复工艺比选

1）修复工艺流程对比

三种工艺修复前需对检查井进行预处理和实施注浆堵漏等辅助措施，以提高检查井持久性修复效果。修复工艺流程对比见表 3-2。

表 3-2 修复工艺流程对比

| 修复工艺 | 预处理 | 核心工艺 | 后续处理 | 复杂性 |
|---|---|---|---|---|
| 原位固化法 | 清洗、打磨、堵漏 | 紫外光固化<br>水热固化 | 材料裁剪 | 复杂 |
| 离心喷涂法 | 同上 | 喷涂机喷涂 | 井底抹平 | 一般 |
| 光固化贴片法 | 同上 | 玻璃纤维加固 | 材料裁剪<br>表面喷涂 | 复杂 |

三种工艺的核心技术各不相同：原位固化法（紫外光固化、水热固化）工艺技术要求高，需要严格控制反应条件。离心喷涂工艺可实现完全自动化，操作相对简单。光固化贴片法对传统修复工艺进行了改进，将玻璃纤维加固工艺引用到检查井加固修复中，然后配合人工喷涂法进行综合修复，工艺较为复杂。

从后续处理来看，原位固化法（紫外光固化、水热固化）需要对接口处的内衬材料进行裁剪；离心喷涂法则需井底抹平处理；光固化贴片法不仅需要对接口处材料进行裁剪，还要对井壁进行砂浆喷涂处理，工艺相对复杂。

综上所述，离心喷涂工艺实现自动化操作，施工相对简便；原位固化法施工较复杂；光固化贴片法施工最为复杂。

2）修复材料及成本对比

对三种修复工艺的修复材料、环境友好性、成本等进行了比较，见表 3-3。可以看出，离心喷涂法所用材料以无机浆料类/聚合物类为主，环境友好性较好，且成本低廉；其他两种工艺的修复材料都以树脂、复合材料为主，成本较高，且树脂气味刺鼻，在施工过程中容易流出，一旦渗入土壤会对周围环境造成影响，环境友好性较差。

表 3-3　三种修复工艺修复材料、环境友好性、成本的对比

| 修复工艺 | 修复材料 | | 环境友好性 | 成本 |
| --- | --- | --- | --- | --- |
| | 成分 | 内衬材料 | | |
| 原位固化法 | 光固化树脂 | 玻璃纤维布 | 一般 | 高 |
| 离心喷涂法 | 无机浆料类/聚合物类 | | 较好 | 一般 |
| 光固化贴片法 | 环氧树脂 | 玻璃纤维布 | 一般 | 高 |

3）检查井修复效果对比

分别对修复后检查井的修复材料进行性能测试，结果均满足行业要求。三种工艺修复两年后效果对比图见图 3-38。紫外光固化修复后的效果见图 3-38（a），可以看出，井身结构完好，腐蚀、渗漏问题已经完全修复；井壁整体较平滑、密实，但局部有小幅度凹凸不平，因为该工艺材料的铺设是通过人工按压的方式，光敏树脂很难均匀铺平，但并不影响检查井正常运行；接口处发现部分材料脱落，但没有出现渗漏现象。检查井整体运作正常，认为该工艺修复的检查井达到了一定的持久性修复效果。

光固化贴片法修复后效果见图 3-38（b），可以看出，井身结构较好，之前破裂的井身已完全恢复；井壁光滑、无结垢、无裂缝；接口处完好，没有渗漏、材料脱落现象。认为该工艺修复的检查井持久性修复效果较好，不仅能满足检查井加固要求，而且对井身破裂缺陷也能较好修复。

离心喷涂法修复的检查井数量较多，因此进行了抽检，随机抽检的井从井身、井壁、接口处方面来看修复效果均良好，图 3-38（c）是部分抽检的检查井图片。从井身来看，结构完好，运作正常；井壁材料较密实，并用洋镐击打、刷蹭，井壁均完好无损；接口处密封良好，无材料脱落问题。整体来看，由于离心喷涂材料是无机浆料类/聚合物类材料，能与原井壁紧密黏合，因此很少出现脱落问题。另外，新的内衬不但能承担一定的结构强度，还能有效地修复渗漏、腐蚀问题，经讨论认为该修复工艺的持久性修复效果较好。

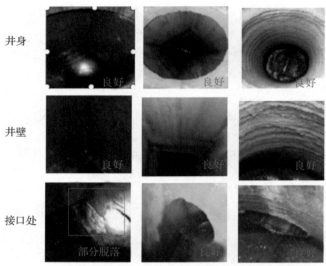

（a）紫外光固化法　（b）光固化贴片法　（c）离心喷涂法

图3-38　三种工艺修复两年后效果对比图

4）检查井修复案例调查

根据资料及文献，对检查井修复案例进行调研，可以看出，国内外检查井修复均有采用喷涂技术案例，且喷涂修复技术可适用于砖砌和混凝土等材质的检查井修复。国内外检查井修复喷涂技术案例见表3-4。

表3-4　国内外检查井修复喷涂技术案例

| 序号 | 修复项目 | 修复工艺 | 备注 |
|---|---|---|---|
| 1 | 美国芝加哥检查井修复 | CCM检查井离心喷涂修复 | 25万口检查井，2006年开始修复 |
| 2 | 苏州城市中心区控源截污项目管道非开挖修复 | 窨井离心喷涂修复 | 2018年实施 |
| 3 | 成都市城区污水管网工程 | 离心喷涂修复 | 65口检查井 |
| 4 | 西安市莲湖区检查井修复 | 离心喷涂修复（高性能复合砂浆，内衬厚度15mm） | 85口检查井。其中污水井34口，红砖砌筑；雨水井18口；雨水集水井33口，红砖砌筑，矩形断面 |
| 5 | 丽水市大猷街污水检查井修复 | 原位固化内衬修复 | — |

5）确定修复工艺

通过对检查井原位固化法、光固化贴片法和离心喷涂法进行对比分析发现，离心喷涂法的持久性修复效果比较理想，同时综合修复的材料成本、工艺复杂度、环境友好性和持久性修复效果等方面来看，离心喷涂法相较于其他修复方法均表现出较高的优异性。本项目的检查井修复选用离心喷涂工艺。

3. 喷涂方案

目前用于管道及检查井修复的喷涂材料主要分为无机浆料类、聚合物类两大类。

无机浆料类主要有改性砂浆、玻璃纤维增强水泥、防腐水泥、地聚物等类型，优点在于：

材料本身需要水化，对修复表面潮湿度基本没要求；此外，无机材料与修复基体（砖砌、混凝土）性状接近，内衬与基体能较好地结合，不易脱落。

聚合物类以环氧树脂、聚氨酯、聚脲等树脂材料为主，也包括部分树脂改性产品，如环氧砂浆、环氧沥青等。聚合物自身的耐酸碱特性好，主要用于腐蚀防护，早期多用于金属构件、建筑结构等防腐。针对排水设施面临的工业污水腐蚀问题，国外大量地将聚合物类树脂材料引入排水设施的腐蚀防护工作中。

本项目针对目前技术经济可行的三种喷涂材料（结构性修复水泥基材料、无机防腐水泥基材料、改性聚氨酯），从防腐性能、材料强度、粘结效果、对基底预处理要求、对基面潮湿度要求、工艺复杂程度、施工效率、材料成本等方面对材料性能进行了对比分析，具体情况见表 3-5。

表 3-5　材料性能对比表

| 方案对比 | 结构性修复水泥基材料 | 无机防腐水泥基材料 | 改性聚氨酯 |
|---|---|---|---|
| 材料防腐性能 | 好 | 好 | 好 |
| 材料强度 | 高 | 一般 | 较高 |
| 与原有管道粘结效果 | 好 | 较好 | 理想状态下好 |
| 对基底预处理要求 | 一般 | 一般 | 高 |
| 对基面潮湿度要求 | 潮湿 | 潮湿 | 干燥 |
| 工艺复杂程度 | 一般 | 一般 | 高 |
| 施工效率 | 高 | 高 | 一般 |
| 材料成本 | 一般 | 一般 | 高 |
| 综合成本 | 一般 | 一般 | 高 |
| 综合比选 | 优 | 良 | 一般 |

经综合比较，以上三种材料中，水泥基材料具有结构强度高、粘结效果好、工艺施工方便、施工效率高、综合成本较低等优点，检查井修复选用水泥基材料作为喷涂材料，再根据检查井缺陷等级，有针对性选择无机防腐水泥基材料或结构性修复水泥基材料。

### 3.3.1.3　修复措施

1. 修复材料

根据《检查井离心浇筑灰浆内衬修复技术规程》，通过后期提供的检查井 CCTV 检测视频及报告确定的检查井缺陷等级进一步选择确定喷涂修复材料。缺陷修复等级对照见表 3-6。

表 3-6　缺陷修复等级对照

| 检测井缺陷等级 | 修复材料选择 |
|---|---|
| 1，2，3，4，5，6，7 | 无机防腐水泥基材料 |
| 8，9，10 | 结构性修复水泥基材料 |

修复材料选取原则及要点如下：

（1）根据检查井 CCTV 检测视频及报告确定的检查井缺陷等级，当排水检查井需要采用结构性修复时，应选用结构性修复用水泥基材料，其性能应符合表 3-7 规定。

表 3-7　结构性修复水泥基材料性能要求及检测方法

| 项目 | 单位 | 龄期 | 性能要求 | 检验方法参考标准 |
|---|---|---|---|---|
| 凝结时间 | min | 初凝 | ≤120 | GB/T 1346—2011《水泥标准稠度用水量、凝结时间、安定性检验方法》 |
| | | 终凝 | ≤360 | |
| 抗压强度 | MPa | 24h | ≥25 | GB/T 17671—2021《水泥胶砂强度检验方法》（ISO 法） |
| | MPa | 28d | ≥65 | |
| 抗折强度 | MPa | 24h | ≥3.5 | |
| | MPa | 28d | ≥9.5 | |
| 静压弹性模量 | MPa | 28d | ≥30000 | JGJ/T 70《建筑砂浆基本性能试验方法标准》 |
| 拉伸粘结强度 | MPa | 28d | ≥1.2 | |
| 抗渗性能 | MPa | 28d | ≥1.5 | |
| 收缩性 | — | 28d | ≤0.1% | |
| 抗冻性（100 次循环） | | 28d | 强度损失≤5% | |
| 耐酸性 | 5%硫酸液腐蚀 24h | | 无剥落、无裂纹 | JC/T 2327《水性聚氨酯地坪》 |
| | 10%柠檬酸、10%乳酸、10%醋酸腐蚀 48h | | | |

注：耐酸性检验用酸均为质量百分数。

（2）根据检查井 CCTV 检测视频及报告确定的检查井缺陷等级，当排水检查井不需要采用结构性修复时，选用无机防腐砂浆水泥基材料，其性能应符合表 3-8 规定，其中，铝酸盐类水泥基材料中氧化铝含量不应小于 15%，单质硫含量不应大于 0.5%。无机防腐水泥基材料性能要求及检测方法见表 3-8。

表 3-8　无机防腐水泥基材料性能要求及检测方法

| 项目 | 单位 | 龄期 | 性能要求 | 检验方法参考标准 |
|---|---|---|---|---|
| 无机材料成分 | % | — | ≥95 | GB/T 29756—2013《干混砂浆物理性能试验方法》 |
| 凝结时间 | min | 初凝 | ≥45 | GB/T 1346—2011《水泥标准稠度用水量、凝结时间、安定性检验方法》 |
| | min | 终凝 | ≤360 | |
| 抗压强度 | MPa | 12h | ≥8.0 | GB/T 17671—2021《水泥胶砂强度检验方法》 |
| | MPa | 24h | ≥12.0 | |
| | MPa | 28d | ≥25.0 | |
| 抗折强度 | MPa | 24h | ≥2.5 | |
| | MPa | 28d | ≥4.0 | |
| 拉伸粘结强度 | MPa | 28d | ≥1.0 | JGJ/T 70—2009《建筑砂浆基本性能试验方法标准》 |
| 抗渗压力 | MPa | 28d | ≥1.5 | |
| 耐酸性 | 5%硫酸腐蚀 24h | | 无剥落、无裂纹 | JC/T 2327—2015《水性聚氨酯地坪》 |
| | 10%柠檬酸、10%乳酸、10%醋酸腐蚀 48h | | | |

注：1. 当需要快速恢复通水时可以协商进行 12h 抗压强度测试。
　　2. 耐酸性检验用酸均为质量百分数。

2. 修复要求

（1）核对检查井位置、编号；查看检查井周边环境条件并拍摄影像资料。

（2）检测井下气体浓度应满足 CJJ 6—2009《城镇排水管道维护安全技术规程》中的规定方能施工。如不满足，应采取相应措施后方能下井作业。下井作业前，应开启作业井盖和其上下游井盖进行自然通风，且通风不应小于 30min。

（3）采用与检查井内管道匹配的堵水气囊将管道封堵，若管内水压较大，必要时可采取砖砌封堵。

（4）采用清洗设备清洗井壁，清除井壁杂物。

（5）对于井壁破损严重的部位应采用砂浆抹平后方能进行下一步施工，预处理后的井壁应符合无沉积物、无渗水等相关要求。

（6）浆料搅拌时，灰浆的有效时间视现场情况不同控制在 30min 以内。每次搅拌的灰浆量，应在规定的时间内用完。不能将已经固化的灰浆加水拌和后继续使用。

（7）喷涂施工时，将预先配制好的膏状内衬浆料通过低（无）脉冲砂浆泵送到位于检查井内由压缩空气驱动的高速旋转喷涂器上，材料在高速旋转离心力的作用下均匀甩向检查井内壁，同时喷涂器在提升绞车的牵引下在检查井内以一定的速度上下往复喷涂，在井壁形成均匀、连续的砂浆薄层，一般每个上下喷涂回次形成的砂浆薄层厚度控制在 3～5mm。通过若干回次的上下往复喷涂，最终形成设计厚度的内衬。对于方形井室，可采用人工手持喷枪的形式进行喷涂作业。

（8）竣工验收时，根据 GB 50268—2008《给水排水管道工程施工及验收规范》进行闭水试验。

### 3.3.1.4　工艺特点

（1）通过对检查井原位固化法、光固化贴片法和离心喷涂法进行对比分析，从综合材料成本、工艺复杂度、环境友好性和持久性修复效果等方面来看，离心喷涂法均表现出较高的优异性。且通过案例收集调研发现，离心喷涂法对砖砌/混凝土检查井均有较好的修复效果。综合确定，本次工程范围内检查井修复选用离心喷涂工艺。

（2）通过对结构性修复水泥基材料、无机防腐水泥基材料、改性聚氨酯三种喷涂材料的综合对比分析，本次工程范围内检查井喷涂修复选用水泥基材料。再根据检查井缺陷等级，有针对性地选择无机防腐水泥基材料或结构性修复水泥基材料。

## 3.3.2　十里河上游检查井修复案例

### 3.3.2.1　项目概况

本工程为九江市中心城区水环境系统综合治理一期项目——两河（十里河、濂溪河）流域综合整治工程的井室修复项目，旨在对两河（十里河、濂溪河）流域截污干管检查井中存在破损、渗漏、露筋、腐蚀等问题的井室及井底进行修复。十里河截污干管待修复井室共 88 座，总修复面积为 5588m²。

本工程实施过程中需注意以下事项：

（1）通过现场踏勘，本项目施工管道位于闹市区、学区等市内繁华路段，早晚人流、车流量大，当施工时，须做好交通疏导和交通安全警示，必要时设置施工临时便道，考虑建立健全施工过程中涉及的施工方案、安全文明措施等，施工前应获得交通主管部门的车辆通行许可。临时占道施工交通安全维护及警示标志见图3-39。

（2）本工程检测、清淤、修复的检查井全部临近河流，井室中水流量大，施工前需对管道封堵、导流方案进行复核和论证。封堵和导流过程中，严格按照方案实施，做好期间的安全监督和检测，确保下井人员和设备的安全。本工程导排应用1500m³/h移动泵站，见图3-40。

图3-39　临时占道施工交通安全维护及警示标志　　图3-40　1500m³/h移动泵站

（3）清淤作业需采用机械和人工结合的方式，人工下井作业时，有毒有害气体的检测和清除是安全施工的重点，作业人员下井前须按规定开展气体检测，防止人员中毒事故发生。有限空间作业应急预案演练见图3-41。

（4）本工程主要包括检查井机械冲洗、人工清淤、抽水、气囊封堵及拆除、窨井清理、井室预处理、污泥及垃圾弃物外运、离心喷涂等，工序繁杂，操作空间狭小，管理难度大，因此必须合理分工，统一组织协调，做到有序施工，做好进度控制，保证在有效工期内完成约定工程量，做好质量监管，保证严格按照招标文件要求完成各项施工任务。

（5）清出的污泥在清理、装载、运输、卸载过程中不得"跑、冒、滴、漏"，需使用专用污泥车或水陆联运的方式将其送至环保部门认可的堆场，或采用环保部门认可的其他处置方式，避免对环境造成不良影响。

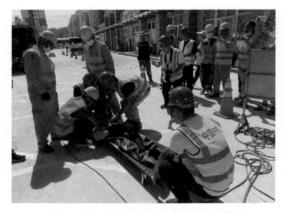

图3-41　有限空间作业应急预案演练

### 3.3.2.2　修复方案

#### 1. 修复工艺

九江市十里河截污管道检查井多为红砖砌筑，修复前破损严重，多处渗漏，且管道临河而建，与十里河互通，存在十里河河水倒灌、井室内污水流入十里河等情况，影响十里河河道水质及截污管道污水浓度。检查井深度约为 4～10m，无法开挖新建，故本工程优先采用井室喷涂修复方案。

根据设计要求，本工程检查井整体修复采用离心喷涂工艺，局部修复采用点状化学注浆的方式，修复前需要对现有井室及管段采取勘测、封堵、清淤、降水、预处理等施工措施。

#### 2. 喷涂材料选择

##### 1) 聚合物砂浆

聚合物砂浆含有高分子材料，固化速度快，且具有较高的粘结强度、抗压强度、保水性、抗裂性、耐碱性与耐老化性，但其防腐性、抗氯离子渗透性较低，故不适用于污水管道及污水检查井的修复。

##### 2) 铝酸盐无机防腐砂浆

铝酸盐无机防腐砂浆以无机成分（硅酸盐、铝酸盐）为主，具有较高的粘结性、防腐性、抗氯离子渗透性、抗老化性，强度高、刮抹性好、耐磨，材料与水搅拌成的砂浆即使在潮湿的表面上也有很强的附着力，不会发生流挂现象，适合在砖砌体、金属、土体、混凝土或其他常见建筑材料表面使用，且在不依赖特殊养护条件下可迅速硬化。其最小颗粒满足离心喷涂和凝结成型的要求，适用于污水管道及污水检查井的修复。

经过多次研讨，结合修复效果要求，最终确认选用铝酸盐无机防腐砂浆作为井室喷涂材料。

### 3.3.2.3　施工过程

#### 1. 工艺流程

修复采用离心喷涂检查井内衬修复技术（CCM），即使用高速旋喷器产生离心力将调配好的内衬浆料均匀、连续地甩向待修复检查井内壁，同时通过提升绞车使旋喷器在井内上下往复移动，从而在井壁形成厚度均匀连续的内衬。检查井离心喷涂工艺流程图见图 3-42。

#### 2. 施工准备

（1）施工便道：利用现有市政道路作为施工便道，施工过程中井中清理的淤积物外运和材料、机械设备进场，均可利用现有的道路进行运输，但需做好对既有路面的保护及清洁工作。

（2）施工用水、用电：施工过程中用水可考虑从十里河内抽水，用电可采用柴油发电机发电，具体形式视现场情况而定。

（3）施工围挡：使用临时铁马围挡，尺寸为 1.5m（高）×1m（宽），并使用安全警示带及安全标语在围挡外侧进行警示。

（4）资源配置：合理进行机械配置、人员配置、材料配置。

（5）前期工作：仔细研究设计图纸，熟悉规范、指南及验收标准，同时根据图纸资料运用 RTK 测量放样，找对井位，并对现场情况进行详细踏勘，对待修复的检查井缺陷情况进行检查复核，提前进行 QV（潜望镜）检测，并根据井室内部情况采取对应措施。

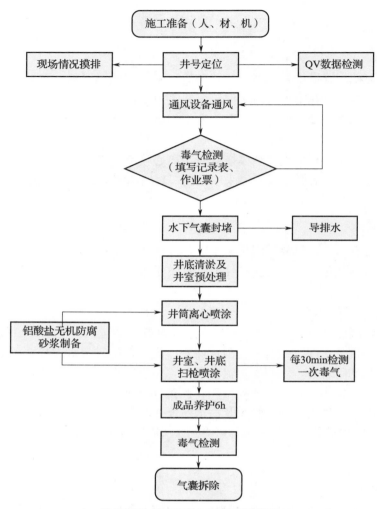

图 3-42　检查井离心喷涂工艺流程图

3. 修复过程

1）修复井位上下游通风

十里河截污管检查井修复施工属于有限空间作业，必须遵行"先通风、再检测、后作业"的要求。

修复井位上下游通风一般需要完全打开该段管道上下游各 2～3 个检查井井盖，在上游井位处采用鼓风机向上游检查井内送风，通过下游井位排出，必要时可采用长管送风机配合鼓风机送风，送风过程中必须采用井口临时防护罩对打开井盖进行防护，设置警示标语，并派专人对上下游井口进行全程看护，通风时长不得低于 30min，下风口处严禁站人，看护人员严禁吸烟。

2）毒气检测

实施有限空间作业前，现场人员必须对有限空间内的有毒有害气体含量进行检测并全程监测，做好实时检测记录，检测方式为：一人手持毒气检测仪末端绳索，缓慢下放，分别对井口、井中、井底三处区域进行毒气检测，用毒气检测仪测定井内 $O_2$、可燃气体、CO、$H_2S$ 等气体浓度。当井内 $O_2$、$H_2S$、甲烷、CO 等气体浓度稳定在安全范围内时，方可下井作业。下井作业井内气体浓度安全范围值见表 3-9。

表 3-9　下井作业井内气体浓度安全范围值

| 气体名称 | 气体浓度范围 |
| --- | --- |
| $O_2$ | 不低于 19.5%，不高于 23.5% |
| $H_2S$ | 不高于 7ppm |
| 甲烷 | 爆炸极限 5%~15% |
| CO | 爆炸极限 12.5%~74.2%，容许浓度 17ppm |

3）下井作业票签发

人员下井作业前，必须上报施工单位现场管理人员及现场监理，对管道内有毒有害气体进行复检，复检合格后，由各方人员签字确认并下发有限空间安全作业票后，方可下井作业。有限空间作业票见图 3-43。

| 有限空间作业票 |||||
| --- | --- | --- | --- | --- |
| 作业单位： |||| 作业日期： |
| 项目名称 |||| 作业位置 | |
| 作业任务 |||| 作业时段 | |
| 作业班组负责人 |||| 监护人员 | |
| 作业人员 |||| 天气 | |
| 风险识别 |||||
| 安全防护措施 | 1.是否设置封闭警示及交通疏导设施 | 是： | 否： ||
| | 2.是否做好上下游排水降水措施 | 是： | 否： ||
| | 3.作业现场负责人是否进行安全交底 | 是： | 否： ||
| | 4.作业人员身体状况是否达到下井要求 | 是： | 否： ||
| | 5.是否"先通风、再检测"，气体检测是否合格（初始气体检测记录见附件5） | 是： | 否： ||
| | 6.作业人员下井时佩戴有效的：<br>▶ A.隔绝式呼吸器　　B.过滤式呼吸器　　C.潜水作业服　　（打"√"） ||||
| | ▶ 对讲机、便携式气体检测报警仪 | 是： | 否： ||
| | ▶ 安全绳、安全帽等其他防护用品 | 是： | 否： ||
| | ▶ 应急救援装备是否到位 | 是： | 否： ||
| | 7.是否配置专门监护人员 | 是： | 否： ||
| | 8.泵池作业时，池上监护人员是否佩戴安全带、安全绳、安全帽 | 是： | 否： ||
| | 9.其他防护措施： ||||
| 现场监护人员 | （签字） | 年　　月　　日 |||
| 作业班组负责人 | （签字） | 年　　月　　日 |||
| 现场安全负责人意见 | （签字） | 年　　月　　日 |||
| 监理工程师意见 | （签字） | 年　　月　　日 |||
| 注：现场安全负责人指施工单位（含管网排查单位、运维单位等）现场专职安全管理人员。 |||||

图 3-43　有限空间作业票

4）水下气囊封堵

在检查井修复施工中，必须对管道做好安全封堵。封堵前应先派潜水员下井对井室内及管口的淤积物、垃圾、石块杂物进行水下清掏，然后再进行封堵。封堵方法可采用气囊封堵法、墙体封堵法等。管径为 DN800 及以下的管道优先采用气囊封堵法，管径为 DN800 以上的管道采用气囊封堵与墙体封堵结合的方法。结合前期调查情况及设计方案，十里河井室修复均采用气囊封堵法。气囊封堵示意图见图 3-44。

 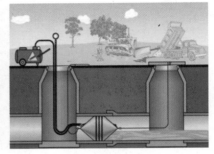

（a）气囊封堵现场　　　　　　　　　（b）气囊封堵示意图

图 3-44　气囊封堵措施

必要时需潜水员下井安装堵水气囊。潜水员下井施工前需获取管径、水深、流速数据，当流速过快影响下水时，应做减速处理。潜水员需穿戴潜水服、安全带等安全防护用具，拴安全信号绳。下井前还要做呼吸检查，并调试通信装置使之畅通，然后缓慢下井。潜水作业防护措施见图 3-45。

 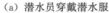 

（a）潜水员穿戴潜水服　　　　　　　（b）呼吸器

图 3-45　潜水作业防护措施

5）导流降水

根据 CJJ 68—2016《城镇排水管渠与泵站运行、维护及安全技术规程》的要求，排水管道"应做好临时排水措施"。

目前国内城镇排水管道临排主要采用临时泵排措施，部分工程采用临时管排和管道调配的措施。本工程根据现场管道流量情况进行措施选取，水流量大于 20L/h 时采取临时管排，小于 20L/h 时采用泵排。

临时管排措施（见图 3-46）是在封堵管道的上游检查井中设置一条临时管道，绕过施工范围，连接封堵管道上下游的一种措施。

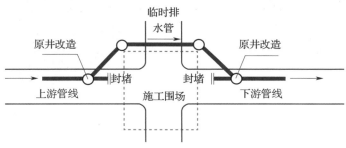

图 3-46　临时管排措施示意图

临时泵排措施（见图 3-47）是在封堵管道的上游检查井内设置水泵，并敷设临时的钢管，将雨（污）水增压提升，排至封堵段下游的检查井内。临时泵排措施通常采用暗敷的钢管，管径小于或等于 800mm，对路面影响较小。但临时泵排措施运行维护比较复杂。

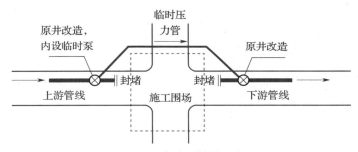

图 3-47　临时泵排措施示意图

综合各种临时排水措施的利弊，结合九江市十里河截污管网现状，截污管网检查井修复工程临时排水措施综合选取以上两种方案，针对各管段不同的工况选择管道调配、临时泵排相互结合的方式进行临时排水。

6）检查井清淤及预处理

通过高压水冲洗窨井墙壁表面（见图 3-48）、吸污车清理井室（见图 3-49）、人工清理井室（见图 3-50）、QV 检测（见图 3-51）、缺陷处理（聚氨酯堵漏，见图 3-52）等处理工序后，检查井内应无沉积物、垃圾及其他障碍物，无影响施工的积水，无渗水现象，检查井表面洁净，无影响喷涂的附着物，以及尖锐毛刺、突起。

图 3-48　高压水冲洗
　　　　窨井墙壁表面

图 3-49　吸污车清理井室

图 3-50　人工清理井室

图3-51　QV检测　　　　　　　　　　图3-52　缺陷处理（聚氨酯堵漏）

7）喷涂修复施工

（1）架设搅拌机、喷涂设备。

架设设备时必须选择较为空旷、平稳的区域，若架设区域为斜坡位置，需搭设临时作业平台。搅拌机、旋喷设备见图3-53。

（a）搅拌机　　　　　　　　　　　　（b）旋喷设备

图3-53　搅拌机、旋喷设备

（2）浆料搅拌。

操作人员应佩戴相应的防护用品，避免粉尘吸入，防止眼睛、皮肤与干粉或浆料直接接触。每袋干粉加3.6～4.0L的自来水（10～21℃），在剪切搅拌作用下制得稠度均匀的灰浆，搅浆用水量不能超出推荐的最大用水量，否则易造成水泥浆离析。螺杆式砂浆喷涂灌浆机及高压手持喷枪见图3-54。

（a）螺杆式砂浆喷涂灌浆机　　　　　（b）高压手持喷枪

图3-54　螺杆式砂浆喷涂灌浆机及高压手持喷枪

（3）喷涂施工。

对于方形且尺寸较大的检查井内室，采用人工平面喷涂，作业人员进入检查井，使用喷枪将混合好的灰浆喷射到检查井内壁。喷枪宜垂直于待喷基底，距离宜适中，匀速移动。喷涂开始时，一定要采取扫枪方法，以免不良效果出现。然后按照先细部后整体的顺序连续作业，多遍、交叉喷涂至设计要求的厚度。在喷涂施工过程中，不论何种原因造成供浆中断，只需要原地停止设备直至恢复供浆。如果局部需要增加厚度，只需降低喷涂的速度，再喷涂至需要的厚度。喷涂施工见图 3-55。

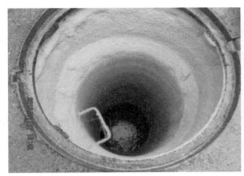

（a）检查井内壁喷涂　　　　　　　　　（b）管道内壁喷涂

图 3-55　喷涂施工

当选择使用旋转机旋喷头进行机械离心喷涂时，将预先配置好的膏状内衬砂浆料通过低（无）脉冲砂浆泵送到位于检查井内由压缩空气驱动的高速旋转喷涂器上，材料在高速旋转离心力的作用下被均匀甩向检查井内壁，同时喷涂器在提升绞车的牵引下在检查井内以一定的速度上下往复喷涂，在井壁形成均匀、连续的砂浆薄层。一般每个上下喷涂回次形成的砂浆薄层厚度控制在 3～5mm，通过 4～7 回次的上下往复喷涂，最终形成 20mm 厚的内衬。旋转机旋喷头喷射施工见图 3-56。

（a）旋转机旋喷头　　　　　　　　　　（b）喷射施工作业

图 3-56　旋转机旋喷头喷射施工

8）喷涂修复施工后视频检查

采用 QV（潜望镜）对修复完成后的井室进行检测并留存检测视频，方便成品效果比对、检验及计量。

4．工艺要点及控制

无机防腐砂浆喷涂工艺主要施工可总结为待施工混凝土表面处理、防腐砂浆搅拌及喷涂、表面处理及养护、施工结束后总结及清理 4 个步骤，施工前、施工中及施工后的现场情况见图 3-57，主要工艺要点及控制要求如下：

（1）在喷涂产品前，应确保基底无明显渗漏。

（2）喷涂作业前将设备调节至修复材料要求的压力参数，对设备进行清洗。

（3）喷涂作业前应充分搅拌铝酸盐砂浆水泥。严禁现场随意向铝酸盐砂浆水泥中添加任何物质。

（4）每个工作日正式喷涂作业前，应在施工现场先喷涂一块 150mm×300mm 的样块，由施工技术主管人员进行外观质量评价并留样备查。

（5）喷涂角落时，采取甩小臂/腕喷涂的方法喷涂，并以扫枪方式结束。

（6）每次浇筑内衬层的厚度受检查井井筒直径、灰浆泵的压力及喷涂器移动速度共同影响。由于喷涂厚度在圆周方向上是均匀的，因此可在检查井任何部位检测喷涂层厚度。

（7）如果局部检查井需要增加喷涂厚度，只需要减慢喷涂器在该部位下降（或上升）的速度或多浇筑一层即可。

（8）在离心力的作用下，灰浆内衬形成了极为细腻的鱼鳞状光滑表面，无须对内衬表面进行额外的磨平或收浆。

（9）施工现场应配备喷雾降尘设施，避免扬尘污染。

  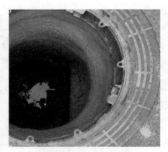

（a）施工前预处理　　　　　　（b）施工中　　　　　　（c）施工后

图 3-57　施工过程现场图片

5．材料使用要点

（1）拌和砂浆的工作时间可根据施工要求进行调节，但通常情况下约为 60min，可恢复通水时间为 1～6h。

（2）湿拌砂浆的密度为 2.3～2.4kg/L。无机防腐砂浆的施工方式可采用湿法喷涂，亦可采用手工涂抹，现场只需加水搅拌后即可施工。

（3）采用湿法喷涂方式可有效地避免粉尘污染，适合空间狭小和通风不良的场所，同时适用于施工面积较大的区域，可大幅度提高施工效率，缩短施工周期。材料不含可挥发性物质，无重金属、无毒、无污染、无特殊气味。

（4）每喷涂面积为 1m²、厚度为 1cm 的砂浆，干料用量为 21kg。

## **3.4** 大口径管道修复案例——十里河截污管道修复工程

### 3.4.1 项目概况

九江市十里河截污管道修复工程为典型的超大管径排水管道非开挖修复工程，涉及的排水管道管径有 DN1500、DN2000、DN2200。本次管道修复工程采用的工艺有紫外光固化修复、喷涂修复、螺旋缠绕修复，共计修复长度约 5.8km。

本工程重点内容包括超长距离大流量导排及超大管径管道非开挖修复。为保证临时导排安全顺利地进行，且修复的进度及效果能满足实际需求，工程实施前，对长距离大流量导排措施进行了研究，对超大管径修复工艺进行了分析和比选。针对不同施工条件，选择适用性较强、施工效率较高的修复工艺，综合经济效益指标，合理制定修复方案[16]。

十里河截污管道修复工程完成后，提升了管道排水能力，解决了管道污水渗漏问题，改善了十里河河道水质，为实现项目总体目标提供了保障。

### 3.4.2 施工过程

#### 3.4.2.1 施工导排

**1. 现场情况说明**

本工程临时导排距离约 6km，中间存在污水提升泵站，且支管较多，需要进行两次导排。

**2. 管线关系**

十里河截污管道修复工程范围为十里河下游截污管网，管道内污水通过两座提升泵站进行提升处理，最终全部流至鹤问湖污水处理厂。大口径管道修复平面布置图见图 3-58。

图 3-58 大口径管道修复平面布置图

**3. 水量分析**

**1）污水处理厂处理量分析**

鹤问湖污水处理厂正常运行期间污水处理总量约为 14 万 m³/d（5833m³/h，非雨季情况），雨季污水处理量约为 19.55 万 m³/d（8145m³/h，按高于非雨季处理量 15%考虑）。鹤问湖污水处理厂污水处理量见表 3-10。

表 3-10 鹤问湖污水处理厂污水处理量

| 项目 | 鹤问湖一期污水处理厂 | 鹤问湖二期污水处理厂 |
| --- | --- | --- |
| 理论处理量 | 10 万 m³/d | 7 万 m³/d |
| 实际处理量 | 9 万 m³/d | 5 万 m³/d |

2）泵站提升量

八里湖泵站配备 4 台 1900m³/h 提升泵和 4 台 1500m³/h 提升泵；龙开河泵站配备 4 台 1500m³/h 提升泵。根据泵站实际运行情况，八里湖泵站实际开启 2～3 台提升泵，提升量约为 4500m³/h；龙开河泵站实际开启 1 台提升泵，提升量约为 1000m³/h。提升泵站提升流量见表 3-11。

表 3-11 提升泵站提升流量

| 项目 | 八里湖提升泵站 | 龙开河提升泵站 |
| --- | --- | --- |
| 理论提升量 | 13 600m³/h | 6000m³/h |
| 实际提升量 | 4500m³/h | 1000m³/h |

注：实际提升量为提升泵站收集实际数据。

根据泵站提升流量分析，正常运行期间，非雨季情况下提升污水总量约为 5500m³/h，雨季情况下提升污水总量约为 6400m³/h。

3）汇总分析

上游污水实际流量约为 4500m³/h，雨季流量为 6400m³/h；下游污水实际流量约为 5833m³/h，雨季流量为 8145m³/h。

4）配泵分析

上游配备泵组共计 14 台，3 用 3 冷备（冷备为将泵组放置于现场的库房中）。上游配备泵组的参数见表 3-12。

表 3-12 上游配备泵组参数

| 序号 | 泵类型 | 型号 | 扬程（m） | 流量（m³/h） | 数量（台） | 使用情况 |
| --- | --- | --- | --- | --- | --- | --- |
| 1 | 直筒潜污泵 | 800ZTQH-49-220 | 13 | 3200 | 4 | 2 用 2 冷备 |
| 2 | 自吸泵 | 600ZTQH-36-160 | 15 | 3000 | 2 | 1 用 1 冷备 |
| 3 | 潜水泵 | 600QH-50-132 | 10 | 3000 | 8 | 增压泵/每个增压点 2 台 |

下游配备泵组共计 7 台，2 用、1 热备、4 冷备（冷备为将泵组放置于现场的库房中）。下游配备泵组的参数见表 3-13。

表 3-13 下游配备泵组参数

| 序号 | 泵类型 | 型号 | 扬程（m） | 流量（m³/h） | 数量（台） | 使用情况 |
| --- | --- | --- | --- | --- | --- | --- |
| 1 | 直筒潜污泵 | 500WQ3000-25-315 | 25 | 3500 | 3 | 2 用 1 热备 |
| 2 | 直筒潜污泵 | 400WQ1500-15-90 | 15 | 1300 | 4 | 冷备 |

5）水箱确定

汇集水箱：位于抽排井附近，收集起点污水。

分流水箱：位于单管和多管汇集点，收集分流和合流污水。

6）排气阀

在导排管道顶部设置排气阀，防止导排管道出现水锤现象。

7）封堵施工

本次封堵施工采取"双气囊＋砖墙"封堵方式。

气囊封堵采用加厚型高压气囊（DN2000＋DN2200），封堵之前在现场进行充气功能性试验，保证气囊使用前的安全性。采取双气囊封堵，保证砖砌封堵的安全性。

砖墙封堵采用人工下井砖砌封堵墙施工，作为封堵措施的第三道防线。

### 3.4.2.2 清淤准备

1. 换气通风方式研究

1）通风量要求

现有管道长度按照 100m 一段进行计算，管道内径按照 2000mm 进行计算。100m 管道通风量为 1570～3768m³/h，可达到满足通风量及换气次数条件。不同长度、内径管道清淤换风通风量换算表见表 3-14。

表 3-14 不同长度、内径管道清淤换风通风量换算表

| 管道长度（m） | 管内径（mm） | 截面积（m²） | 管段体积（m³） | 换气次数 | 通风量（m³） | 换气次数 | 通风量（m³） | 换气次数 | 通风量（m³） |
|---|---|---|---|---|---|---|---|---|---|
| 100 | 2000 | 3.14 | 314 | 3 | 942 | 5 | 1570 | 12 | 3768 |
| 200 | 2000 | 3.14 | 628 | 3 | 1884 | 5 | 3140 | 12 | 7536 |
| 300 | 2000 | 3.14 | 942 | 3 | 2826 | 5 | 4710 | 12 | 11304 |
| 400 | 2000 | 3.14 | 1256 | 3 | 3768 | 5 | 6280 | 12 | 15072 |
| 500 | 2000 | 3.14 | 1570 | 3 | 4710 | 5 | 7850 | 12 | 18840 |
| 600 | 2000 | 3.14 | 1884 | 3 | 5652 | 5 | 9420 | 12 | 22608 |
| 700 | 2000 | 3.14 | 2198 | 3 | 6594 | 5 | 10990 | 12 | 26376 |
| 800 | 2000 | 3.14 | 2512 | 3 | 7536 | 5 | 12560 | 12 | 30144 |
| 900 | 2000 | 3.14 | 2826 | 3 | 8478 | 5 | 14130 | 12 | 33912 |
| 1000 | 2000 | 3.14 | 3140 | 3 | 9420 | 5 | 15700 | 12 | 37680 |
| 1100 | 2000 | 3.14 | 3454 | 3 | 10362 | 5 | 17270 | 12 | 41448 |
| 1200 | 2000 | 3.14 | 3768 | 3 | 11304 | 5 | 18840 | 12 | 45216 |
| 1300 | 2000 | 3.14 | 4082 | 3 | 12246 | 5 | 20410 | 12 | 48984 |
| 1400 | 2000 | 3.14 | 4396 | 3 | 13188 | 5 | 21980 | 12 | 52752 |
| 1500 | 2000 | 3.14 | 4710 | 3 | 14130 | 5 | 23550 | 12 | 56520 |
| 1600 | 2000 | 3.14 | 5024 | 3 | 15072 | 5 | 25120 | 12 | 60288 |
| 1700 | 2000 | 3.14 | 5338 | 3 | 16014 | 5 | 26690 | 12 | 64056 |
| 1800 | 2000 | 3.14 | 5652 | 3 | 16956 | 5 | 28260 | 12 | 67824 |
| 1900 | 2000 | 3.14 | 5966 | 3 | 17898 | 5 | 29830 | 12 | 71592 |
| 2000 | 2000 | 3.14 | 6280 | 3 | 18840 | 5 | 31400 | 12 | 75360 |

2）通风措施

清淤管道送风、排风换气示意图见图3-59，通风施工见图3-60。通风气流为单向流，对于3井作业面［见图3-59（a）］，选用11 000m³/h轴流送风机，风带从上游井送至管道内，下游通过11 000m³/h轴流排风机抽排风；对于3井以上作业面［见图3-59（b）］，在中间检查井内增加3140m³/h以上排风机用于换气和增加风压风速，排风机的安装方式为管道内壁悬挂；轴流风机需安装防护网，采用防爆防水工业插座连接；悬挂处可采取M6膨胀螺栓，下接8号镀锌丝杆，并使用扁铁抱箍或角铁横担架设安装。

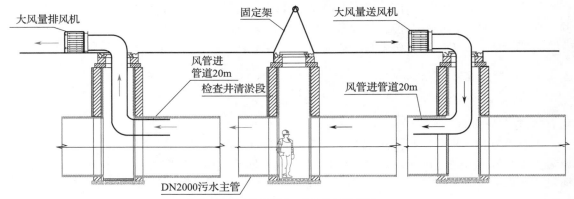

（a）3井清淤管道送风、排风换气示意图

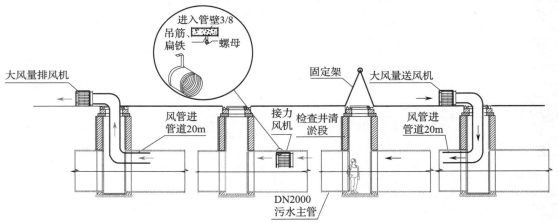

（b）3井以上清淤管道送风、排风换气示意图

图3-59　清淤管道送风、排风换气示意图

图3-60　通风施工

3）气体检测

在管道开口作业完成和管道内充分通风且毒害气体检测合格后，方可进行下一步工序。采用复合式（四合一）气体检测仪进行检测，即硫化氢、一氧化碳、氧气、可燃性气体检测四合一。检测标准可参考 CJJ 60—2011《城镇污水处理厂运行、维护及安全技术规程》。

### 3.4.2.3　管道清淤

本工程管道淤堵情况较为严重，机器人清淤施工较为困难。本次管道清淤施工选择人工清淤＋高压冲洗清淤＋吸污车清淤，对管道内可稀释的淤泥选择高压冲洗清淤结合吸污车清淤，对无法稀释的固结物采取人工清淤，通过合理选取以上两种清淤方式保证清淤工程顺利高效地进行。

### 3.4.2.4　管道修复预处理

管道修复前，应根据管道状况、修复工艺要求对原有管道缺陷及管道薄弱处进行预处理。

#### 1. 脱节处理方法

当脱节处宽度小于 3cm 且无渗水情况时，须先清理脱节处的杂物，在管壁表面涂刷一道界面剂，然后采用堵漏剂进行封堵，并采用 2cm 厚 1∶2 高强度水泥砂浆抹平压光。有渗水情况时参照渗水处理方法施工。

当脱节处宽度为 3～10cm 时，第一步清理脱节处的杂物，须先采用聚氨酯注浆液对管外的土体进行注浆固化，土体注浆范围控制在管外两侧各约 20cm，深度为 50cm，待聚氨酯注浆液土体固化稳定后，在管壁表面涂刷一道界面剂，堵漏剂封堵后采用 1∶2 高强度防水砂浆抹平压光。

当脱节处宽度大于 10cm 时，第一步清理脱节处的杂物，须先采用聚氨酯注浆液对管外的土体进行注浆固化，管外壁土体注浆范围控制在两侧各约 20cm，深度为 50cm。待土体稳定后，在管壁表面涂刷一道界面剂后，在脱节处增加 $\phi6@100$ 钢筋网片，采用 1∶2 高强度防水砂浆抹平压光。

#### 2. 错口处理方法

当错口高度小于或等于 3cm 时，无渗水的情况下，在接缝处用聚氨酯注浆液进行注浆，注浆后在表面涂刷一道界面剂，采用快干水泥进行抹平处理。有渗水情况时参照渗水处理方法施工。

当错口高度大于 3cm 时，先对错口做顺平处理，高处一方凿除，低处一方采用 1∶2 水泥砂浆找平。为保证原管材强度，凿除厚度一般不超过原管材 1/4，且不超过钢筋保护层厚度，顺平主要以低处一方砂浆找平为主。抹灰面、凿除面一定要顺平光滑，避免下道工序时出现卡管、缩径现象。然后对管外的土体进行注浆固化，采用聚氨酯注浆液进行土体固化。管外壁土体注浆范围约控制在两侧各约 20cm，深度为 50cm。

#### 3. 渗水处理方法

当管壁渗水时，如果渗水点水的压力比较大，需先进行泄压处理。一般采取的方法有：①扩大渗水点，使水压降低；②导流，人为加设输水管，使水在输水管中流出，减少渗水点水压。泄压后把无组织渗水通过导管变成有组织排水。之后进行封堵，第一层采用棉被（透水不透浆）封堵，第二层采用止水板或止水橡胶封堵，第三层采用堵漏剂封堵。三层封堵后采用聚氨酯注浆液向渗水区域注浆全面封堵，稳定漏水区域土体。压力控制在 0.2～

0.3MPa，若压力无法满足要求，则注浆量以约充满渗水点周围1m范围内为准。待封堵完毕后拆除有序排水管，采用堵漏剂封堵，清理管内壁，恢复原管状。

当管接缝处渗水时，一般先对管外的土体进行注浆处理，采用聚氨酯注浆液注浆固化土体，管外壁土体注浆范围控制在两侧各约20cm，深度为50cm，待聚氨酯注浆液凝固和土体稳定后，在管壁表面涂刷一道界面剂，用堵漏剂封堵后采用1∶2高强度防水砂浆抹平压光。

当管接缝处渗水量太大无法进行化学注浆处理时，采用内管箍封堵法，即局部采用同管径弧度一致的内管箍，通过膨胀螺栓固定在管壁上，设导管将水导出，后采用止水胶条、麻条及堵漏剂封堵四周，最后封堵导管。管接缝漏水处四周埋设注浆针头，采用聚氨酯注浆液进行注浆，注浆范围控制在渗水处周围1m范围内。

当井室渗水时，须采用聚氨酯注浆液对井壁、井顶板、井底面的土体进行注浆固化，固化土体厚度为100cm，固化封闭后对井壁进行注浆堵漏处理及面层清理。清洗干净后抹界面剂1道，抹1∶2防水砂浆2遍，井底面做20cm厚C20，P6抗渗混凝土。

4. 腐蚀处理方法

当管壁混凝土受到轻微腐蚀但未超过混凝土保护层时，先将表面松动混凝土凿除，再用钢丝毛刷将表面清理干净。然后在混凝土表面涂刷界面剂，并采用1∶2高强度水泥砂浆抹面，砂浆抹面高度不超过原管壁。

当管壁混凝土受到严重腐蚀超过混凝土保护层时，先采用钢丝毛刷将裸露处腐蚀的钢筋表面清理干净，再凿除腐蚀处表面的松动混凝土，并用钢丝毛刷清理干净。然后于钢筋表面涂刷钢筋除锈剂，再于混凝土表面涂刷界面剂后，采用1∶2高强度砂浆抹面，抹灰厚度不高于原管道。

当管壁混凝土受到非常严重腐蚀且管壁钢筋腐蚀严重时，采用钢丝毛刷将腐蚀处钢筋表面清理干净，并涂刷钢筋除锈剂。凿除腐蚀处松动混凝土的范围比原腐蚀处四周大10cm，再于混凝土表面涂刷界面剂，重新设置钢筋，钢筋型号需较原钢筋大一个型号，钢筋铺设方式同原管壁钢筋，支模后浇筑超早强微膨胀细石混凝土（强度等级为C20，抗渗等级为P6），或在内模不拆除的情况下采用水泥浆注浆法。

5. 对塌管、变形等较大缺陷的处理方法

根据现场实际情况编制单独处理方案，一般先采用水泥浆饱和注浆加固土体，再用人工横向开挖隧道，纵向竖井开挖修复。横向开挖时打支撑，纵向开挖打护壁，尽量避免采用大开挖方式，确保施工、质量、进度，同时又能降低施工成本。

### 3.4.2.5 螺旋缠绕修复

1. 缠绕作业

依据现场管道内实际情况，对本工程管道修复缠绕提出施工方案如下：

（1）采用螺旋缠绕工艺进行管道修复时，修复后的内径通常根据原有管道实际直径进行计算。

（2）如果管道内有特殊情况，修复后的管道内径需以原有管道内最小管径为标准进行缩径计算，并在原有管道内进行通行实验来确认管道最终缠绕直径，确认完成后再从上游检查井开始缠绕作业。

（3）作业人员将由液压驱动头和缠绕模具组成的缠绕设备拆解后放入检查井内，并将设备在井内进行组装，型材和钢带送入检查井内进行缠绕施工。

（4）当管道长度太长或有其他影响缠绕作业的特殊情况时，可由另一侧检查井进行反向缠绕，在中间位置进行对接。

2. 管道注浆

1）环形间隙封堵及预埋注浆管

新管道缠绕完成后，利用高强快干水泥、红砖、水不漏通过人工砌筑对新旧管道的缝隙进行封堵，封堵的厚度不小于 200mm。在进行封堵砌筑时，需在相应的注浆口处预埋注浆管，注浆管直径 40mm，外部留出 100～200mm，封堵砌筑完成后，待封堵材料固化 12h 后即可进行注浆。

注浆前需进行预埋注浆管冲洗，每段环形间隙封堵及预埋注浆管结束后，应立即用大流量水流对预埋注浆管内的残留水泥或灰层等进行冲洗。

2）气囊封堵、内衬管内注水

施工管段两侧安装封堵气囊，上游气囊顶部加装 50mm PPR 管，以由该管向封堵内部注水的方式进行内支撑。该方式充气、注水效率相对较高，既可解决管道形变问题，又能起到管道配重的作用。

### 3.4.2.6　整体喷涂修复

1. 工艺要求

（1）进入施工现场水泥基材料应符合设计文件的规定，内衬材料进场应附有产品质量检测报告；当单项工程材料用量大于或等于 10t 时，应对进场材料的凝结时间、抗压强度、抗折强度和抗渗压力四项指标进行抽样复检，材料复检性能应符合设计文件规定。

（2）内衬浆料应按材料供应商推荐的水料比搅拌，拌料用水应采用洁净的自来水，搅拌时间不宜少于 3min；搅拌好的浆料应在 45min 内使用完，超过使用期的浆料不得再次使用。

（3）喷筑施工前，应保证基底处于湿润状态，不得有明显水滴或流水；当环境温度低于 0℃时，不宜进行喷筑施工；当环境温度高于 35℃时，应采取降温措施。

（4）采用离心喷筑法修复管道时，应按下列步骤进行：①将旋喷器固定在机架上后，布置在待修复管段的末端部位，调整旋喷器轴线高度，连接料管和气管；根据管道实际尺寸及砂浆的泵送排量调节旋喷器的旋转速度；②根据管道直径，选用适宜的砂浆泵排量及旋喷器行走速度，每层喷筑厚度应控制在 10～20mm。

（5）采用人工喷筑法修复管道时，应符合下列规定：①应先调节喷筑气压和浆量，浆料应均匀分散喷出；②应控制喷枪与基面距离，喷枪移动需保持规律、平稳；③可一次或分多次喷筑到设计厚度，厚度超过 20mm 时，应多次完成；④喷筑完成后，应将喷筑层抹平，同一部位不宜反复抹压。

（6）采用水泥基材料喷筑法修复管道时，应符合下列规定：①若离心喷筑过程因故中断，只需等待故障排除后重新启动旋喷器继续喷筑即可；若故障排除时间超过 30min，则应将喷筑机和料管内剩余的内衬浆料清出并清洗设备；②离心喷筑的管道或检查井内壁的内衬应均匀、平整；③内衬喷筑完成后，宜保留内衬原始形态，可根据要求对表面进行压抹，同一部位不得反复压抹；④砂浆内衬的最小厚度不应小于 10mm。

（7）水泥基材料施工完成后 6h 内不宜受激烈的水流冲刷。

（8）内衬应在无风、潮湿的环境下养护。

（9）在施工过程及施工后的 24h 内，内衬砂浆不应结冰。

**2. 钢筋绑扎**

水泥基材料喷筑法整体修复（挂钢筋网），采用钢筋网直径 $\phi 6mm$，环筋分布间距 10cm，横向筋分布间距 20cm，喷涂厚度 4cm；水泥基材料喷筑法点状修复（挂钢筋网），采用钢筋网直径 $\phi 6mm$，环筋分布间距 10cm，横向筋分布间距 20cm，喷涂厚度 4cm，在连接处两侧延伸搭接 30cm；施工过程中为防止钢筋移位，采取 U 形扣进行固定。

**3. 喷涂修复施工**

**1）砂浆搅拌**

每袋干粉（25kg）加 3.8～4.2 L 自来水（10～21℃），在剪切搅拌作用下制得稠度均匀的灰浆，搅浆用水量不能超出推荐的最大用水量，搅拌时间不少于 3min。

在使用过程中，应持续搅拌以保持灰浆有足够的流动性，防止在使用过程中灰浆变硬；灰浆的有效时间视现场情况不同控制在 30min 以内；每次搅拌的灰浆量，应在规定的时间内用完；不能将已经固化的灰浆加水拌和后继续使用。

**2）内衬喷筑**

先将喷涂器下放到检查井底板中间位置（不能触底），并在绞车钢丝绳上对应位置做标记，方便施工控制。将喷涂器提至井口，开通气源，喷涂器喷头在压缩空气的驱动下高速旋转，待其旋转稳定后泵送内衬灰浆，同时按预设速度匀速地下放或提升喷涂器。不论灰浆因何种原因供应中断，只需暂停提升喷涂器，直至灰浆恢复供应。若在某一深度上需要更大的喷涂厚度，只需要将喷涂器下放到指定部位，对该部位进行重复喷涂即可。在井壁形成的内衬层，其表面因离心力作用呈现轻微的网纹状，内衬喷筑完成后，可保持自然表面，也可采取人工作业方式对表面进行刷抹。

### 3.4.3 螺旋缠绕修复工效及难点分析

**1. 施工技术要求**

施工技术要求主要从注浆速度、注浆压力、缠绕速度等方面考虑。螺旋缠绕修复主要参数见表 3-15。

表 3-15 螺旋缠绕修复主要参数

| 项目 | 数据 | 备注 |
| --- | --- | --- |
| 注浆速度 | 3～4m³/h | 理论数值 |
| 注浆压力 | 0.1～0.15MPa | 理论数值 |
| 缠绕速度 | 15～18m/min（型材）<br>5～6m/h（修复管道） | 理论数值 |

**2. 施工难点分析**

**1）大水量超长距离导排**

十里河截污管污水收集范围包括两河片区、八里湖新区及经开区部分区域，收水面积较大，污水量较大，且存在破损点位与河水贯通的现象，致使管内流量长期保持 16 万～17 万 m³/d，常年处于满流状态，且流速为 0.8～1m/s。由于原管道水量大、流速高，同时近 6km 导排难度全国罕见，经过多次技术方案研讨，确定施工导排采取"一体化抽水设备抽水＋导流管"的临时排水措施，以解决污水临时排水问题。一体化抽水设备及导流管导排示意图见图3－61。

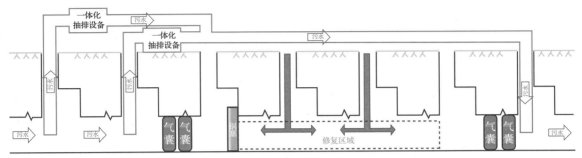

图3－61 一体化抽水设备及导流管导排示意图

项目采用一体化抽水泵进行抽水，施工现场共配备 3500m³/h 抽水泵 3 台，3000m³/h 抽水泵 4 台，2300m³/h 抽水泵 2 台，1300m³/h 抽水泵 4 台。为了确保排水安全性，采用"1用1备"的导排方式进行施工。导排采用防爆型导流管，铺设导排管道共计 10.1169km，其中 DN1000 导排钢管 1608m，DN800 导排钢管 6066.6m，钢管占比 75.8％，每日抽水量 12 万～16 万 m³，满足现场正常导排工作需求。

本工程导排水流量较大，导排管道内部水流为满管状态。由于虹吸效应，管道需要承受一定程度外压，为了解决外部气压对导排管道的挤压问题，本工程在导排管道上设置排气阀，以避免大气压力对管道的损坏。由于导排距离过长，为了克服沿程水头损失，在沿程设置增压水箱以保障导水顺利运行。

2）超长距离螺旋缠绕修复

本工程待修复管道长度 203m，管道内径 2m，施工过程中需保证不发生卡管现象，同时保证缠绕的质量。根据现场实际情况及相关缠绕经验，施工时应保证管道内储存 30～40cm 的水量（且保证存水流动），通过浮力作用，防止缠绕材料与管道相碰撞，发生卡管现象。

3）超大管径修复材料参数

本工程采用钢塑加强型机械螺旋缠绕修复技术，为保证施工质量及修复效果，进行受力计算后，增加了卷材厚度。修复材料选用 91-25 型聚氯乙烯（PVC-U）带状型材，1.2mm 厚度奥氏体不锈钢，修复材料及参数见表3－16。

表3－16 修复材料及参数

| 材料 | 项目 | 性能参数 | 测试方法 |
|---|---|---|---|
| PVC-U 型材 | 拉伸弹性模量 | $2.78 \times 10^3$ MPa | GB/T 1040.2—2006 |
| | 拉伸断裂应力 | 46.4MPa | |
| | 断裂标称应变 | 154％ | GB/T 1040.2—2006 |
| | 弯曲强度 | 68.2MPa | GB/T 9341—2008 |
| | 刚度系数 | $8.72 \times 10^6$ MPa·mm³ | CJJ/T 210—2014 |
| 奥氏体不锈钢 | 弹性模量 | 194GPa | GB/T 22315—2008 |
| | 材质 | 不锈钢，Ni 含量 1.1％ | YB/T 4396—2014 |

4）超长距离注浆

螺旋缠绕完成后，将水泥浆注入新管道与原管道的缝隙处，用以填充新旧管道之间的间隙。注浆采用水灰比1：1的浆液，分三次进行，第一次注浆量控制在浆液高度达管道直径30%处即止，待浆液初凝后进行第二次注浆，注浆60%，浆液初凝后，进行第三次注浆。在规定压力下，灌浆孔停止吸浆，延续灌注5min即可封闭注浆口。如管段中间区域出现注浆充满度不达标的情况，且补浆无法保证一次性过关，存在较大风险，可采用现场敲击或钻孔取芯的方法进行质量检查，确定未充填密实的地段，再采取补孔注浆的方式进行补浆。

5）有限空间作业安全风险把控

大水量长距离导排过程中如果存在封堵不到位、抽排能力不足的问题，井下作业便存在极大的安全风险。同时管道施工涉及有限空间作业，污水管道中存在硫化氢、甲烷等多种有毒气体，存在作业人员中毒、缺氧及爆炸等安全隐患。

为了保证施工安全，在导排施工段前后采用"双气囊＋钢板封堵"的作业方式彻底隔绝修复段上下游来水。封堵遵循先上游后下游的方式，上游井位封堵2个气囊，下游井位封堵2个气囊。高压气囊直径2000mm，重约330kg，可承受极限压力0.6MPa。气囊封堵完毕后，在起始井下游管口安装加厚挡水钢板，钢板封堵采用安全防水冲钢塞，进一步保证封堵安全。封堵完成后，建立专人巡查机制，对每个井位水位上升情况及溢流情况进行巡视，并建立应急预案，确保井下施工人员安全。

人员下井作业前现场进行强制通风，以达到有效降低作业井内有毒气体浓度和提高氧气含量的目的，同时严格进行气体检测，随时了解和掌握井内气体情况，及时采取有效的防护措施，以期达到井下作业气体安全规定的标准，为作业人员创造一个安全、良好的作业环境。

# 3.5 河道排口改造案例——智能截流井的应用

## 3.5.1 项目概况

九江职业技术学院老校区（老船校）所在排水片区为合流制，由于该片区内建筑密集，无法进行彻底的雨污分流改造，因此，改造时维持该片区的合流制排水体制。

## 3.5.2 本底调查

老船校1号、2号排口均位于九江职业技术学院老校区内，其源头为上海路南侧棚户区，排口分别为2000mm×2000mm（汇水面积为10hm²）、DN1500（汇水面积为22hm²）的合流管。老船校1号、2号排口平面分布图见图3-62。改造前老船校1号、2号排口见图3-63。

改造前管网末端设置有传统堰式截流井，存在以下问题：

（1）晴天污水溢流排入濂溪河。

（2）雨天溢流污染严重。

（3）存在河水倒灌风险。

（4）中后期雨水进入截污管，降低污水处理厂进水浓度，影响污水处理厂的运行负荷。

（5）排口异味较重，影响附近居民生活。

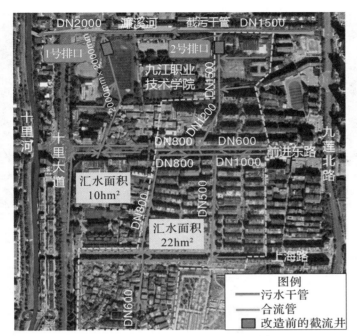

(a) 老船校 1 号排口

(b) 老船校 2 号排口

图 3-62 老船校 1 号、2 号排口平面分布图

图 3-63 改造前老船校 1 号、
2 号排口

### 3.5.3 改造思路

　　废除现存截流井，在 1 号排口和 2 号排口末端设置智能截流井并完善配套管网，晴天将旱流污水截流至濂溪河沿岸截污干管，雨天时将旱流污水和部分初期雨水截流至污水处理厂处理，降雨后期较干净雨水排入濂溪河，保证晴天污水不入河，雨天少溢流，从而减少溢流污染。老船校 1 号、2 号排口改造平面图及截流井位置现场图见图 3-64、图 3-65。

　　在截流井内部设置水质传感器，实时监测污水干管的进水浓度和排入河道的水质，通过精确截污，保证污水干管的进水浓度和排入河道的水质浓度达到标准，实现提质增效和降低污染的目的。

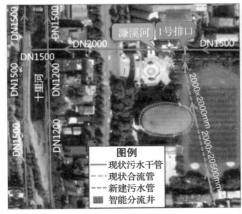

(a) 老船校 1 号排口改造平面图

(b) 截流井位置现场

图 3-64 老船校 1 号排口改造平面图及截流井位置现场

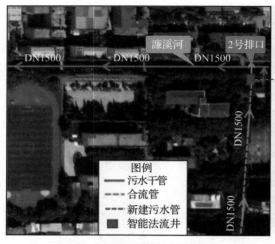

（a）老船校2号排口改造平面图

（b）截流井位置现场

图3-65　老船校2号排口改造平面图及截流井位置现场

　　改造前末端截污采用传统的简单拦阻、无序控制的方式，未考虑晴雨模式转换对水环境的影响。本次改造应用智慧运维（SCADA）的理念，采用可实现清污分离的智能分流控制系统及物联网远程监控系统，减少了人力投入，提高了效率。

　　本系统可以对老船校1号、2号排口智能截流井进行智能化监视和控制，能够采集和显示截流井的运行参数并储存，可查询历史数据并生成相关的报表，同时可对出现的故障报警，并进行相应的故障原因分析，帮助现场操作人员处理故障。可实现根据天气情况对远程设备进行检测及自动例行检测的功能，确保关键时期设备正常工作。智能截流井由液动下开式堰门、液动限流闸门、浮动挡板、超声波液位计、摄像头和网络控制系统等组成。智能截流井结构示意图见图3-66。智能截流井改造系统图见图3-67。智能截流井工艺流程图见图3-68。

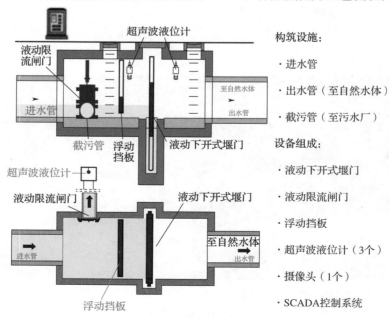

图3-66　智能截流井结构示意图

　　智能截流井具体的运行工况如下：晴天时，液动限流闸门处于开启状态，液动下开式堰门处于关闭状态，生活污水完全截流至截污管并输送到污水处理厂；初雨时，井内水位低于城市洪涝警戒水位，初期雨水及污水进入截污干管；持续降雨时，井内水位高于城市洪涝警戒水位，较脏的雨水一部分进入截污干管，另一部分溢流至自然水体；降雨中后期，限流闸门关闭，较干净的雨水全部排放至自然水体[17]。

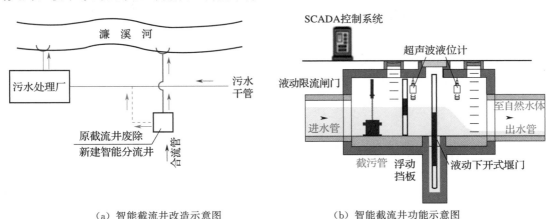

（a）智能截流井改造示意图　　　　　　（b）智能截流井功能示意图

图 3-67　智能截流井改造系统图

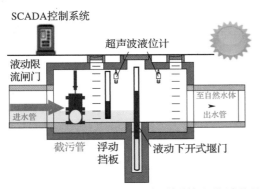

（a）晴天时，生活污水完全截流至截污管并输送到污水处理厂

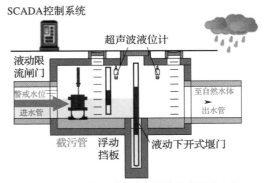

（b）初雨时，井内水位低于城市洪涝警戒水位，初期雨水及污水进入截污干管

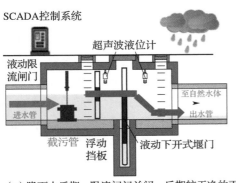

（c）降雨中后期，限流闸门关闭，后期较干净的雨水全部排放至自然水体

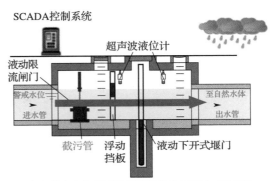

（d）井内水位高于城市洪涝警戒水位时，液动限流闸门关闭，液动下开式堰门开启行洪

图 3-68　智能截流井工艺流程图

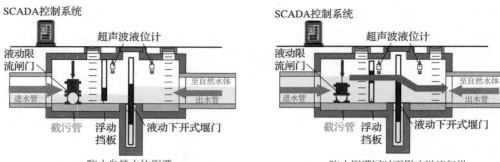

（e）防倒灌，堰门随着自然水体水位上升而上升，堰顶始终比自然水体水位高，在防倒灌的同时不影响溢流行洪

图 3-68　智能截流井工艺流程图（续）

## 3.5.4　工艺概况

采用智能截流井精准分流＋末端调蓄技术可以解决老船校排口存在的问题，同时具备占地面积小、可无人值守、数据自动传输等优势。

1. 智能截流井的功能

（1）最大限流功能。

（2）流量可调节功能。

（3）截断功能。

（4）止回功能。

（5）固定挡水功能。

（6）智能提高或降低挡水功能。

（7）在止回的同时，城市雨水可以溢流至自然水体。

（8）满足行洪要求。

（9）拦渣功能。

2. 智能截流井的优势

（1）施工简便，周期大大缩短。一体化智能截流井将潜污泵、爬梯、传感器、拦污格栅、液动闸门等设备均集成在玻璃钢井筒身内，因其高度集成化使得筒身内部空间利用率极高，从而可以减少截流井的占地面积、土方开挖量，现场只需浇筑混凝土底板即可，施工周期大大缩短，通常 2～3 周即可完成，对工人的专业技术要求也相对较低。此外，若遇到拆迁或实施雨污分流后无须截流，一体化智能截流井还可二次吊装，二次填埋后再次应用于新项目。

（2）电气自动化程度高。一体化智能截流井相对于传统的截流井的一大优势在于其自动化程度高：通过液位计、雨量计等感应仪器采集信号；水泵具有自动轮换和故障轮换功能，能保证每台泵运行时间均衡；采用浮球和液位传感器，实现截流井液位自动控制运行，浮球和液位传感器互为备用，保证运行稳定；进出水闸门根据预设条件自动运行[18]；手机 App 能实现实时监控，随时调出产品运行数据，监控运行情况，可完全实现无人值守。

（3）可有效防止淤积。普通截流井除了在污水进水口处设置截污挂篮以外，一般不会特别考虑到截流井内的杂质积累和淤积问题，潜污泵被杂质堵塞而损坏的情况时有发生，无法定期养护的截流井也就基本不能有效发挥其截污的作用。通常一体化智能截流井的底座均有防淤积设计，这类特殊设计的底座，只允许少量的污水停留在泵坑，当泵再次启动时，泵坑附近的大流速可以达到自清洁的效果，可防止淤积，减少人工清淤频次。

（4）可防止河水倒灌。传统截流井的一大弊端是不能有效防止河水倒灌，而一体化智能截流井应用了电液动平板闸门。电液动平板闸门由平板闸门、电液推杆、闸板组成，电液推杆驱动闸门上下动作，达到启闭的作用，同时配合位移传感器，可精确控制闸门的开启度。系统带有蓄能器，停电状态下能完成一次自动关闭或打开闸门的动作。闸门双向密封止水，密封效果良好。

（5）使用寿命长。一体化智能截流井井筒采用玻璃钢筒体、计算机控制缠绕一次成型工艺，巴氏硬度可达到 50HBa 以上，轴向抗压强度不小于 120MPa，环向拉伸强度达到 150MPa 以上，轴向拉伸强度超过 30MPa。圆形筒体、一次成型的设计使其可以承受来自土体周围更大的压力，玻璃钢材质也更耐腐蚀，防水、防漏性能表现优异。通常一体化智能截流井的使用寿命可达 50 年[19]。

### 3. 智能截流井的缺点

目前一体化智能截流井没有被广泛应用最主要的原因是其造价较高，虽然节省了大量的土建成本，但其市场售价较高，一台进水管为 DN1500 的一体化截流井售价约为 400 万～500 万元。

## 3.5.5 存在问题及解决措施

（1）没有调蓄池配套，无法实现对污水管网的削峰调蓄，一旦污水管网处于高水位运行，输水能力不足时，可能会形成溢流污染。

（2）后续结合现场实际运行情况，通过在降雨时对合流排口的流量及水质进行统计分析，确定需要截流至污水处理厂的初雨的截流时段、流量以及水质浓度。

（3）设定的初始浓度值后续结合现场运行情况进行调整，保证污水干管的进水浓度和排入河道的水质浓度达到标准。

## 3.5.6 治理成效

### 1. 运行情况

九江老船校 1、2 号排口智能截流井从 2021 年 6 月 1 日运行至 10 月 11 日，运行总体情况如下：

（1）暴雨时，自动行洪，截污的同时保证了城市不内涝。共计自动行洪 9 次，其中 1 号排口自动行洪 4 次，2 号排口自动行洪 5 次。

（2）中后期雨水，COD 浓度偏低时，限流闸门关闭，上清液溢流，底泥被截住，提升了污水处理厂的进厂 COD 浓度。共计上清液溢流 16 次，其中 1 号智能截流井上清液溢流 10 次，2 号智能截流井上清液溢流 6 次。

（3）初雨时，初期雨水截流至污水处理厂。

（4）晴天时，旱流污水全部被截流到污水处理厂。

1 号截流井行洪和溢流时间及状态参数表见表 3-17，2 号截流井行洪和溢流时间及状态参数表见表 3-18。

表3-17 1号截流井行洪和溢流时间及状态参数表

| 序号 | 月份 | 日期 | 时间 | 前1h雨量(mm) | 最高液位(mm) | 闸门状态 | 下开式堰门状态 | 降雨COD(mg/L) | 截污状态 | 备注 |
|---|---|---|---|---|---|---|---|---|---|---|
| 1 | 6月 | 6月5日 | 13:04 | 14 | 1852 | 全关 | 全开 | 23~27 | 降雨液位1852mm，达到警戒值（行洪液位：1500mm），堰门全开进行行洪 | 行洪 |
| 2 | | 6月17日 | 12:00 | 0 | 446 | 全开 | 全关 | 145~171 | 晴天截污模式 | 晴天 |
| 3 | | 6月18日 | 21:36 | 2 | 820 | 全关 | 半开 | 20~62 | 降雨COD为20mg/L（设定值COD：50mg/L），限流闸门关闭，堰门半开，上清液溢流，底泥截住 | 溢流 |
| 4 | | 6月21日 | 1:26 | 1 | 483 | 全开 | 全关 | 68~121 | 降雨COD为68mg/L（设定值COD：50mg/L），限流闸门开启，堰门全关 | COD高于50mg/L未溢流 |
| 5 | | 6月26日 | 0:46 | 19 | 1798 | 全关 | 全开 | 18~65 | 降雨液位1798mm，达到警戒值（行洪液位：1500mm），堰门全开进行行洪 | 行洪 |
| 6 | | 6月27日 | 23:46 | 0 | 449 | 全开 | 全关 | 109~141 | 晴天截污模式 | 晴天 |
| 7 | | 6月28日 | 22:14 | 0 | 466 | 全开 | 全关 | 131~159 | 晴天截污模式 | 晴天 |
| 8 | 7月 | 7月2日 | 18:29 | 6 | 853 | 全关 | 半开 | 27~53 | 降雨COD为36mg/L（设定值COD：50mg/L），限流闸门关闭，堰门半开，上清液溢流，底泥截住 | 溢流 |
| 9 | | 7月3日 | 18:14 | 0 | 499 | 全开 | 全关 | 100~121 | 晴天截污模式 | 晴天 |
| 10 | | 7月4日 | 9:14 | 12 | 824 | 全关 | 半开 | 24~65 | 降雨COD为21mg/L（设定值COD：50mg/L），限流闸门关闭，堰门半开，上清液溢流，底泥截住 | 溢流 |
| 11 | | 7月7日 | 6:59 | 5 | 862 | 全关 | 半开 | 25~58 | 降雨COD为20mg/L（设定值COD：50mg/L），限流闸门关闭，堰门半开，上清液溢流，底泥截住 | 溢流 |

续表

| 序号 | 月份 | 日期 | 时间 | 前1h雨量(mm) | 最高液位(mm) | 闸门状态 | 下开式堰门状态 | 降雨COD(mg/L) | 截污状态 | 备注 |
|---|---|---|---|---|---|---|---|---|---|---|
| 12 | 7月 | 7月7日 | 22:59 | 8 | 1819 | 全关 | 全开 | 25~58 | 降雨液位1819mm，达到警戒值（行洪液位：1500mm），堰门全开进行行洪 | 溢流 |
| 13 | | 7月8日 | 5:29 | 21 | 2421 | 全关 | 全开 | 15~89 | 暴雨液位2421mm，达到警戒值（行洪液位：1500mm），堰门全开进行行洪 | 行洪 |
| 14 | | 7月10日 | 18:14 | 1 | 609 | 全开 | 全关 | 78~129 | 晴天截污模式 | 晴天 |
| 15 | | 7月11日 | 19:58 | 2 | 750 | 全开 | 全关 | 52~83 | 降雨COD为52mg/L（设定值COD：50mg/L），限流闸门开启，堰门全关 | COD高于50mg/L未溢流 |
| 16 | | 7月13日 | 18:14 | 0 | 456 | 全开 | 全关 | 100~113 | 晴天截污模式 | 晴天 |
| 17 | | 7月19日 | 15:31 | 7 | 829 | 全关 | 半开 | 32~65 | 降雨COD为32mg/L（设定值COD：50mg/L），限流闸门关闭，堰门半开，上清液溢流，底泥截住 | 溢流 |
| 18 | 8月 | 8月5日 | 18:14 | 0 | 431 | 全开 | 全关 | 96~100 | 晴天截污模式 | 晴天 |
| 19 | | 8月11日 | 2:06 | 6 | 834 | 全关 | 半开 | 11~75 | 降雨COD为11mg/L（设定值COD：50mg/L），限流闸门关闭，堰门半开，上清液溢流，底泥截住 | 溢流 |
| 20 | | 8月19日 | 11:23 | 7 | 825 | 全关 | 半开 | 6~65 | 降雨COD为6mg/L（设定值COD：50mg/L），限流闸门关闭，堰门半开，上清液溢流，底泥截住 | 溢流 |
| 21 | 9月 | 9月16日 | 15:11 | 15 | 1819 | 全关 | 全开 | 12~66 | 大雨液位1819mm，达到警戒值（行洪液位：1500mm），堰门全开进行行洪 | 行洪 |
| 22 | | 9月17日 | 13:11 | 3 | 865 | 全关 | 半开 | 7~82 | 降雨COD为7mg/L（设定值COD：80mg/L），限流闸门关闭，堰门半开，上清液溢流，底泥截住 | 溢流 |

续表

| 序号 | 月份 | 日期 | 时间 | 前1h雨量(mm) | 最高液位(mm) | 闸门状态 | 下开式堰门状态 | 降雨COD(mg/L) | 截污状态 | 备注 |
|---|---|---|---|---|---|---|---|---|---|---|
| 23 | 9月 | 9月20日 | 15:31 | 4 | 877 | 全关 | 半开 | 20~85 | 降雨COD为20mg/L（设定值COD：80mg/L），限流闸门关闭，堰门半开，上清液溢流，底泥截住 | 溢流 |
| 24 | | 9月24日 | 18:14 | 0 | 444 | 全开 | 全关 | 93~110 | 晴天截污模式 | 晴天 |
| 25 | 10月 | 10月27日 | 11:14 | 0 | 430 | 全开 | 全关 | 173~184 | 晴天截污模式 | 晴天 |
| 26 | | 10月28日 | 14:34 | 0 | 426 | 全开 | 全关 | 171~183 | 晴天截污模式 | 晴天 |
| 27 | 11月 | 11月10日 | 1:24 | 0 | 428 | 全开 | 全关 | 98~211 | 晴天截污模式 | 晴天 |
| 28 | | 10月11日 | 10:24 | 0 | 427 | 全开 | 全关 | 114~224 | 晴天截污模式 | 晴天 |

表3-18　2号截流井行洪和溢流时间及状态参数表

| 序号 | 月份 | 日期 | 时间 | 前1h雨量(mm) | 最高液位(mm) | 闸门状态 | 下开式堰门状态 | 降雨COD(mg/L) | 截污状态 | 备注 |
|---|---|---|---|---|---|---|---|---|---|---|
| 1 | | 6月5日 | 12:59 | 14 | 1746 | 全关 | 全开 | 39~68 | 降雨液位1746mm，达到警戒值（行洪液位1500mm），堰门全开进行行洪 | 行洪 |
| 2 | 6月 | 6月18日 | 21:36 | 6 | 827 | 全关 | 半开 | 41~59 | 降雨COD为41mg/L（设定值COD：50mg/L），限流闸门关闭，堰门半开，上清液溢流，底泥截住 | 溢流 |
| 3 | | 6月20日 | 10:24 | 0 | 558 | 全开 | 全关 | 100~188 | 晴天截污模式 | 晴天 |
| 4 | | 6月21日 | 21:56 | 6 | 811 | 全关 | 全关 | 51~65 | 降雨COD为51mg/L（设定值COD：50mg/L），限流闸门全开，堰门全关 | COD高于50mg/L未溢流 |
| 5 | | 6月26日 | 0:26 | 19 | 1513 | 全关 | 全开 | 29~51 | 降雨液位1513mm，达到警戒值（行洪液位1500mm），堰门全开进行行洪 | 行洪 |
| 6 | | 6月29日 | 10:24 | 0 | 597 | 全开 | 全关 | 172~264 | 晴天截污模式 | 晴天 |

续表

| 序号 | 月份 | 日期 | 时间 | 前 1h 雨量 (mm) | 最高液位 (mm) | 闸门状态 | 下开式堰门状态 | 降雨 COD (mg/L) | 截污状态 | 备注 |
|---|---|---|---|---|---|---|---|---|---|---|
| 7 | 7 月 | 7 月 2 日 | 17:44 | 5 | 1283 | 全开 | 全关 | 54~78 | 降雨 COD 为 54mg/L（设定值 COD：50mg/L），限流闸门全开、堰门全关 | COD 高于 50mg/L 未溢流 |
| 8 | | 7 月 4 日 | 8:54 | 10 | 1142 | 全开 | 全关 | 52~62 | 降雨 COD 为 52mg/L（设定值 COD：50mg/L），限流闸门全开、堰门全关 | COD 高于 50mg/L 未溢流 |
| 9 | | 7 月 7 日 | 6:59 | 6 | 1562 | 全关 | 半开 | 20~65 | 降雨 COD 为 38mg/L（设定值 COD：50mg/L），限流闸门关闭、堰门半开上清液溢流，底泥截住 | 溢流 |
| 10 | | 7 月 7 日 | 22:59 | 6 | 1562 | 全关 | 全开 | 20~65 | 降雨液位 1562mm，达到警戒值（行洪液位 1500mm），堰门全开进行行洪 | 行洪 |
| 11 | | 7 月 8 日 | 5:19 | 21 | 2057 | 全关 | 全开 | 25~67 | 降雨液位 2057mm，达到警戒值（行洪液位 1500mm），堰门全开进行行洪 | 行洪 |
| 12 | | 7 月 9 日 | 20:23 | 0 | 476 | 全开 | 全关 | 126~258 | 晴天截污模式 | 晴天 |
| 13 | | 7 月 11 日 | 19:58 | 2 | 869 | 全开 | 全关 | 68~75 | 降雨 COD 为 68mg/L（设定值 COD：50mg/L），限流闸门全开、堰门全关 | COD 高于 50mg/L 未溢流 |
| 14 | | 7 月 16 日 | 0:23 | 0 | 433 | 全开 | 全关 | 176~238 | 晴天截污模式 | 晴天 |
| 15 | | 7 月 19 日 | 15:36 | 7 | 1203 | 全开 | 全关 | 54~78 | 降雨 COD 为 54mg/L（设定值 COD：50mg/L），限流闸门全开、堰门全关 | COD 高于 50mg/L 未溢流 |

续表

| 序号 | 月份 | 日期 | 时间 | 前1h雨量(mm) | 最高液位(mm) | 闸门状态 | 下开式堰门状态 | 降雨COD(mg/L) | 截污状态 | 备注 |
|---|---|---|---|---|---|---|---|---|---|---|
| 16 | 8月 | 8月11日 | 0:46 | 5 | 839 | 全关 | 半开 | 39~68 | 降雨COD为39mg/L（设定值50mg/L），限流闸门关闭、堰门半开，上清液溢流，底泥截住 | 溢流 |
| 17 |  | 8月19日 | 13:46 | 8 | 1568 | 全关 | 全开 | 42~54 | 降雨液位1568mm，达到警戒值（行洪液位1500mm），堰门全开进行行洪 | 行洪 |
| 18 |  | 8月25日 | 20:22 | 0 | 445 | 全开 | 全关 | 180~221 | 晴天截污模式 | 晴天 |
| 19 |  | 8月26日 | 10:11 | 0 | 497 | 全开 | 全关 | 187~225 | 晴天截污模式 | 晴天 |
| 20 | 9月 | 9月16日 | 15:26 | 12 | 856 | 全关 | 半开 | 42~76 | 降雨COD为42mg/L（设定值80mg/L），限流闸门关闭、堰门半开，上清液溢流，底泥截住 | 溢流 |
| 21 |  | 9月17日 | 13:21 | 6 | 976 | 全关 | 半开 | 66~86 | 降雨COD为66mg/L（设定值80mg/L），限流闸门关闭、堰门半开，上清液溢流，底泥截住 | 溢流 |
| 22 |  | 9月20日 | 15:31 | 2 | 873 | 全开 | 全关 | 80~85 | 降雨COD为80mg/L（设定值80mg/L），限流闸门全开、堰门全关 | COD高于80mg/L未溢流 |
| 23 |  | 9月24日 | 15:21 | 0 | 483 | 全开 | 全关 | 162~194 | 晴天截污模式 | 晴天 |
| 24 | 10月 | 10月21日 | 14:36 | 2 | 1949 | 全开 | 全关 | 65 | 现场讲解人工演示操作 | 人工操作 |
| 25 |  | 10月17日 | 15:21 | 0 | 475 | 全开 | 全关 | 149~176 | 晴天截污模式 | 晴天 |
| 26 |  | 10月28日 | 22:51 | 0 | 489 | 全开 | 全关 | 149~312 | 晴天截污模式 | 晴天 |
| 27 | 11月 | 11月7日 | 22:51 | 0 | 471 | 全开 | 全关 | 87~267 | 晴天截污模式 | 晴天 |
| 28 |  | 11月17日 | 4:11 | 4 | 851 | 全关 | 半开 | 43 | 降雨COD为43mg/L（设定值80mg/L），限流闸门关闭、堰门半开，上清液溢流，底泥截住 | 溢流 |

2. 治理成效

(1) 实现旱天排口污水全收集、零排放。

2020年4月建成至今，未出现一次晴天污水入河现象，通过智能截流井实现了旱天排口污水全收集、零排放。智能截流井运行数据见表3-19。

表3-19　智能截流井运行数据

| 日　期 | 4月6日 | 4月25日 | 5月8日 | 5月20日 |
|---|---|---|---|---|
| 截流井内最高液位（mm） | 605 | 610 | 600 | 602 |
| 改造前溢流情况（固定堰高600mm） | 溢流3m³ | 溢流5m³ | 溢流2m³ | 溢流2m³ |
| 改造后溢流情况（智能截流井） | 不溢流 | 不溢流 | 不溢流 | 不溢流 |

治理前采用传统截流井，晴天用水高峰期易发生污水溢流；治理后采用智能截流井，可消除晴天用水高峰期污水溢流现象，2020年4月6日至5月20日共削减了12m³排污量。老船校1号排口治理前后效果见图3-69。老船校2号排口治理前后效果见图3-70。

（a）治理前　　　　　　　　　　　　（b）治理后

图3-69　老船校1号排口治理前后效果

（a）治理前　　　　　　　　　　　　（b）治理后

图3-70　老船校2号排口治理前后效果

(2) 雨天时，实现初期雨水少溢流，溢流频次降低75%，截污率达到80%。

在改造前，截流井内设置有高度为600mm的固定堰，当截流井内液位高于堰高时即发生溢流现象。通过采用智能截流井，可有效实现初期雨水少溢流，降低溢流频次。智能截流井运行数据见表 3-20。老船校 3 号排口改造前后雨天溢流对比见图 3-71。

表 3-20　智能截流井运行数据

| 日　　期 | 4 月 10 日 | 4 月 18 日 | 5 月 1 日 | 5 月 5 日 | 6 月 5 日 |
|---|---|---|---|---|---|
| 截流井内液位（mm） | 630 | 965 | 590 | 850 | 1746 |
| 改造前溢流情况（固定堰高 600mm） | 溢流 | 溢流 | 不溢流 | 溢流 | 溢流 |
| 改造后溢流情况（智能截流井） | 不溢流 | 不溢流 | 不溢流 | 不溢流 | 溢流 |

（a）改造前　　　　　　　　　　　　　（b）改造后

图 3-71　老船校 3 号排口改造前后雨天溢流对比

智能截流井通过控制堰门开启，在降雨初期实现雨水污染物截流。经统计，使用智能截流井后，污染物截污率可达到 80%。智能截流井运行水质曲线见图 3-72。智能截流井运行数据见表 3-21。

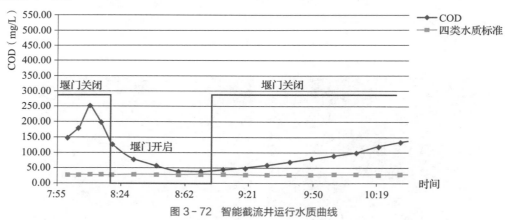

图 3-72　智能截流井运行水质曲线

表 3-21　智能截流井运行数据

| 降雨时间（min） | 5 | 10 | 15 | 20 | 30 | 45 | 60 |
|---|---|---|---|---|---|---|---|
| COD（mg/L） | 160 | 200 | 250 | 190 | 120 | 60 | 50 |
| 降雨量（mm） | 0.2 | 0.5 | 0.8 | 0.7 | 0.8 | 1.2 | 1.0 |
| 状态 | 截流 | 截流 | 截流 | 截流 | 截流 | 溢流 | 溢流 |

（3）中后期雨水排入自然水体，实现紧急泄洪，同时解决了较干净的中后期雨水进入截污管，稀释污水处理厂进水浓度，污水井满溢的问题。

在智能截流井系统中选取 2020 年 6 月 5 日和 7 月 8 日两场降雨的智能截流井运行水质曲线，分析可知在降雨中后期，雨水水质的浓度处于较低状态，中后期时雨水可排入自然水体，实现紧急泄洪。

采用传统截流井截流时（传统截流井工作原理示意图见图 3－73），较干净的中后期雨水仍会进入截污管，智能截流井将根据雨水水质，自动控制液动限流闸门关闭，解决了较干净的中后期雨水进入截污管，稀释污水处理厂进水浓度及雨天污水井满溢的问题（智能截流井工作原理示意图见图 3－74）。以 2020 年 11 月 17 日为例，当天持续小雨，监测到 COD 浓度达到 66mg/L 时，液动限流闸门关闭，避免了中后期雨水排入污水处理厂。

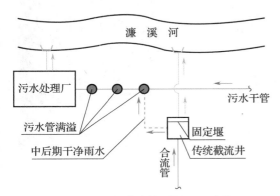

图 3－73　传统截流井工作原理示意图

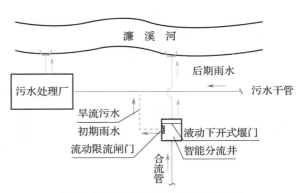

图 3－74　智能截流井工作原理示意图

（4）实现河水不倒灌。

智能截流井除了智能截流污水之外，还具备防止河水倒灌的功能。两河片区河道排口经过智能化改造，未出现一次河水倒灌现象。智能截流井运行示意图见图 3－75。

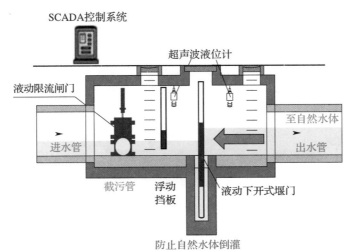

图 3－75　智能截流井运行示意图

（5）实现智慧运维。

SCADA 智慧运维中心 24h 远程运维本项目，实现雨量监测、精准截污调蓄、污水厂配水、在线水位监测、设施设备监控、行洪排涝等统一调度，确保水质达标、水量安全。智慧运维中心数据展示大屏见图 3-76。

智慧运维中心主要功能如下：

①设有智慧排水中心，可对项目进行调度管控，并且 24h 有人值班坚守；可通过软件对截流井内进行远程查看，可实现视角 360°调整；可通过远程按钮实现远程控制，以及远程设备开启和关闭。闸门现场监控视频影像见图 3-77。闸门运行控制系统软件界面见图 3-78。

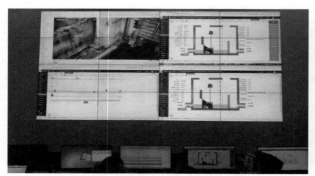

图 3-76　智慧运维中心数据展示大屏

图 3-77　闸门现场监控视频影像

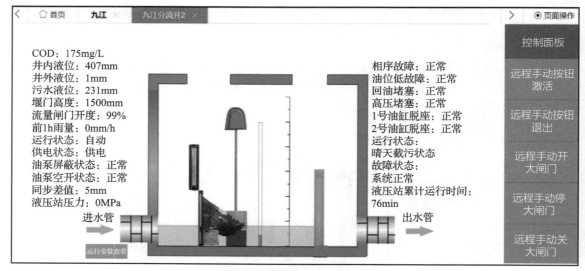

图 3-78　闸门运行控制系统软件界面

②具有数据存储、查询与分析功能，可实现在线数据实时存储和历史数据查询与分析。数据存储、查询功能界面见图 3-79，历史数据曲线分析界面见图 3-80。

③可实现移动终端（手机）监控功能。

④可实现异常报警和手机（公众号）推送功能。

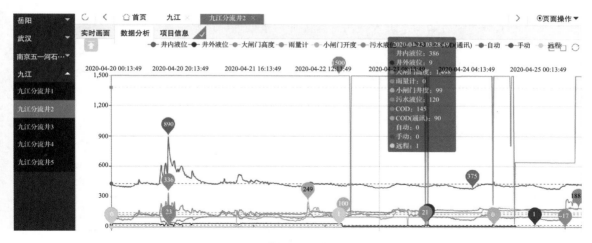

图 3-79　数据存储、查询功能界面

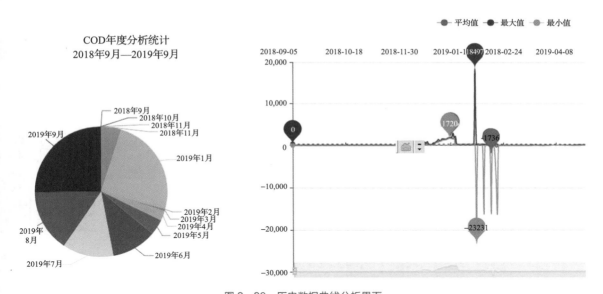

图 3-80　历史数据曲线分析界面

## 3.5.7　总结提炼

针对老船校 1 号、2 号合流排口存在的问题，本工程对截流设施进行了升级改造，应用智能截流井实现了对合流排口的精准截污，同时可以防止自然水体倒灌至截流井及管道内。并且，引入远程控制技术，实现智能截流井远程控制。

老船校 1 号、2 号截流井解决了以下问题：

（1）晴天污水溢流问题，实现了旱天排口污水全收集、零排放。

（2）雨天溢流问题，排口的溢流频次降低了 75%，排口的污染物截污率达到 80%。

（3）河水倒灌的问题。

（4）较干净的中后期雨水进入截污管，稀释污水处理厂进水浓度，污水井满溢的问题。

（5）指挥调度问题。通过 SCADA 智慧运维技术实现雨量监测、精准截污调蓄、污水厂配水、在线水位监测、设施设备监控、行洪排涝等统一调度，确保水质达标、水量安全。

# 3.6 厂站建设运维案例——两河地下厂

## 3.6.1 项目概况

### 3.6.1.1 设计规模及工艺概况

两河地下污水处理厂位于拟拆迁地块（九柴社区）规划绿化处，具体为九柴社区及花园畈南侧、仪表厂西侧，厂区占地面积约为 2.207hm²，设计处理规模为 3.0 万 m³/d。

污水处理工艺采用改良 A²/O 生物处理＋高密沉淀＋深床滤池＋消毒处理，出水水质执行 GB 3838—2002《地表水环境质量标准》Ⅳ类标准（其中，出水 $COD_{Cr}$≤30mg/L、$BOD_5$≤6mg/L、$NH_3$-N≤1.5mg/L、TP≤0.3mg/L），总氮执行指标为≤15mg/L，其余执行 GB 18918—2002《城镇污水处理厂污染物排放标准》中一级 A 标准。污泥处理采用离心机脱水工艺，处理后污泥含水率小于 80%。污水、污泥处理工艺流程图见图 3-81。

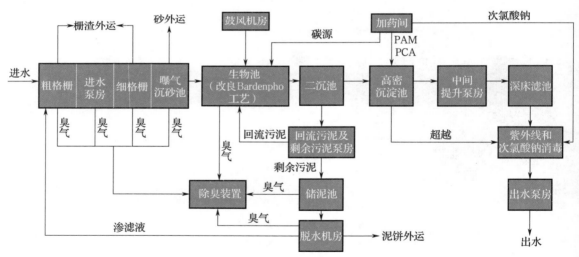

图 3-81 污水、污泥处理工艺流程图

### 3.6.1.2 建设目标

1. 污水进、出水水质

两河地下污水处理厂设计进水水质结合服务范围内区域排水体制确定。本工程处理后出水通过压力管道排放至十里河和濂溪河河道，对河道进行补水，以此改善河流的水动力条件，增强水体污染物的扩散、净化和输出，能够快速改善河道水质，设计出水水质为 GB 3838—2002《地表水环境质量标准》中准Ⅳ类水标准。设计进、出水水质指标见表 3-22。

表 3 - 22　设计进、出水水质指标　　　　　　　　　　　　　　　　单位：mg/L

| 项目 | $COD_{Cr}$ | $BOD_5$ | SS | $NH_3-N$ | TN | TP |
|------|------|------|------|------|------|------|
| 设计进水水质 | ≤250 | ≤120 | ≤200 | ≤30 | ≤35 | ≤3.5 |
| 设计出水水质 | ≤30 | ≤6 | ≤10 | ≤1.5 | ≤10 | ≤0.3 |

### 2. 污泥处理目标

污泥经脱水减量化处理，处理后达到 GB 18918—2002《城镇污水处理厂污染物排放标准》的规定。脱水后的污泥含水率应小于 80%，脱水后的污泥外运后应集中处置。

### 3. 臭气处理目标

按照 GB 3095—2012《环境空气质量标准》，本污水处理厂的环境空气质量功能区属于二类。本工程选址离居民区较近，在正常工况及常规气象条件下，废气排放应完全符合 DB 31/1025—2016《恶臭（异味）污染物排放标准》中的有关要求（见表 3 - 23～表 3 - 26）。

表 3 - 23　恶臭（异味）污染排放控制限值

| 控制项目 | 排气筒高度 H（m） | 其他恶臭污染源 |
|------|------|------|
| 臭气浓度 | $H < 15$ | 800 |
| 恶臭（异味）特征污染物 | $H ≥ 15$ | 表 3 - 24 所列恶臭（异味）特征污染物及排放限值 |

表 3 - 24　恶臭（异味）特征污染物浓度限值

| 序号 | 控制项目 | 最高允许排放浓度（mg/m³） | 最高允许排放速率（kg/h） |
|------|------|------|------|
| 1 | 氨 | 30 | 1 |
| 2 | 硫化氢 | 5 | 0.1 |
| 3 | 甲硫醇 | 0.5 | 0.01 |

注：当恶臭（异味）污染物控制设施去除效率大于或等于 95% 时，等同于满足最高允许排放速率限值要求。

表 3 - 25　周界监控点恶臭（异味）特征污染物浓度限值　　　　　　　单位：mg/m³

| 序号 | 污染物 | 非工业区 |
|------|------|------|
| 1 | 氨 | 0.2 |
| 2 | 硫化氢 | 0.03 |
| 3 | 甲硫醇 | 0.002 |
| 4 | 臭气浓度（无量纲） | 10 |

表 3 - 26　污水厂厂界（防护带边缘）废气排放量最高允许浓度　　　　单位：mg/m³

| 序号 | 控制项目 | 一级标准 |
|------|------|------|
| 1 | 氨 | 1.0 |
| 2 | 硫化氢 | 0.03 |
| 3 | 臭气浓度（无量纲） | 10 |
| 4 | 甲烷（厂区最高体积浓度） | 0.5 |

### 4. 环境保护目标

污水处理厂作为一项市政环保型建设工程，应防止污水处理过程中产生的污泥、废渣和噪声对周围环境造成二次污染。污水处理厂的建设，可提高九江主城的污水处理能力，降低主城现有污水处理厂运行压力，增加污染物去除总量，大幅削减入河污染，尾水兼作河道补水，保护两河流域水环境，改善城市居民人居环境，提高人民健康生活水平。

### 3.6.1.3 服务范围

两河地下污水处理厂服务范围为两河南片区，北至昌九高速、南至莲花大道、西至长江大道、东至前进路，服务面积 10.19km²。该服务范围内的规划人口为 12 万人。

## 3.6.2 深基坑施工

### 3.6.2.1 基坑情况

#### 1. 基坑形式

本工程采用绝对标高系统（国家高程），本节未注明处均为绝对标高。根据勘察报告及地形图，场地设计绝对标高为 30.51～36.91m。本工程基坑形式一览表见表 3－27。

表 3－27　基坑形式一览表　　　　　　　　　　　　　　　　单位：m

| 基坑区域 | | 地面标高 | 底板顶标高 | 板厚 | 垫层 | 开挖深度 | 基坑侧壁安全等级（根据设计图纸要求） |
|---|---|---|---|---|---|---|---|
| 地下水厂两层箱体（133.9m×78.8m） | 西侧 | 35.84～36.91 | 21.25 | 1.2 | 0.15 | 15.25～16.96 | 一级 |
| | 中部 | 31.89～36.64 | 19.60 | | | 13.70～18.25 | |
| | 中部局部落深 | 33.93～34.82 | 19.40 | | | 15.83～16.72 | |
| | 东北侧 | 30.62～31.43 | 20.42 | | | 12.88 | |
| | 东南侧 | 30.51～30.62 | 21.5 | | | 11.80 | |
| 地下箱体车道及下沉式广场 | | 30.51～34.00 | 28.50～30.00 | 0.5 | 0.15 | 0～5.5 | 三级 |
| 管理用房 | | 31.50 | 24.25 | 0.5 | 0.15 | 2～7.25 | 二级 |

地下箱体车道和下沉式广场基坑北侧和西侧有与地下箱体结构连接的车道及下沉式广场，由于开挖深度较浅，采用放坡开挖可满足要求。综合考虑后确定，待地下水厂箱体基坑及主体结构完成后再进行施工车道及下沉式广场基坑施工。

管理用房位于地下水厂箱体的东南侧，且紧邻地下箱体结构，因此，在地下水厂箱体基坑及主体结构完成之后再进行管理用房基坑施工。

综上所述，本工程地下水厂两层箱体基坑自标高 30.8m，开挖深度 11.80～13.9m，基坑开挖面积约 10 385m²，围护周长约 425m；地下箱体车道及下沉式广场基坑开挖深度 0～5.5m，基坑开挖面积约 1785m²；管理用房基坑开挖深度 2～7.25m，基坑开挖面积约 2000m²。

#### 2. 基坑（边坡）支护结构形式

施工时，对于厂内的不同构筑物，在开挖时根据实际情况采取不同的基坑（边坡）支护结构形式。不同基坑（边坡）支护结构形式见表 3－28。

表3-28 不同基坑（边坡）支护结构形式

| 范围 | | 支护形式 | 备注 |
|---|---|---|---|
| 地下水厂两层箱体 | 北、南、西侧 | 土质边坡＋排桩＋锚索＋止水帷幕＋角撑的支护形式 | 土质边坡放坡高度约0～6m，放坡平台宽8m，平台标高为32.0m，基坑开挖深度11.8～13.9m |
| | 东侧 | 排桩＋锚索＋止水帷幕＋角撑的支护形式 | |
| 地下箱体车道及下沉式广场 | | 土质边坡支护形式 | — |
| 管理用房 | | 土质边坡＋排桩＋止水帷幕＋角撑的支护形式 | — |

注：为保证基坑的安全稳定性，本工程涉及的预应力锚索支护系统为永久支护结构。

### 3. 基坑技术参数

（1）对基坑内地下水和基岩裂隙水采用井点降排水处理，地面及坑内应设明排水措施，及时排除雨水及地面流水，不得在坑内挖设排水明沟。井点采用DN500HDPE缠绕增强管，明沟及集水井采用砖砌，尺寸为300mm×300mm×300mm，并每间隔30m设置一个300mm×300mm×500mm的小集水坑，厂区东北侧与东南侧设置两个尺寸为1m×1m×1m的大集水坑，大集水坑内设置雨水净化器。不同基坑技术参数见表3-29。

表3-29 不同基坑技术参数

| 基坑编号 | 单体名称 | 边坡形式 | |
|---|---|---|---|
| | | 结构形式 | 支护形式 |
| 基坑一 | 地下水厂两层箱体 | 西、北、南侧：土质边坡＋排桩＋锚索＋止水帷幕的支护形式；<br>东侧：排桩＋锚索＋止水帷幕的支护形式 | 土质边坡：采用一级放坡，坡比不得大于1：1，放坡平台宽度为8m，坡面设置100mm厚C20护坡面层，内配$\phi6.5@200$双向钢筋，为保证边坡稳定性，边坡设置16m长成孔注浆锚杆，钻孔直径为100mm，钢筋直径为$\phi25mm$，土钉采用梅花形布置，间距为1m；<br>排桩＋锚索＋止水帷幕：排桩为$\phi1000@1200/1250$的灌注桩，入岩大于1m稳定岩层；止水帷幕为$\phi800@500$三重管高压旋喷桩；锚索采用$\phi15.2$的预应力钢绞线，端头采用M15-N锚具 |
| 基坑二 | 地下箱体车道及下沉式广场 | 土质边坡 | 采用一级放坡形式，坡比不得大于1：1.5，中间平台宽度为2.0m，坡面设置100mm厚C20护坡面层，内配$\phi6.5@200$双向钢筋 |
| 基坑三 | 管理用房 | 西侧、西南侧：土质边坡；<br>东侧、东南侧：排桩＋止水帷幕支护形式 | 土质边坡：采用一级放坡，坡比不得大于1：1.5，中间平台宽度为2.0m，坡面设置100mm厚C20护坡面层，内配$\phi6.5@200$双向钢筋；<br>排桩＋止水帷幕：排桩为$\phi800@1000$的灌注桩，桩长为13m。止水帷幕为$\phi800@500$三重管高压旋喷桩 |

（2）基坑基底的深度及支护平面布置根据建设单位提供的设计资料进行设置，若设计资料变化（如基础轮廓外扩，则基坑支护体系相应外扩），应及时通知设计单位并予以修改。土方开挖控制标高严格按照结构设计标高确定。

（3）根据地勘资料（桩基持力层为中风化），为保证满足整体承载力要求，需对入岩后的下卧层溶洞采用块石、水泥或 C20 素混凝土进行填筑。

#### 3.6.2.2 工艺流程

**1. 土质边坡支护**

土质边坡支护工艺流程为：测量放线→泥浆配置及处理→钻孔→钢筋笼制作与安装→水下混凝土浇筑→高压旋转桩止水→土石方开挖→冠梁施工→锚索及腰梁施工→检查验收。

**2. 围护结构施工**

围护结构施工工艺流程为：测量放线→场地硬化→泥浆制备及调整→成孔施工→钢筋笼制作与安装→水下混凝土浇筑→止水帷幕施工→土石方开挖→锚索设置→检查验收。

#### 3.6.2.3 施工方法

**1. 测量方案**

**1）施工测量总体思路**

（1）平面控制网分总控制网和轴线控制网两级测设。总控制网以建设单位提供的控制（网）点为基准，采用导线测量方法进行测设。轴线控制网依据总控制网采用直角坐标法和极坐标法进行测设。

（2）高程控制以建设单位提供的水准基准点为依据，使用精密水准仪按国家二级水准测量构成附合水准路线，作为结构、基坑监测、装饰装修、安装工程施工和建筑物沉降观测的测量依据。

**2）测量的实施**

（1）测量控制基准点交接。

测量工作实施前与建设单位及监理单位进行基准控制网书面和现场交接，并对基准控制网进行复测，将复测成果报建设单位和监理审核。

（2）校核。

根据复测的成果，对现场各测点用全站仪测回法进行校核。然后，进行基准控制点的埋石工作，并设置醒目的围护栏杆进行保护，围护栏杆高 1.5m，边长 2m，防止施工机具车辆碰压。在施工过程中，每十天对基准控制点进行一次校准。基准控制点埋设及保护示意图见图 3-82。

**3）平面总控制网的建立**

（1）平面控制网布设原则。

①平面控制先从整体考虑，遵循先整体后局部、高精度控制低精度的原则[20]。

②轴线控制网的布设根据设计总平面图、现场施工平面布置图等进行。

③控制点选在通视条件良好、安全、易保护的地方。

（2）平面控制网精度指标。

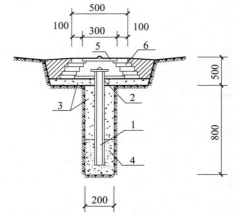

图 3-82 基准控制点埋设及保护示意图（单位：mm）
1—钢轨或钢管；2—油毡；3—粗砂或矿渣；
4—混凝土；5—红砖；6—保护层

平面控制网的精度应符合一级平面控制网的精度技术指标，测角中误差不大于 5″，边长相对中误差不大于 1/25000。

（3）平面控制网的布置与测设。

①坐标转换。为方便施工测量，要将建筑物城市坐标系转换成建筑坐标系。首先以 $O$ 点为坐标原点，长轴为北方向（$X$ 方向），短轴为东方向（$Y$ 轴方向）建立建筑坐标系，然后通过平移、旋转关系将城市坐标系转换为建筑坐标系[20]。

②建筑物主轴线测设。

a．初测。首先根据轴线定位图，确定主轴线的位置、点位坐标，并在距轴线 1m 处设置主轴线控制点，根据建设单位提供控制点点位坐标及主轴线点位坐标进行坐标反算，采用全站仪通过极坐标法在现场桩定各主轴线点，然后进行埋石工作。

b．精测。等埋石稳定后，开始主轴线的精测工作。全站仪架设于主轴线控制点，精确测定主轴线的正交角，然后进行角度归化改正，重复以上步骤直至角度误差小于 2″。

c．二级控制网的建立。在首级控制网的基础上进行加密，测设各圆心点及轴线。建筑物所需要的轴线控制桩，经复核无误后作为建筑物平面控制网，并定期进行复核。结合本工程错综复杂的轴线布置，拟采用平面坐标系与极坐标系相结合的方式进行测设。

4）高程控制网的建立

高程控制网的建立原则如下：

（1）高程控制网的建立是根据建设单位提供的水准基点高程，采用国家二级水准测量附合水准路线，联测场区平面总控制网控制点，以此作为保证施工竖向精度控制的首要条件。

（2）场区内主轴线定位点亦作为基准水准点，在进行地上部分施工时，将基准水准点用全站仪设置在每层的柱子上，用红色油漆标注标高。

### 2．降排水工程

根据地勘及设计要求，在基坑内布置 43 口管井，井深 23m，开孔 800mm，滤管采用 DN500HDPE 缠绕增强管，开 10mm 间距 150mm 梅花孔，外包尼龙网（100 目）五层，钢丝网二层，外缠 20 号镀锌铁丝，间距 100mm，降水深度控制在坑底以下 0.5～1m。在基坑周边采用明沟及集水井作为地表水排水系统，排水沟尺寸为 300mm×300mm×300mm，坡度为 0.5%～1%，并每间隔 30m 设置一个 300mm×300mm×500mm 的小集水坑，厂区东北侧与西南侧设置两个尺寸为 1m×1m×1m 的大集水井，排水和集水井采用砖砌水泥砂浆抹面。坑内积水及时用离心泵抽出基坑，达到基坑内排水沟与整个场地排水系统相结合的目的。

在基坑周边距基坑 3m 处布置一圈排水沟。排水沟深 40cm，宽度 30cm，在排水沟上每隔 30m 留一个 300mm×300mm×500mm 的集水井。排水沟底按 0.5%～1% 坡度向集水井找坡。排水沟采用砖砌水泥砂浆抹面。管井所抽地下水直接排入排水沟，从指定位置排出现场。

开挖前两周开始进行降排水，土方开挖前坑内水位应控制在开挖面以下 1.0m 处。

降排水主要施工工艺流程为：管井定位→成孔→安装管井→洗井→抽水→井管封闭。各工序控制要点如下：

1）管井定位

根据轴线控制点，用经纬仪定位，其位置要避开基础梁、柱、墙。

2）成孔

钻机就位后要保持平整稳固，确保在施工工程中不发生倾斜移动，孔率应小于 1%。

3）安装管井

管道采用 HDPE 缠绕增强管，连接要采取有效措施，使其紧密牢固，防止井管错位，造成漏泥。井管安装完成后，向孔内填 1m 厚碎石滤料。上部井壁与土壁间用 1～3.15cm 石英砂填充。

4）洗井

成井后，借助空压机清除孔内泥浆，至井内完全出清水止，再用污水泵反复进行恢复性抽洗，抽洗次数不得少于 6 次。洗井应在成井 4h 内进行，以免时间过长，护壁泥皮逐渐老化难以破坏，影响渗水效果。

5）抽水

抽水前应进行静止水位的观测，抽水初期每天观测 2 次以上，水位稳定后应每天观测 1 次，水位观测精度±2cm，并绘制地下水水位降深曲线。开始抽水时，因出水量大，为防止排水管网排水能力不足，可有间隔地逐一启动水泵。如出砂量过大，可将水泵上提，之后如出砂量仍较大，应重新洗井或停泵补井。

6）井管封闭

基槽外降水井在降水施工结束后直接采用 C20 混凝土做回填处理。基槽内降水井在降水施工结束后根据设计结构图纸要求进行处理。

### 3. 土质边坡支护

本工程土质边坡支护采用 1：0.5～1：1.5 放坡＋挂网喷锚支护方式。喷射混凝土采用干喷法，喷射厚度为 100mm 的 C20 早强混凝土，钢筋网采用 $\phi$6.5@600mm，注浆锚杆采用 $\phi$25@1000mm，呈梅花状布置，长度 16m，钻孔直径为 100mm。

支护施工主要工艺流程为：坡面修整→喷射底层混凝土→锚杆施工→现场试验→泄水孔设置→挂网施工→复喷面层混凝土。各工序控制要点如下：

1）坡面修整

土质边坡要按设计要求 1：0.5～1：1.5 放坡开挖，开挖应先浅后深，严格分层分段开挖，每层超挖深度不得大于 0.3m，每层开挖不可超过设计深度，在完成上一层作业面喷射混凝土以前，不得进行下一层深度的开挖，确保施工过程中边坡稳定。开挖时尽量保持边坡壁面的平整，挖出的土必须及时运走，不得堆放在基坑附近。

通过现场测量结合施工图纸，计划每次开挖深度控制为 2m，开挖长度控制在 20m。

清除松石、土块，并对坑凹处进行嵌补，对凸起处进行剔凿，以确保坡面平整。

2）喷射底层混凝土

每步开挖后应尽快做好面层，即对修整后的土壁立即喷上一层 40mm 混凝土，尽量缩短边壁土体的裸露时间。

3）锚杆施工

（1）钻孔。

钻孔施工注意事项如下：

①选用 $\phi$100mm 钻头，钻孔点有明显标志，开孔的位置在任何方向的偏差应小于 10mm。

②锚杆孔的孔轴方向满足施工图纸要求，未作规定时，其系统锚杆的孔轴方向应垂直于开挖面；局部加固锚杆的孔轴方向应与可能滑动面的倾向相反并与可能滑动面的倾向成 45°交角，钻孔方位偏差不大于±3°，锚孔深度必须达到设计要求，孔深偏差不大于 50mm。

③砂浆锚杆的钻孔孔径应不小于 $\phi100$mm。

④钻孔完成后用高压风、水联合清理，将孔内的松散岩粉粒和积水清除干净。如果不需要立即插入锚杆，孔口应加盖或堵塞予以适当保护。

⑤钻孔结束对每一钻孔的孔径、孔向、孔深及孔底清洁度进行认真检查记录。

（2）锚杆的安装及注浆。

根据现场锚杆长度和孔向确定是否设置回浆管，当锚杆长度为 8m，孔向上倾超过 $10°$ 时，不需设置进回浆管；锚杆长度达 9m 以上必须设置进回浆管。锚杆安装及注浆施工注意事项如下：

①锚杆安装后立即进行注浆。

②封闭灌注的锚杆，孔内管路要通畅，孔口要堵塞牢靠，并从注浆管注浆直到孔口冒浆为止。

③灌浆过程中，若发现有浆液从锚杆口流出应堵填，以免继续流浆。

④浆液一经拌和应尽快使用，拌和后超过 1h 仍未使用的浆液应予以废弃。

⑤无论何种原因发生灌浆中断，应取出锚杆，将原孔灌实后，在旁边钻孔打注浆锚杆。

⑥注浆完毕后，在浆液中凝前不得敲击、碰撞或施加任何其他荷载。

4）现场试验

锚杆在施工前，主要进行以下锚杆试验工作：

（1）选择 2～3 组满足设计要求的砂浆配合比并编写试验大纲，经审批后进行生产性试验。

（2）进行注浆密实度试验。选取与现场锚杆的直径和长度、锚孔孔径和倾斜度相同的锚杆和塑料管，采用与现场注浆相同的材料和配比拌制的水泥浆或水泥砂浆，按与现场施工相同的注浆工艺进行注浆，养护 7 天后剖管检查其密实度。不同类型和不同长度的锚杆均需进行试验。试验计划需报送监理人审批，并按批准的计划进行试验，试验过程中监理人旁站。试验段注浆密实度不应小于 $90\%$。

5）泄水孔设置

泄水孔为仰斜式排水孔，采用长度为 0.8m 的 DN100PVC 管制作，外倾坡度为 $5\%$，间距纵横 2m 设置，并按梅花形布置。泄水管插入坡面 0.7m，露出坡面 0.1m，插入坡面部分的泄水管用 40 目尼龙纱网包裹两层。泄水孔排出的水引入排水沟，最下一排的出水口高于地面 300mm。

6）挂网施工

先将 $\phi6.5$ 钢筋进行调直，并按边坡长度下料，在距离坡顶地面 1m 处预打定位锚固筋，用 $\phi6.5$ 直筋连接定位筋，再挂直筋，后绑扎横筋，钢筋网的间距为 200mm×200mm，交叉点均应进行绑扎。采用 2 根 $\phi20$ 钢筋作为加强筋，纵横双向焊接将锚杆连接起来。

7）复喷面层混凝土

喷射混凝土为 C25 早强混凝土，混凝土面层厚 40～50mm，喷射混凝土水灰比为 0.40～0.45，砂率为 $45\%$～$50\%$，水泥与砂石重量比为 1：4～1：4.5。喷射混凝土内掺早强剂，喷射混凝土所用水泥为 P.S.A42.5 水泥，喷射混凝土内粗骨料最大料径不宜超过 15mm。

为保证喷射混凝土厚度均匀，并达到设计值，可在边壁上隔 10m 打入垂直短钢筋段作为厚度标志。喷射混凝土的射距宜保持在 0.8～1.5m 范围内，并使射流垂直于壁面。

4. 灌注桩工程

本工程灌注桩采用泥浆护壁旋挖钻＋冲击钻成孔工艺，围护桩共计 358 根，桩间距为 1.2～1.25m，根据现场情况在现有地面 31.0～32.0m 高程处跳打施工，且桩基施工前先浇筑 100mm 厚、两侧各 1000mm 宽的定位 C25 混凝土。桩孔内浇灌混凝土须采用水下灌注法，混凝土强度等级为 C35 水下混凝土，水下灌注应连续进行，不得中断。

主要工艺流程为：测量放线→泥浆配置与处理→钻孔→检孔→终孔与清孔→钢筋笼制作与安装→混凝土灌注→凿除桩头。各工序控制要点如下：

1）测量放线

钻孔桩施工前先平整场地，测量放样，人工挖孔埋设钢护筒，然后进行钻孔桩施工。钢护筒采用厚度为 6mm 的钢板卷制而成，护筒直径比设计桩径大 20～30cm，钢护筒长不小于 2.0m。

2）泥浆配置与处理

泥浆制备采用膨润土。泥浆的性能与指标必须符合下述要求：

入孔泥浆比重控制在 1.05～1.08kg/cm³ 为宜，黏度为 18～22s，含砂率小于 1％，胶体率大于 95％，pH 酸碱度大于 7。泥浆充分拌制均匀。设立大的泥浆池，架设泥浆分离设备，及时处理泥浆。对于施工过程中废弃的泥浆，由运浆车予以弃运。

拌制泥浆根据施工机械、工艺及穿越土层进行配合设计，泥浆性能指标及检验方法见表 3-30。在施工场地设造浆池，施工前 12h 采用纯碱配合膨润土进行造浆、发酵，每台钻机的泥浆储备量不少于单桩体积。施工中配备泥浆净化设备，以净化灌注过程中回收的泥浆，确保后续成孔施工顺利进行。

表 3-30　泥浆性能指标及检验方法

| 项目 | 黏土层性能指标 | 砂土、石层性能指标 | 风化岩性能指标 | 检验方法 |
|---|---|---|---|---|
| 比重 | 1.1～1.3 | 1.3～1.5 | 1.2～1.4 | 泥浆比重计法 |
| 黏度 | 18～22s | 18～22s | 18～22s | 500～700ml 漏斗法 |
| 含砂率 | 4％～8％ | 4％～8％ | 4％～8％ | 含砂率计法 |
| 胶体率 | ＞90％ | ＞90％ | ＞90％ | 量杯法 |
| pH 值酸碱度 | 7～9 | 7～9 | 7～9 | pH 试纸法 |

泥浆护壁要符合下列规定：

（1）施工期间护筒内的泥浆面高出地下水位 1.0m 以上，在受水位涨落影响时，泥浆面高出最高水位 1.5m 以上。

（2）在清孔过程中，不断置换泥浆，直至浇筑水下混凝土。

（3）在容易产生泥浆渗漏的土层中维持孔壁稳定。

（4）废弃的泥浆应按九江市环境保护的有关规定进行外运处理。泥浆运输采用全封闭的罐式运输车，运输车在罐顶和底部设置进浆口和排浆口。泥浆通过泥浆泵打入罐车，装满后及时封闭进浆口，将泥浆运输至指定弃浆的地点，杜绝泥浆运输过程中的污染。

3）钻孔

根据规范要求，对灌注桩进行钻孔时需要跳打，跳打间距要大于 2 倍桩径，且相邻孔位间钻孔时间间隔要求大于 36h。根据现场实际情况，拟定每隔 36h 钻机返回到 36h 前插打的相邻桩位，将跳打剩余的桩位打完。钻进过程根据地质情况采用旋挖或冲孔钻进，对于较硬岩层、漂石层及旋挖无法成孔区域采用冲孔桩进行钻进。

（1）旋挖钻进。

①将钻头慢慢下落到地表高程时，通过电脑复位按钮将深度显示仪调整为零，以便钻进过程中跟踪钻孔深度。然后将钻头放入护筒（护壁）内，正向旋转开始钻进。

②钻机开钻前，先启动泥浆泵，使之空转一段时间，待泥浆面低于护筒顶面 0.3m 后再正式钻进。开始钻进时，采用低速钻进措施，待钻至护筒下 1m 后，再以正常速度钻进。

③当钻斗提出孔外移至机侧以后，继续缓慢上提钻斗，利用动力头下的挡板将钻斗上的顶压板的顶压杆下压，通过与顶压杆相连的连接杆件将钻斗的底盖打开卸落钻渣，钻渣卸落完后，再将钻斗下落至地面，正旋关底盖复位。

④施工过程中通过钻机本身的三向垂直控制系统反复检查成孔的垂直度，确保成孔质量。

⑤钻孔作业必须连续进行，不得中断。因故必须停止钻进，孔口必须加盖防护，并且必须把钻头提出孔口，以防塌孔埋钻。

⑥钻孔的钻进速度及泥浆稠度根据土层情况分别确定。采用钻孔灌注桩施工工艺，护筒底部 1.5m 高度以上采用干钻法，其余采用泥浆护壁成孔。干钻钻进速度一般为 15m/h（经验值）。泥浆护壁成孔时，当通过砂、沙砾和含砂量较大的卵石层时，采用 7～12r/min 的低速钻进速度，并加大泥浆稠度，反复空钻使孔壁坚实。当通过含砂低液限黏土等黏土层时，因土层本身可造浆，应降低输入的泥浆稠度，并低速钻进，防止卡钻、埋钻。当采用湿钻时钻进速度不宜过大，防止卡钻、冲坏孔壁或使孔壁不圆。因其他原因停机后再次开钻时，应先低速钻进，逐渐达到正常钻速，以免卡钻。

⑦在钻孔过程中，根据地质资料不同情况，选择合适的钻头、钻速和泥浆指标等参数，在土层变化处捞取渣样，以判别土层，并记录表中，与设计地质资料核对。若发现实际岩层与设计有较大出入，应及时通知监理、设计单位，由设计单位作出变更设计。

⑧在钻进过程中，随时补充损耗、漏失的泥浆，保证钻孔中的泥浆比重和泥浆面高度，并定时检测、记录泥浆比重和钻孔深度，防止发生坍孔、缩孔、超钻等现象。当钻孔达到设计标高时，对孔深、孔径、沉渣厚度等进行检查，填写好隐蔽工程检查记录，经现场监理工程师签认后，立即进行清孔，以免间隔时间长，造成坍孔或钻渣沉淀超标。

（2）冲击钻进。

冲击钻进在旋挖至漂石层和岩层时采用，开始时冲孔钻应低锤密击，锤高 0.4～0.6m，并及时加片石防止偏锤，使孔壁挤压密实，直至平稳后，才可加快速度，将锤提高至 2～3.5m 转入正常冲击。冲孔时应及时将孔内残渣排出，每冲击 1～2m，应排渣一次，并定时补浆，直至设计深度。每冲击 2m 检查一次成孔的垂直度，如发生斜孔、塌孔或护筒周围冒浆，应停机。根据设计要求采取回填块石＋水泥、素混凝土灌注等措施后再进行施工。

冲击至岩面时，加大冲程，勤清渣。每钻进 100～200mm 要取一次岩样，并妥善保存，以便终孔时验证。冲击过程中，为防止跑架，应随时校核钢丝绳是否对准桩位中心，发生偏差应立即纠正。成孔后，应用测绳下挂 0.5kg 重物测量检查孔深，经核对无误以及监理工程师终孔验收后方可进行下一道工序。

钻进过程中应注意以下几点：

①开始钻进时，进尺应适当控制，在护筒附近，应缓慢钻进，使钻筒或刃脚处有坚固的泥皮护壁。待钻进深度超过钻头全高加正常冲程后可按土质以正常速度钻进。在护筒外侧土质松软发现漏浆时，可提起钻筒或钻锥，向孔中倒入黏土，再加钻，使胶泥挤入孔壁堵住漏浆孔隙，稳固住泥浆继续钻进[21]。

②在钻进过程中，应随时补充损耗、漏失的泥浆，保证钻孔中的泥浆比重和泥浆面高度，并定时检测、记录泥浆比重和钻孔深度，防止发生坍孔、缩孔、超钻等现象。应按泥浆检查规定，按时检查泥浆指标，并根据地质情况变化增加检查次数，适当调整泥浆指标。

③每钻进 2m 或在地层变化处，应捞取泥浆槽中的钻渣样品保存于渣样盒中，并查明钻渣土类且记录，同时应及时排除钻渣并置换泥浆，以使钻锥钻进新鲜地层。同时注意土层的变化，在岩、土层变化处均应捞取渣样，判明土层并记入记录表中以便与地质剖面图核对。取样的同时详细填写工程地质核查表。钻进时，现场技术人员应核对实际地质情况与设计地质情况，如与设计不相符，应及时向设计单位反映。

④钻进过程中，应随时对孔位中心进行复查，发现偏位时，应及时分析原因进行纠偏。

⑤钻孔产生废浆及弃土时应及时清理外运。

⑥当钻孔达到设计标高时，应对孔深、孔径、沉渣厚度等进行检查，填写好隐蔽工程检查记录，经现场监理工程师签认后，立即进行清孔，以免间隔时间长，造成坍孔或钻渣沉淀超标。

4）检孔

钻进中应用检孔器检孔。检孔器用钢筋笼做成，其外径等于设计孔径，长度约为孔径的 5 倍。每钻进 5m 左右或者通过易缩孔土层以及更换钻锥前都应进行检孔，当检孔器不能沉到原来钻达的深度，或者拉紧时的钢丝绳偏离了护筒中心，应考虑可能发生了斜孔、弯孔或者缩孔等情况，如不严重时，可调整钻机位置继续钻孔，不得用钻锥修孔，以防卡钻。

5）终孔与清孔

钻孔到设计标高，并达到设计要求嵌岩深度后，停止进尺，稍提冲击锤以小冲程（约 50~100cm）反复冲击挠动桩底沉渣，采用泥浆净化器和泥浆泵反循环置浆法清孔，直至沉渣厚度、泥浆比重和含砂率符合规范要求为止。钢筋笼安装后还应进行二次清孔，直至孔底沉渣厚度小于 3cm 的要求，此时应注意及时补充泥浆，保持稳定的水头高度，孔内水位保持在地下水位或地表水位以上 1.5~2m，以防止钻孔的任何坍陷。清孔后泥浆比重一般控制在 1.10~1.20，含砂率小于 4%，粘度控制在 17~20Pa·s。

6）钢筋笼制作与安装

（1）钢筋笼制作。

根据设计图纸，钢筋笼的制作采用加强箍成型法。计算主筋分布段长度、加劲箍用料长度，将所需钢筋用切断机成批切好备用。根据图纸要求，主筋采用搭接焊连接，螺旋筋箍和加强筋箍与主筋之间必须点焊。除加强箍外，因钢筋规格尺寸不尽相同，注意分别摆放，防止错用。

在钢筋圈制作台上制作加强箍并按要求焊接合格后，设于主筋内侧，制作时按设计位置（每 1.5m 一根）在加强箍上标明主筋位置，主筋上标明加强箍位置。焊接时，以加强箍上的任一筋标记对准主筋中部的加强箍标记，扶正加强箍，并校正加强箍与主筋垂直后，滚动骨架，将其余主筋逐根按上法焊好，然后在模具支架上套入用盘筋机已盘好的螺旋筋并绑扎牢固。

钢筋笼制作质量控制应符合图纸设计和 GB 50202—2018《建筑地基基础工程施工质量验收标准》要求，钢筋笼制作允许偏差见表 3-31。

表 3-31　钢筋笼制作允许偏差

| 项次 | 项目 | 允许偏差 |
| --- | --- | --- |
| 1 | 主筋间距 | ±20mm |
| 2 | 箍筋间距 | ±20mm |
| 3 | 钢筋笼直径 | ±10mm |
| 4 | 钢筋笼倾斜度 | ±0.5% |
| 5 | 钢筋笼安装深度 | ±100mm |
| 6 | 长度 | ±100mm |

钢筋笼外侧设置控制保护层厚度的垫块（混凝土保护层厚度为 50mm），其间距竖向为 2m，横向圆周不得小于 4 处，顶端应设置吊环。钢筋笼分段在井口采用单面搭接焊，主筋焊接长度不小于 10d（d 为钢筋直径）。焊接接头长度区段是指长度为钢筋直径的 35 倍的长度范围内，但不得小于 50cm，同一根钢筋不得有两个接头；在该区段内受力钢筋接头不得超过主筋的 50%。钢筋笼必须严格按设计图纸制作，焊缝要平整、光滑、密实、无气泡、无包碴，焊缝处两根钢筋中心位于同一轴线上。在钢筋笼每根主筋上口用胶带绑扎长度为 80cm、直径为 35mm 的 PVC 管，用以保证破除桩头时钢筋与桩头完全分离。

钢筋笼制作时应预埋钢牛腿锚板，锚板通过 6 根长度为 30cm 的 HRB400 钢筋及直径为 25mm 的穿孔塞焊固定，钢筋固定在钢筋笼正确位置上。

（2）钢筋笼（套管）安装。

根据设计及地勘情况，需采用套管浇筑混凝土。采用 HDPE 波纹管作为套管材料，套管管径同桩径，套管与钢筋笼同步下放至孔底，套管采用热熔套连接。钢筋笼（套管）安装主要过程如下：

①根据设计情况，单个钢筋笼总重约 4t，根据汽车吊起重半径与角度计算，施工中选用 25t 汽车吊即可满足要求。

②利用吊机将钢筋笼与套管分段吊装到孔内，为保证各节钢筋笼连接，采用 $\phi$16mm 卡位筋对套管进行卡位，保障钢筋笼上下焊接长度。当钢筋笼上口到达护筒口上方时，用型钢扁担将钢筋笼搁置在护筒上。由于钢筋笼较长，为了防止起吊和运输时钢筋笼变形，运输、起吊前在钢筋笼的每道加强箍处设置三角形加强筋，安装钢筋笼时再拆除。

起吊钢筋笼采用 25t 汽车吊两点吊法，起吊点设在钢筋笼箍筋与主筋连接处，第一吊点设在骨架的下部，第二吊点设在骨架长度的中点到上端 2/3 点之间。起吊时，先提第一吊点，使骨架稍提起，再与第二吊点同时起吊。随着第二吊点不断上升，慢慢放松第一吊点，直到骨架与地面或平台垂直，停止第二吊点起吊。将下一节钢筋笼吊至孔口上方高出 1m 左右的位置，然后吊起上节钢筋笼，主筋对准后进行焊接或直螺纹连接，再缠绕箍筋，最后将钢筋笼整体放入孔内。为保证孔底沉渣满足设计要求，应减少对接时间。钢筋笼试吊、提升示意图见图 3-83。

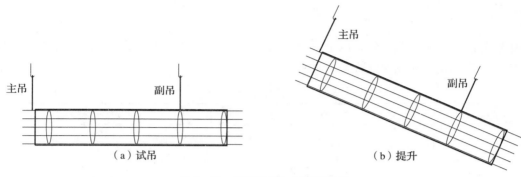

图 3-83　钢筋笼试吊、提升示意图

③吊放钢筋笼入孔时应对准孔位，保持垂直，轻放、慢放入孔。若遇阻碍应停止下放，查明原因进行处理。严禁高提猛落和强制下入。

④下放钢筋笼前，技术人员现场测量护筒标高准确计算吊筋长度，以控制钢筋笼的桩顶标高及钢筋笼上浮等问题。

⑤起吊前准备好各项工作，指挥吊机转移到起吊位置，司索工在钢筋笼上安装钢丝绳和卡环，挂上 25t 汽车吊主吊钩及副吊钩。

⑥检查吊机钢丝绳的安装情况及受力重心后，开始同时平吊。

⑦在指挥员哨子的指挥下，主、副钩同时缓缓起吊，将钢筋笼平吊起离地面约 0.5m，将钢筋笼悬空静止 5min，以检验焊接质量。同时由安全员再次检查吊环、吊点处与卸扣、钢丝绳的连接是否完好，钢筋笼是否存在变形过大的问题。对于有晃动的钢筋笼，必须拴拉绳来控制其稳定性。

同时应检查钢筋笼起吊是否平稳，检查合格后主钩和副钩同时缓慢起吊，保证钢筋笼平稳提升，不因偏重发生侧移。吊机旋转要缓慢平稳，时刻观察钢筋笼的转动情况，并用拴拉绳控制转动。

⑧钢筋笼吊起后，主钩慢慢起钩提升，副钩配合，保持钢筋笼距地面距离，使钢筋笼平行于地面。平吊至指定位置后，主钩提升，副钩下降，最终使钢筋笼垂直于地面。

⑨在钢筋笼入孔前，先清除钢筋笼上的泥土和杂物，修复变形或移动的箍筋，重焊或绑扎已开焊的焊点。指挥吊机吊笼入孔、定位，吊机旋转应平稳，在钢筋笼上拉牵引绳。下放时若遇到钢筋笼卡孔的情况，应先吊出钢筋笼，检查孔位情况后再进行吊放，不得强行入孔。

⑩当钢筋笼下到副钩吊点时，暂停放下，拆下吊点处的钢丝绳、卸扣，然后司索工远离吊装范围。钢筋笼回直、入孔示意图见图 3-84。

⑪钢筋笼继续往下插入，到主钩吊点时暂停放下并且插入槽钢，把钢筋笼固定在护筒顶，然后拆下主钩吊点的钢丝绳、卸扣。

⑫用水准仪测量此时护筒顶标高，根据钢筋笼顶标高，算出吊筋长度，采用 $\phi 20mm$ 的圆钢作为吊筋双面焊接在钢筋笼主筋处，焊接长度不小于 $5d$。钢筋笼吊装时吊点设置在第一层加紧箍与主筋交接处，吊装的钢丝绳采用保险锁扣，将钢筋笼主筋与加紧箍十字扣锁，在钢筋笼的顶吊圈内插两根平行的槽钢，槽钢横放在枕木上，将整个笼体吊挂于护筒顶端两侧的方木上，确保钢筋笼位置、高度准确。钢筋笼与套管连接图见图 3-85。

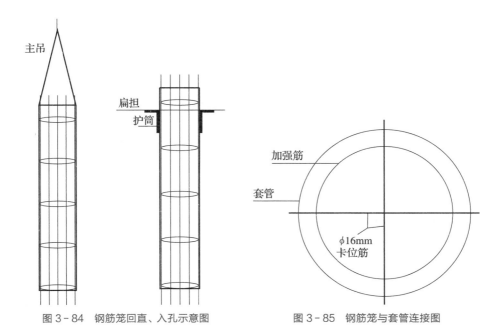

图 3-84 钢筋笼回直、入孔示意图　　　　图 3-85 钢筋笼与套管连接图

下笼时由人工辅助对准孔位，保持垂直，轻放、慢放，避免碰撞孔壁，严禁高提猛放和强制下入。吊放钢筋笼过程中，必须始终保持钢筋笼轴线与桩轴线吻合，并保证桩顶标高符合设计要求。钢筋笼最上端定位，由测定的孔口标高来计算定位筋的长度，复核无误后焊接定位。

灌筑完的混凝土初凝时，割断定位骨架竖向筋，使钢筋笼不影响混凝土的收缩。避免钢筋混凝土的粘结力受损失。

7）混凝土灌注

（1）成孔和清空质量检验合格后，开始下放灌注导管，进行灌注施工。

（2）本灌注工艺采用自由塞隔水（即充气球胆），充气球胆直径能自由通过导管即可。导管下入长度和实际孔深必须严格做丈量，使导管与底口的距离保持在 0.3~0.5m。导管下入必须居中。

（3）灌注混凝土时，首浇混凝土必须保证管口悬空 0.4~0.5m，埋管深度不小于 1.5m。在实际操作中，放入锥塞，当混凝土灌满漏斗时，立即拔起塞子，同时继续向漏斗补加混凝土，使混凝土连续浇筑。在完成首浇后，灌注混凝土要连续从漏斗口边侧滑入导管内，不可一次放满，以避免产生气囊。

（4）拔管前要准确测量混凝土灌注深度，并计算导管埋深后方可拔管。导管埋深不得大于 6m，也不得小于 2m。

（5）为确保桩顶质量及桩长，应在桩顶设计标高以上留有一定的混凝土灌注长度，该长度应大于桩身有效长度的 5%，且不小于 1.0m。

（6）在灌注即将结束时，由于导管内混凝土柱高度减少，超压力降低。如遇混凝土顶升困难时，可适当减少小导管埋深使灌注工作顺利进行，在拔出最后一节长导管时，拔管速度要慢，避免孔内上部泥浆压入桩中。

（7）在灌注混凝土时，每根桩的混凝土试件应按相关标准制作。

（8）钢护筒在灌注结束后应立即拔出，起吊护筒时要保持其垂直性。

（9）当桩顶标高很低时，混凝土灌不到地面，混凝土初凝后，回填钻孔。

（10）钻孔桩水下混凝土标号 C35。混凝土选用商品混凝土，混凝土供应连续，混凝土坍落度宜为 180～220mm，含砂率宜为 40%～50%，粗骨料的最大粒径应小于 40mm。

（11）灌注水下混凝土是钻孔桩施工的重要工序，在灌注前，要再次检测孔内泥浆及孔底沉淀厚度，孔底 500mm 以内的泥浆相对密度小于 1.25，含砂率不大于 5%，粘度不大于 28Pa·s。不符合要求时必须再次清孔，直到泥浆指标和沉渣厚度满足要求为止。

（12）灌注前及时报请监理单位进行检查，验收合格后开始灌注水下混凝土，根据本工程存在较多孤石、漂石的情况，混凝土充盈系数需根据现场实际情况确定。

（13）混凝土输送到灌注地点时，按照规范次数抽检坍落度等情况。

（14）灌注首批混凝土时需注意下列事项：

根据孔深与导管长度，计算首批封底混凝土的体积，以满足导管初次埋置深度不小于 1m 的要求。

灌注桩首批灌注混凝土体积计算公式为：

$$V \geqslant \frac{1}{4}(\pi d^2 h_1 + \pi D^2 H_c) \tag{3-1}$$

$$H_c = h_2 + h_3 \tag{3-2}$$

$$h_1 = h_w r_w / r_c \tag{3-3}$$

式中：$V$ 为首批混凝土所需体积，$m^3$；$d$ 为导管直径，$m$；$h_1$ 为井孔混凝土面高度达到 $H_c$ 时，导管内混凝土柱平衡导管外水（或泥浆）压所需的高度，$m$；$D$ 为钻孔直径，$m$；$H_c$ 为灌注首批混凝土时所需井孔内混凝土面至孔底高度，$m$；$h_2$ 为导管初次埋置深度，$m$；$h_3$ 为导管底端至洞孔底间隙，$m$；$h_w$ 为井孔内混凝土以上水或泥浆深度，$m$；$r_w$ 为泥浆密度，$kg/m^3$；$r_c$ 为混凝土密度，$kg/m^3$。

按照桩径 800mm 计算，取 $D=0.8m$，$d=0.25m$，$h_2=1.5m$，$h_3=0.5m$，根据式（3-2）可得 $H_c=1.5+0.5=2.0m$，取 $h_w=34m$，$r_w=1.15 \times 10^3 kg/m^3$，取 $r_c=2.3 \times 10^3 kg/m^3$，利用式（3-3）计算可得 $h_1=17.0m$，利用式（3-1）计算可得 $V=1.84m^3$。

现场实际施工仍用导管灌注混凝土，其他同水下混凝土灌注。

首批混凝土采用隔水胶球法灌注混凝土，灌注前，导管内隔水球作为隔离体，隔离泥浆与混凝土。隔水球一般采用硬质塑料制作，隔水球直径较导管直径小 3～5mm。先将隔水球放入导管中再安装储料斗，储料斗的容积要满足首批灌注下去的混凝土埋置导管深度的要求。根据计算出的混凝土初灌量，结合现场实际，选用直径为 1.2m、上部圆柱形高度为 70cm、下部圆锥形高度为 60cm 的储料斗。混凝土初灌过程中，罐车采用直卸方式连续灌注，保证导管插入混凝土的深度不小于 2m。

混凝土灌入孔底后，立即探测孔内混凝土面高度，计算出导管的埋深，如符合要求，即可正常浇注。

（15）灌注前必须做导管的密水性试验，满足密水试验压力（0.6～1.0MPa）后，方可正常浇注。

（16）在灌注过程中，保持孔内水头，防止坍孔，经常用测绳探测孔内混凝土面的位置，保持导管底口埋入混凝土中的长度不小于 2m，且不大于 6m。

（17）灌注将要结束时，导管内混凝土柱高度减小，混凝土落差降低，而导管外的泥浆及所含渣土稠度增加，比重增大。在混凝土顶升困难时，可在孔内加水稀释泥浆，使灌注工作顺利进行。

8）凿除桩头

为提高桩头破除效率，保障安全文明施工，桩头采用"环刀法"破除。环刀法破除桩头作业要点见表 3-32。

表 3-32 环刀法破除桩头作业要点

| 工序 | 作业要点 |
| --- | --- |
| 第一步 | 桩基开挖至设计底部标高位置 |
| 第二步 | 高程控制严格按照设计高程放样，标识环切线，即在桩头顶部（垫层顶以上 10cm）绕桩身切第一刀，桩顶以上 10cm 再环切第二刀，在定位后画出切割线 |
| 第三步 | 用手持混凝土切割机沿标识环切线切割，切割深度为 4～5cm。在施工中，现场作业人员根据钢筋位置测定仪测出钢筋保护层数据，再对钢筋保护层厚度调整切缝深度 |
| 第四步 | 用风镐剥离切缝以上钢筋保护层，沿桩头自上至下凿出 V 形槽剥离混凝土 |
| 第五步 | 剥离出混凝土，剥离完成后，钢筋向外侧稍微压弯，便于后续施工 |
| 第六步 | 清除芯部混凝土。高程控制放样标定桩头截断线，在截断线以上 2～3cm，沿桩头四周，环向间距 25cm 布置孔眼，采用风镐打孔，深度大于或等于 10cm。打孔完成后，插入钢钎，加钻顶断桩头，钢钎水平或稍向上，每个钢钎配置两个夹片，在桩头顶断后可便于钢钎的取出；采用吊车调走桩头，桩头钢筋预弯采用手持式液压弯曲机 |
| 第七步 | 桩头凿除后，清理桩头侧面松散混凝土，调直桩头钢筋，保护好检测管 |

注：安全文明施工要求：
（1）清理的废弃桩头丢至现场管理人员指定位置，严禁乱扔乱丢；
（2）起重吊装作业严格按照国家有关法律法规执行；
（3）起吊桩头时由专人指挥，统一操作；
（4）施工完毕后及时清理施工场地，恢复整平。

5. 高压旋喷桩施工

基坑围护结构采用直径 800mm 高压旋喷桩作为止水帷幕，位置为钻孔灌注桩桩间及桩外侧。高压旋喷桩施工在钻孔桩施工完成后，混凝土强度达到 75％时，方可采用三重管法旋喷施工。因本工程地表以下 2～15m 为漂砾石层，旋喷钻机直接钻孔注浆易发生塌孔、卡钻、无法钻进等现象，因此对地表以下 2～4m 卵漂石层可使用挖掘机先开挖后再回填黏土，然后采用专用地质钻机引孔后再注浆的方式进行施工，确保高压旋喷桩的成孔、成桩质量。

旋喷机械采用高强牌新型大扭矩打桩钻机 ZGZ-A 型。施工应先送高压水切割土体，待钻至设计底标高时，再送水泥浆和压缩空气；喷射应先达到预定的喷射压力、喷浆量后，再逐渐提升注浆管，注浆管分段提升的搭接长度不得小于 500mm；当达到超过设计桩顶 1m 高度或地面出现溢浆现象时，应立即停止当前桩的旋喷工作，并将旋喷管拔出并清洗管路。

待围护桩第一个循环施工完成后，随即高压旋喷桩开始施工，施工方向和钻孔灌注桩插打方向一致[22]。按照规范要求，旋喷桩施工跳打间隔两个孔或时间间隔 48h，跳打过程中由另一台高压旋喷桩进行补充。

1）高压旋喷桩施工工艺流程

流程主要分为 5 步：测量定位→钻机就位→钻孔→旋喷作业→冲洗及移动机具。

2）施工方法

三管法旋喷是一种水、气、浆液混合喷射的方法。即用三层喷射管使高压水和空气同时横向喷射，并切割地基土体，借空气的上升力把被破碎的土从地表排出[23]。与此同时，另一个喷嘴将水泥浆低压力喷射注入被切割、搅拌的地基中，使水泥浆与土混合达到加固目的，其加固直径可达 800～2000mm。

采用三管法旋喷，应先送高压水，再送水泥浆和压缩空气；喷射时应先达到预定的喷射压力、喷浆量，再逐渐提升注浆管，注浆管分段提升的搭接长度不得小于 100mm；当达到设计桩顶高度或地面出现溢浆现象时，应立即停止当前桩的旋喷工作，并将旋喷管拔出并清洗管路。三管法是将水泥浆与压缩空气同时喷射，除可延长喷射距离、增大切削能力外，也可促进废土的排出，减轻加固体单位体积的重量[24]。本工程采用双排桩咬合加固措施，高压旋喷桩相邻两根桩施工间隔时间应在 48h 以上，可采用"跳一打一"方式，主要工艺流程如下：

（1）测量定位。

根据设计孔位，采用全站仪精确定出孔位，做好标记。如槽段实际接缝处与设计不符，应挖除一侧导墙，或将槽段顶部清理干净，准确找到槽段接缝位置。正在施工的桩基，应在地面准确标明其位置，可打设钢钎或钢筋标示，以便准确找到槽段接缝位置。测量放样结果报请监理工程师复核无误后再进行施工。确定定位点后用水钻在导墙上钻孔，去除混凝土。高压旋喷定位见图 3-86。

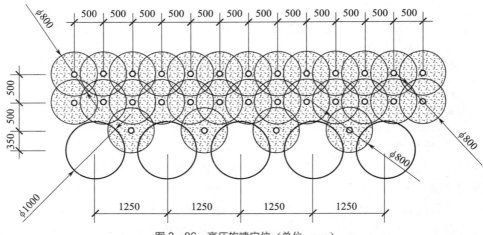

图 3-86　高压旋喷定位（单位：mm）

（2）钻机就位。

钻机就位后，对桩机进行调平、对中，调整桩机的垂直度，保证钻杆应与桩位一致，偏差应在 10mm 以内，钻孔垂直度误差小于 0.3%；钻孔前应调试空压机、泥浆泵，使设备运转正常；应校验钻杆长度，并用红油漆在钻塔旁标注深度线，保证孔底标高满足设计深度。

（3）钻孔。

钻机施工前，应首先在地面进行试喷，在钻孔机械试运转正常后，开始引孔钻进。钻孔过程中要详细记录好钻杆节数，保证钻孔深度的准确。

（4）旋喷作业。

引孔至设计深度后，拔出岩芯管，并换上喷射注浆管插入预定深度。在插管过程中，为防止泥沙堵塞喷嘴，要边射水边插管，水压不得超过 1MPa，以免压力过高，将孔壁射穿，高压水喷嘴要用塑料布包裹，以防泥土进入管内。

当喷射注浆管插入设计深度后，接通泥浆泵，然后将注浆管由下向上旋喷，将泥浆泵内的泥浆清理排出。喷射时，应先达到预定的喷射压力、喷浆量后再逐渐提升旋喷管，以防扭断旋喷管。为保证桩底端的质量，喷嘴下沉到设计深度时，在原位置旋转 10s 左右，待孔口冒浆正常后再旋喷提升。钻杆的旋转和提升应连续进行，不得中断。钻机发生故障时，应停止提升钻杆和旋转，以防断桩，并立即检修排除故障。为提高桩底端质量，在桩底部 1.0m 范围内应适当增加钻杆喷浆旋喷时间。随着旋喷工作的持续进行，需及时观察土层性质的变化，适时调整旋喷参数，以适应工作要求。一般按地质剖面图及地下水等资料在不同深度针对不同地层的土质情况选用合适的旋喷参数。高压旋喷桩作业参数见表 3-33。

表 3-33　高压旋喷桩作业参数

| 参数 | 地层 | 素填土、黏土层 | 卵石层 | 泥质粉砂岩层 |
|---|---|---|---|---|
| 水 | 压力（MPa） | 28 | 30 | 32 |
|  | 流量（L/min） | 70～80 | 70～80 | 70～80 |
|  | 喷嘴个数（个） | 1 | 1 | 1 |
| 空气 | 压力（MPa） | 0.25～0.6 | 0.25～0.6 | 0.25～0.6 |
|  | 流量（m³/min） | 1～2 | 1～2 | 1～2 |
|  | 喷嘴个数（个） | 1 | 1 | 1 |
| 浆液 | 压力（MPa） | 1～4 | 1～4 | 1～4 |
|  | 流量（L/min） | 80～90 | 80～90 | 80～90 |
|  | 密度（g/m³） | 1.5～1.8 | 1.5～1.8 | 1.5～1.8 |
|  | 喷嘴个数（个） | 1 | 1 | 1 |
|  | 回浆密度（g/m³） | ≥1.2 | ≥1.2 | ≥1.2 |
| 选喷管外径（mm） | | 90 | 90 | 90 |
| 提升速度（cm/min） | | 15 | 12 | 15 |
| 电机旋转速度（r/min） | | 450 | 350 | 450 |

（5）清洗机具、移位。

旋喷提升到设计标高后，及时用水代替浆液在地面将机具冲洗干净，再把钻机等设备移到新的孔位上。

6. 冠梁施工

冠梁位于钻孔灌注桩桩顶，冠梁顶标高为 32.0m，冠梁尺寸均为 1.4m×0.8m。混凝土强度等级为 C30，保护层厚度为 30mm。主筋采用 HRB400 级 $\phi$25mm 螺纹钢筋，箍筋及拉筋均采用 HPB300 级 $\phi$10mm 圆钢。冠梁配筋大样图见图 3-87。

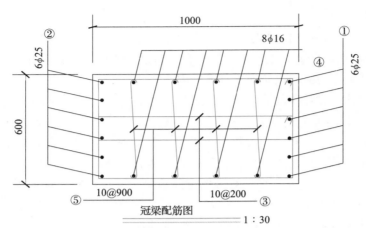

图 3-87　冠梁配筋大样图（单位：mm）

冠梁施工主要工艺流程为：土方开挖→桩头破除→垫层施工→放线测量→钢筋绑扎→模板安装→混凝土浇筑→拆模养护。冠梁施工工艺质量控制要点及注意事项如下：

（1）施工冠梁时采用挖掘机进行开挖，一次性开挖至冠梁底，冠梁下部分 30cm 土方采用人工掏槽开挖，无须进行放坡。土方开挖至设计桩顶标高以下 10cm，将桩间土方整平，使用全站仪对冠梁边线尺寸进行定位，再使用 10cm×10cm 的方木作为垫层边模进行加固并浇筑 C15 垫层混凝土。再用水准仪测量桩顶标高，并用红色喷漆在桩头（墙顶）上标注桩顶标高位置，然后凿除桩头（墙顶）混凝土，并对桩头进行整平和打磨。

（2）桩身预留钢筋应调直使其呈发散状，并将桩头冲洗干净。

（3）应委托有资质的第三方进行桩基底应变监测。

（4）桩检合格后，进行冠梁及支撑测量放样、定位。

（5）钢筋加工场内制作好的半成品钢筋，从场内运输至现场，人工在基坑内绑扎成型，并确保钢筋位置的准确性。

（6）采用厚度 18mm 的竹胶板，φ48mm 壁厚 3.5mm 钢管外加 14mm 的对拉螺杆对模板进行加固。

（7）商品混凝土运至现场后应使用泵车入模灌注。当采用人工浇筑冠梁混凝土时，应使用插入式振捣器将混凝土振捣密实，并预埋好各种预埋件。

（8）混凝土养护应在混凝土浇筑完毕后 12h 以内进行；混凝土应采用覆盖麻袋布的方法进行养护；混凝土的浇水养护时间不得少于 7 天，浇水次数一般为每 2h 一次，以保持湿润为准；新浇筑和压实的混凝土在养护期间都应受到保护，防止不利天气条件和其他不利条件对混凝土造成损坏。

（9）土方开挖时，应先由测量人员做好场地高程的测放工作，保证冠梁、混凝土支撑位置标高准确，支撑两端标高必须保证一致，轴线与围护结构垂直，确保混凝土支撑轴向受力。

（10）围护桩上部破除时，应严格控制机械破除的高度，在接近底面 15cm 时，应采用人工打凿，避免破坏下部桩头；围护桩顶部新旧混凝土交界处应清理干净，并用水冲洗。

（11）钢筋焊接必须持证上岗，焊接头要经过试验，合格后才允许正式作业。在一批焊件之中，进行随机抽样检查，并以此作为加强焊接作业质量的考核依据。钢筋配料卡必须经过技术主管审核后，才准开料，开料成型的钢筋应按图纸编号顺序挂牌，堆放整齐，钢筋的堆放场地要采取防锈措施。钢筋绑扎后，要经过监理工程师验收合格后，方可进入下一道工序。

（12）模板安装时，模板拼缝应严密，拼缝处钉铁皮封闭，避免漏浆影响混凝土质量；侧模压底条、钢管固定及斜支撑等均须严格按方案设计布设，斜支撑支顶牢固、无松动，避免混凝土浇筑时胀模、爆模而影响梁混凝土质量和梁外观尺寸；模板自检合格后，要经过监理工程师验收，合格后方可浇注混凝土。

（13）根据混凝土的强度要求，准确计算出混凝土的配合比，并申报监理工程师审批，监理工程师同意后方可使用。使用过程中，严格按配合比执行。

（14）派专人（试验人员）到商品混凝土搅拌站监督检查配比执行情况，检查原材料、坍落度、试件取样、称量衡器校准以及拌和时间是否符合要求。

（15）混凝土运抵现场后，必须经过坍落度试验，符合要求后方能浇筑。

（16）浇筑混凝土必须经监理工程师检查批准后方能开始。

（17）混凝土浇筑时，应确保浇筑的连续性并将混凝土振捣密实；避免冷缝、蜂窝等质量通病的出现；冠梁应一次浇筑成型，保证梁截面连接完整性。

### 7. 锚索及腰梁施工

土方开挖至第一、二、三道锚索以下 1.0～1.5m 处，进行基坑锚索施工。为保证基坑安全稳定性，本工程预应力锚索支护系统为永久支护结构。锚索施工工艺流程见图 3-88。

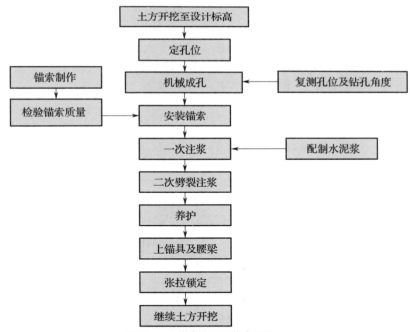

图 3-88　锚索施工工艺流程图

1）锚索钻孔

（1）锚索施工前应根据 CECS 22:90《土层锚杆设计与施工规范》进行极限抗拔试验。锚索极限抗拔试验采用的地层条件、杆体材料、锚杆参数和施工工艺须与工程锚索相同，且同一类型（标高、长度、地层均为同一类型）锚索的试验数量不应少于 3 根。极限抗拔试验的破坏标准，加荷方法参照 CECS 22:90《土层锚杆设计与施工规范》进行。

（2）施工前，应现场调查管线和地下构筑物的详细位置，确保锚索的施作不会影响管线。

（3）锚索钻孔主要内容有：施工放线、设备就位、钻进、检测、注浆、扫孔和终孔验收等。

（4）锚杆钻孔水平方向孔距在垂直方向上不宜大于100mm，偏斜度不宜大于2°。

2）锚索束体制作与安装

采用φ15.2mm高强度低松弛无粘结预应力钢绞线。安装前，要确保每根钢绞线顺直，不扭不叉，排列均匀，除锈、除油污，将有死弯、机械损伤及锈坑处剔出。自由段钢绞线外包塑料管。安装后，不得受到敲击和挠动。

3）注浆锚固

（1）锚索采用自由段预应力筋，灌浆应进行两次。第一次灌浆时，必须保证锚固段长度内灌满，但浆液不得流入自由段；待第一次注浆初凝后进行第二次灌浆，第二次灌浆必须保证封孔注浆密实饱满。

（2）锚索安设完毕后，并对锚孔及钢绞线验收合格后进行注浆，浆体应按设计配置，灌注浆液第一次宜选用水灰比0.45～0.5的水泥砂浆，灌注浆液第二次宜选用水灰比0.5～0.55的水泥砂浆。水泥砂浆用P·O42.5普通硅酸盐水泥搅拌而成，施工时用BW-150型注浆泵进行注浆，锚固体强度大于75%的设计强度后方可张拉，张拉合格后方可进行锁定。

（3）一次注浆采用水泥砂浆，注浆压力为0.4～0.6MPa，二次注浆压力为2.5～3.0MPa。

4）腰梁安装

（1）钢腰梁由两根28a槽钢并排焊接而成。腰梁断面图见图3-89。

（2）由于围护桩外皮不能完全位于同一平面，腰梁与围护桩紧贴，无法密贴处，应用C20细石混凝土填充，保证腰梁和围护桩密贴。

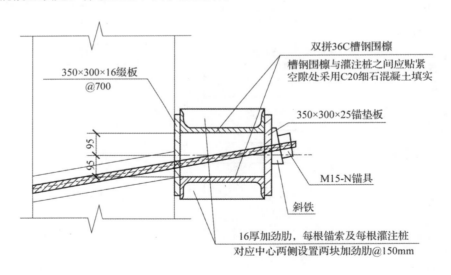

钢围檩大样图

1：20

图3-89 腰梁断面图（单位：mm）

5）锚索张拉、锁定

（1）张拉锁定是预应力锚固的关键工序，主要包括张拉设备配套标定、设备组装、张拉和锁定荷载等内容。张拉设备采用预应力穿心式液压 YDCW1000-200 型千斤顶和用于事故处理配备的小吨位前卡式 YCQ20 型千斤顶，锚具采用主 YLM15-4 系列锚具，动力来源为 YBZ2-100 高压油泵。

（2）锚杆张拉、锁定施工经验收合格，应保持 48h 以上后方可切除外露的钢绞线，切口位置距外锚具的距离不应小于 100mm。

（3）锚索成孔、注浆及张拉、锁定作业时应由专人做好"锚索施工记录"和"锚索张拉施工记录"。

（4）锚索张拉过程中严格按照设计要求进行预拉，张拉力按照设计轴力的 10％、20％、40％、70％、100％和 120％6 个阶段分级张拉，每级均需荷载 2min。在张拉过程中当实际量测的伸长值大于理论计算值的 10％或小于理论计算值的 5％时，停止张拉，查明原因后再继续张拉。

6）外部保护

封孔注浆后，从锚具量起留 50mm 钢绞线，其余的部分截去，在其外部包覆厚度不小于 50mm 的水泥砂浆保护层。

7）验收试验

锚索施工后应根据 CECS 22：2005《岩土锚杆（索）技术规程》进行验收试验。同一类型（标高、长度、地层均为同一类型）锚索的验收试验数量不应少于该类型锚索总数的 5％，且不得少于 3 根。该基坑锚索按临时性锚索进行设计，最大试验荷载应取锚杆轴向拉力设计值的 1.2 倍。验收试验的合格标准及加荷方法参照 CECS 22：2005《岩土锚杆（索）技术规程》进行。当 $N_d$（锚杆轴向受拉极限承载力平均值）$/1.3 \leqslant 1.1N$（锚杆轴向拉力设计值）或者 $N_d/1.3 \geqslant 1.2N$ 时，应通知设计单位对锚杆设计参数进行调整。

8. 安全防护

1）防护栏杆设置

距离边坡坡顶 0.8m 处设置成品安全防护栏杆，防护栏杆基础为 20cm 厚的 C25 混凝土。待混凝土达到强度后安装防护栏杆。

防护栏杆材质采用方钢管（横杆为 40mm×40mm×2.5mm、立杆为 20mm×20mm×2mm）、钢板（1.5mm 厚、200mm 宽）焊接在主框架上，耳板（采用 3mm 厚钢板）和地脚连接板（采用 6mm 厚钢板）焊接在主框架上，主框架和立杆三等分刷红白相间油漆。防护栏规格为高度 1.2m，宽度分为 1.2m 和 1.8m 两种，采用直径为 10mm、长度大于或等于 60mm 的膨胀螺丝进行固定。防护栏杆外侧悬挂相应的安全警示标示牌。安全防护栏杆整体示意图见图 3-90。

2）安全通道设置

在施工期间现场施工人员进入基坑上下施工，必须制作规范的上下通道楼梯，禁止上下通道搭设在钢支撑上。钢梯设置后必须制作上部栏杆，栏杆按照临边栏杆的标准制作。栏杆下部应全封闭，可采用钢板网或密目网等封闭材料对栏杆进行包扎，梯笼高度超过 4.5m 时必须与墙体进行可靠连接，钢梯制作安置完毕后，项目部应组织工程部及安质部联合进行验收，合格后方可投入使用，并设置安全设施验收牌。

本基坑共设置 6 处固定安全通道，其中 4 处通道采用梯笼搭设，作为正常施工人行通道，其余两处通道作为应急通道。梯笼应当采用标准化构件，构件颜色统一为黄色。梯笼应牢固、可靠，以保证出入梯笼作业人员的安全。从地面到梯笼应当安装过渡平台或踏步梯过渡。梯笼底部应当顺畅接入基坑内通道。梯笼整体示意图见图 3－91。

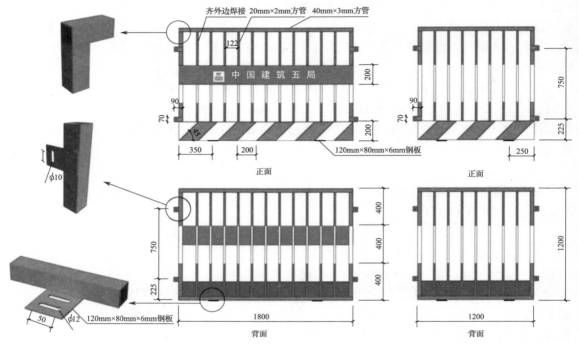

图 3－90　安全防护栏杆整体示意图（单位：mm）

图 3－91　梯笼整体示意图

3）桩（井）口安全防护设置

桩（井）开挖深度超过 2m 时，应搭设临边防护（见图 3－92），临边防护距离洞口外边缘 1m。桩（井）口设置钢筋盖板进行覆盖（见图 3－93），并加以固定。

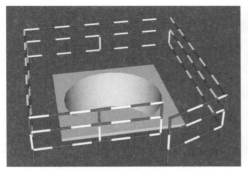
图 3-92 桩（井）口临边防护示意图

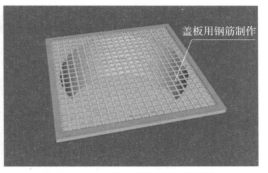
图 3-93 桩（井）口钢筋盖板示意图

9. 脚手架工程

脚手架采用落地式双排扣件脚手架，只作为土方修坡、挂网喷浆等操作的作业平台，不承受其他荷载；搭设最大高度 12.5m，为最大的拆撑高度。

双排脚手架施工平台的搭设需要考虑步距及横杆距离，步距为 1500mm，大横杆距离为 900mm，小横杆距离为 1200mm。双排脚手架施工平台搭设示意图见图 3-94。

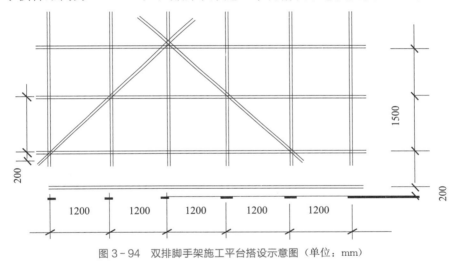
图 3-94 双排脚手架施工平台搭设示意图（单位：mm）

1）搭设步骤

搭设准备工作→基础处理→安装纵向扫地杆→逐根安装竖立立杆（安垫块）并与纵向扫地杆扣牢→安装横向扫地杆并与立杆或纵向扫地杆扣牢→安装第一步大横杆→安装第一步小横杆→安装第二步小横杆→安装第三步小横杆→安装第三、四步大横杆和小横杆→设置连墙杆→接立杆→架设剪力撑→铺脚手板→绑护身栏杆和挡脚板→挂安全立网→检查验收→投入使用。

2）对使用材料的要求

（1）钢管：$\phi$48.3mm×3.0mm 普通钢管，要求应有出厂合格证，外观检查不得有严重锈蚀、弯曲变形、压弯压扁或裂纹，脚手架钢管质量和外观均应符合 GB/T 3092—1993 的要求。

（2）各型扣件：应具有出厂合格证，外观上不得有变形、脆裂、滑丝现象，在检查扭矩时其扭矩在 65N·m 时不得出现破坏现象，其质量要求达到 GB 15831—2023 的规定。钢管拉力矩应为 40～65nm。

（3）密目安全网：检查出厂合格证及安全部门认证。

（4）脚手板：使用竹跳板或模板，其外观应无扭曲，螺栓应紧固无松散。

（5）钢管拉力矩应为 40～65nm。

3）搭设要求

（1）对立杆的要求。

①每根立杆应竖直，不得歪斜。

②连接必须采用对接扣件连接，不得用直角扣件搭接；作业层满铺脚手板并设置挡脚板。

③接头每相邻两立杆互相错开 1000mm 以上，同一截面直接接头数量不得大于 50%。

（2）对横向、纵向水平杆的要求。

①纵向水平杆、横向水平杆要求平直，纵向水平杆直接用接头错开连接且接头率不得大于 50%。

②纵向水平杆应采用对接扣件，设在立杆内侧，连接不小于 3 根立杆。相邻纵向水平杆不宜设在同一步距内，同一跨距内应错开距离，要求大于或等于 1000（规范为 500mm）。

③横向水平杆每一排立杆设一根，横向水平杆设于纵向水平杆之下。

（3）对斜撑的要求。

每三排立杆设一根斜撑，且确保斜撑整体在 1.80m 高，与纵向水平杆连通，以防止斜杆发生失稳事故。

（4）对剪刀撑的要求。

①每 4 根立杆设一架剪刀撑，斜杆与地面夹角为 45°～60°。

②剪刀撑的连接宜用搭接方式，其搭接长度不得小于 1.00m，应采用旋转扣件连接，扣件数量在 3 个或 3 个以上，两端扣件距离端头不小于 100mm。

（5）对挡脚板的要求。

所用竹跳板可采用对接方式连接，但必须用 4mm 镀锌钢丝紧固于立杆上。

（6）对安全网的要求。

在脚手架、操作平台外侧除搭设防护栏杆外，还应挂安全防护网。

10. 土石方开挖工程

1）土方开挖要求

（1）土方开挖前施工单位应根据本工程实际情况，编制详细的土方开挖施工方案，并在取得设计单位认可后方可实施。

（2）基坑边严禁大量堆载，地面超载应控制在 15kN/m² 以内，机械进出口通道应铺设路基箱扩散压力或加固局部地基，基坑开挖的土方不应在邻近建筑及基坑周边影响范围内堆放，应及时外运。

（3）土石方开挖施工应遵循水平分段、垂直分层的施工原则。基坑开挖应遵循"先撑后挖、分层分块开挖"的原则，严禁超挖情况发生。土方开挖采用机械开挖配合人工修坡的方式进行。石方开挖采用机械破碎的方法，当基坑底和桩间土方距离为 30cm 时，采用人工进行清理。

（4）严格控制开挖长度、深度、坡度，不能超挖，以避免产生边坡坍塌事故。土质部分，每次开挖长度为 20m 以内，高度不超过 3.5m，并根据开挖实际情况，缩短开挖的长度，且要在上一级支护强度达到 100% 后才能进行下方土体开挖。

（5）土石方开挖由专人指挥，采用水平分段、垂直分层的施工方法，由坡顶两侧开始向中部依次分段开挖。为缩短工期，在两侧设置便道，开挖第一层后，土石方通过便道用车运出。

（6）土方开挖采用整体分层开挖的施工方法，每层深度不超过 3.5m，挖土后修整夯实边坡，再对该层土方进行挂网喷浆施工，当浆体和面层达到设计要求强度的 70% 后，进行下层土方开挖。第一层土方开挖完成后，即进行基顶截水沟及防护栏杆安装施工。

（7）如遇特殊情况，由建设、监理、设计、施工、开挖班组共同到现场协商决定处理方法。

（8）土石方开挖前，须探明现场的管网路线图，沿坡顶砌筑截水沟，防止地表水流入坡面。

（9）开挖面要求保持平整。在机械挖出支护坡面后，要及时安排人工对边坡进行修整，并立即进行挂网喷浆，严禁边坡暴露时间过长。若不能及时进行素喷，应采用安全网做好覆盖，避免边坡发生坍塌。

（10）一级边坡必须实行"信息化"动态管理的模式，边坡开挖按照 GB 50330—2013《建筑边坡工程技术规范》中 18.1.2 条（严禁大开挖大爆破）、18.3.2 条（信息化法施工）施行，并做好边坡工程的监测。

2）土方外运弃土场

根据参建各方共同确认，弃土场为九江市濂溪区新港镇德利智造产业园弃土场，运距为 26km。

3）基坑开挖量

（1）基坑一土石方开挖量约 155 000m³。

基坑一面积约为 103 800㎡，根据现场情况确定由西向东、由北向南依次对土石方进行放坡开挖。根据设计要求及厂内降排水设置情况，先进行厂区整平至标高 30.5～32.0m 位置，整体西高东低，再进行池体基坑分层分块开挖，首次开挖至标高 27.7m 位置，第二次开挖至标高 24.2m 位置，第三次开挖至标高 21.2m 位置，第四次开挖至标高 20.2～18.1m 位置，第五次开挖至基坑底。开挖采用 3 台长臂挖掘机和 10 台履带式挖掘机，集中堆放土石方并运至弃土点。土石方开挖布置图见图 3-95～图 3-100。分层开挖断面图见图 3-101。

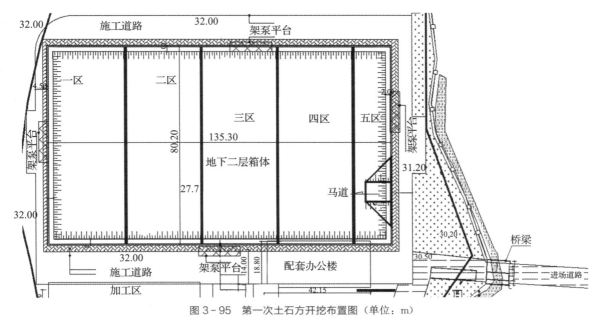

图 3-95 第一次土石方开挖布置图（单位：m）

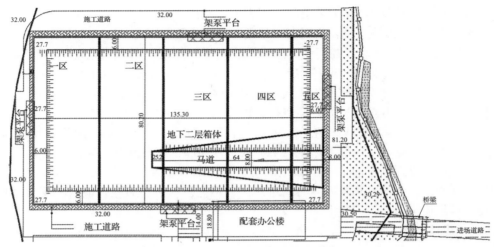

图 3-96　第二次土石方开挖布置图（单位：m）

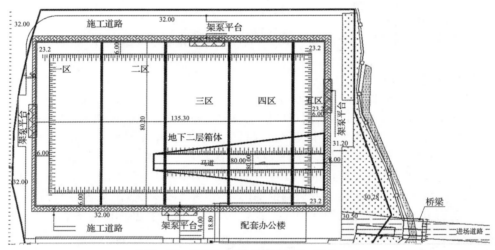

图 3-97　第三次土石方开挖布置图（单位：m）

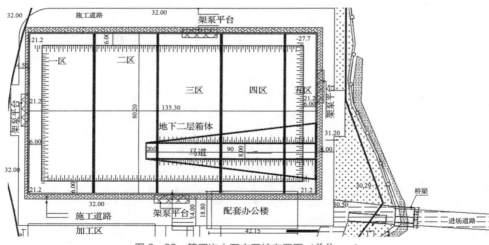

图 3-98　第四次土石方开挖布置图（单位：m）

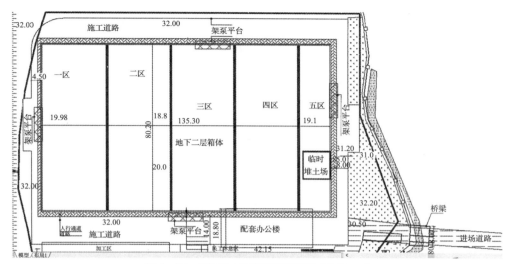

图 3-99　第五次土石方开挖布置图（单位：m）

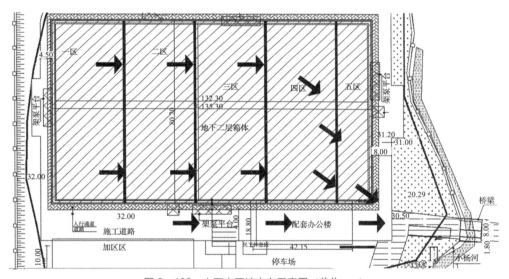

图 3-100　土石方开挖方向示意图（单位：m）

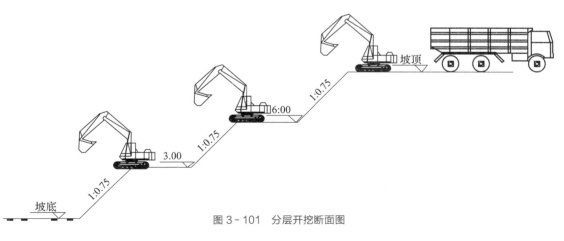

图 3-101　分层开挖断面图

（2）基坑二地下箱体车道及下沉式广场土石方开挖量约 8000m³。

基坑二面积约为 2000m²，根据现场情况确定由西向东、由北向南依次对土石方进行放坡开挖。根据设计要求及厂内降排水设置，基坑二需在基坑一第一次回填后进行施工，采用两台履带式挖掘机进行开挖破除，集中堆放土石方并运至弃土点。

（3）基坑三管理用房土石方开挖量约 10 000m³。

基坑三面积约为 2000m²，根据现场情况确定由东向西依次对土石方进行放坡开挖。根据设计要求及厂内降排水设置，采用两台履带式挖掘机开挖，集中堆放土石方并运至弃土点。

4）基坑的开挖及回填

（1）基坑开挖前应做好准备工作，核实地面高程，查明地下管线和地下构筑物的情况，如果管线和构筑物不能改移，应当采取切实可行的措施确保施工期间地下管线和地下构筑物正常使用。基坑开挖时进行基坑内排水，保证基坑内施工在无水条件下进行。

（2）基坑开挖前应预见事故发生的可能性，施工前准备一定数量的应急材料，做好基坑抢险加固准备工作。基坑开挖引起流沙、涌水、围护结构变形过大或有失稳前兆时，应立即停止施工，并采取切实有效的措施，确保施工安全。

（3）基坑开挖应从上到下分层进行。在基坑平面内应分段开挖，每段长度以不大于基坑的宽度为宜。基坑开挖至基坑垫层以上 200mm 时（具体机械开挖面和基地预留人工开挖土层厚度由建设单位、监理单位、施工单位等协商确定，此处 200mm 仅为建议值），应进行基坑验收，并采用人工挖除剩余土方，挖至设计标高后应及时平整基坑，修筑坑内排水系统并抽干坑内积水，及时施作垫层和结构底板，以保证基坑的稳定性。

5）土方回填

主体结构满水试验合格，外部防腐施工完成后立即进行土方回填作业，采用小型打夯机分层回填，分层厚度不大于 20cm。

### 11. 钢支撑施工

根据设计要求，基坑四角处设置钢支撑角撑，因本工程主要为锚索支护结构，为避免角撑对墙体施工的影响，角撑可在筏板与桩间的素混凝土回填完成后拆除。每根钢支撑的配置根据基坑总长度确定，一端采用固定端，另一端采用活动端，中间段采用标准管节进行配置，在地面按长度进行预拼装。预拼装完成后检查支撑的平直度，其两端中心连线的偏差度控制在20mm 以内。钢支撑施工前应先将支撑下土方下挖 1.0～1.5m，避免后期基坑开挖时，造成挖机与钢支撑发生碰撞，确保施工安全。钢支撑制作与安装施工流程图见图 3－102。

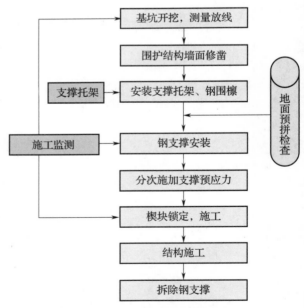

图 3－102　钢支撑制作与安装施工流程图

1）钢支撑吊装

钢支撑采用汽车吊进行吊装。首先在基坑外场地内对钢支撑进行拼装，再由汽车吊将钢支撑吊装至指定位置，汽车吊吊点位于钢支撑两侧各 1/4 处，吊装前必须确保做好吊带滑动措施。吊起后缓慢移动挖机使钢支撑旋转至与基坑方向垂直，并完成钢支撑安装。钢支撑安装吊点示意图见图 3 - 103。

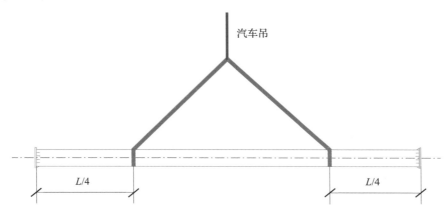

图 3 - 103　钢支撑安装吊点示意图

将钢支撑直接搁置于预埋冠梁的支撑托架上，并将钢支撑的端头承压板与冠梁的预埋钢板焊接。

2）施加支撑轴力

钢支撑吊装就位后，先不松开吊钩，将活络端拉出顶住预埋件，再将两台 100t 液压千斤顶放入活络端顶压位置。预应力施加到位后，在活络端楔紧楔块，然后回油松开千斤顶，解开起吊钢丝绳，即完成整根支撑的安装。

预应力施工前，必须对油泵及千斤顶进行标定，并做好记录。预应力施加中，必须严格按照设计要求分步施加预应力，分级施加支撑轴力，在检查螺栓、螺栓无异常情况后，方可施加下一级预应力。依据设计要求进行第一次轴力施加，然后按 20% 设计值逐级增加支撑轴力。最终施加轴力值根据基坑围护结构变形、轴力监测等监测资料确定。

支撑安装与基坑挖土是不可分割的整体，必须互相协调、配合，做到当天挖土，12h 内支撑安装完毕。支撑加力之前，迅速设定围护结构收敛量测点及支撑轴力监测点，取得初始读数后加力，加力后测试实际预加力，以此控制预加力施加准确。施加预应力的设备应专人负责，且定期维护，如有异常应及时校验。施加预应力后，应再次检查并加固，其端板处空隙应用微膨胀高标号水泥砂浆或细石混凝土填实。

在施加预应力时要密切注意支撑的弯曲和电焊异常情况，所加预应力值应满足设计要求，并及时压紧固定斜口钢锲。在每安装完下一道钢支撑后，相应上道钢支撑复加预应力，复加预应力设备同上。待复加预应力达设计要求后，即再压紧固定斜口钢锲，并采用电焊把钢锲锁定。

3）钢支撑保护措施

（1）基坑开挖过程中要防止挖土机械碰撞支撑体系，并注意不得在支撑上加荷载，以防支撑失稳，造成事故。

（2）施工时加强监测，支撑竖向挠曲变形在接近允许值时，必须及时采取措施，防止支撑挠曲变形过大，保证钢支撑受力稳定，确保基坑安全。

（3）钢管支撑活动端及固定端用短钢丝绳与冠梁或混凝土支撑连接，下托用角钢焊接于钢板上，防止千斤顶作业时将对撑钢管顶到支托之外，掉落到基坑之内。

（4）如果混凝土支撑强度未达到设计值，禁止进行下一层土方开挖，防止强度不足造成支撑破坏。

4）钢支撑防坠落措施

（1）采用机械开挖土方时，严禁机械开挖碰撞钢支撑。

（2）每个开挖段至少设 3 个轴力监测断面，当支撑轴力超过警戒值时，立即停止开挖，加密支撑，并将有关数据反馈给设计部门。

（3）支撑拼接采用扭矩扳手，保证法兰螺栓连接强度。拼接好支撑须经质检工程师和监理工程师检查合格后方可安装。对千斤顶、压力表等加力设备定期校验，并制定严格的预加力操作规程，保证预加轴力准确。

（4）钢支撑加工完成后，由质量管理人员及监理现场对安装完毕的钢腰梁、牛腿、加工好的钢支撑等进行检查验收，保证各项技术要求合格后，方可吊运安装。安装前由工长对机械的安全操作规程及注意事项进行交底，并由机械技师对所有机械性能进行检查，合格后方可使用。

（5）严禁在钢支撑上站立或行走、堆放材料物品，防止钢支撑受附加荷载及振动失稳，并保证人员安全。

（6）施工人员在对钢支撑施加应力时，应采取措施对油压千斤顶进行临时固定，防止千斤顶受力过大而坠落。

（7）在进行基坑开挖支护施工时，若基坑变形过大，应在预应力施加完成后，将固定端点焊在端头支撑槽钢托架上方，可有效预防钢支撑坠落。

5）支撑拆除

（1）支撑拆除原则。

在支撑拆除过程中，支护结构受力发生很大变化，支撑拆除程序考虑支撑拆除后对整个支护结构不产生过大的受力突变，一般遵循以下原则：

分区分段设置的支撑，也宜分区分段拆除。整体支撑宜从中央向两边分段逐步拆除，这对最上一道支撑拆除尤为重要，对减小悬臂段位移较为有利。支撑拆除时应严格按照设计要求的步序和时间拆除各道支撑。

（2）支撑拆除措施。

支撑体系拆除的过程其实就是支撑受力"倒换"过程，即把由钢管横撑所承受的侧向土压力转至结构。支撑体系的拆除施工做好以下几点：

钢支撑的拆除严格按设计工况和要求进行，否则应进行替代支撑结构的强度及稳定安全核算，并得到设计的认可后方能进行钢支撑拆除操作。逐级释放需拆除的钢管支撑轴力，拆除时应避免瞬间预加应力释放过大而导致结构局部变形、开裂。轴力释放完后，取出所有楔块，采用吊车双吊点提升一定高度后，再拆除下方支架和托板，再将钢管支撑轻放至结构板上。采用混凝土围檩的钢支撑拆除时，先用起重机将单根钢支撑吊紧，解除螺栓，拆除支撑节点及支撑与支撑点的连接，起吊至地面。钢管支撑在结构板上分节拆除后，再垂直提升到地面，及时运到堆放场进行修整。凡构件变形超过规定要求或有局部残缺的要进行校正修补。

### 3.6.3 运营方案

#### 3.6.3.1 人员配置情况

两河地下水质净化厂委托九江三峡水务有限公司运营，参考《九江市中心城区水环境综合治理一期项目实施方案》《九江市中心城区水环境综合治理一期项目工程可行性研究报告》中对管理机构和岗位编制要求，以及《城市污水处理工程项目建设标准》《城市市政设施养护维修工程投资估算指标》等文件，结合新建运营项目人员编制要求以及九江当地同类型污水厂的情况和运营管理的实际需求，九江三峡水务有限公司于 2021 年制定组织结构和人员编制，以便有效完成经营目标，保证管理工作的有效性。九江三峡水务有限公司厂网一体化组织架构图见图 3-104。两河地下厂厂区岗位、人员设置及工作职责情况表见表 3-34。

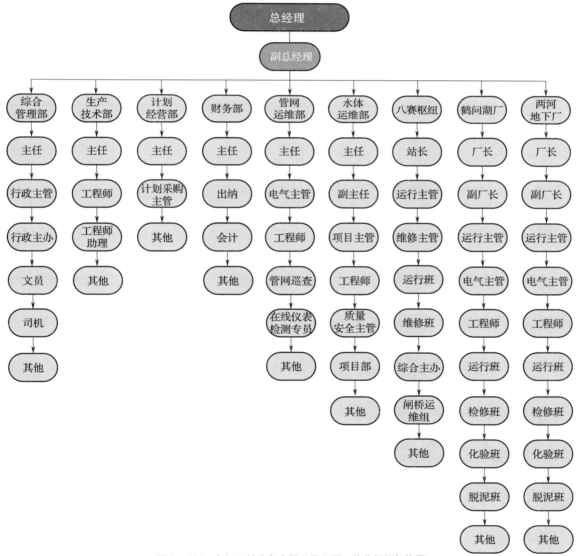

图 3-104 九江三峡水务有限公司厂网一体化组织架构图

表 3-34　两河地下厂厂区岗位、人员设置及工作职责情况表

| 岗位名称 | 编制人数 | 工作职责 |
|---|---|---|
| 厂长 | 1 | 污水厂全面管理 |
| 副厂长 | 1 | 协助厂长对污水厂进行管理 |
| 运行主管 | 2 | 负责日常运维管理 |
| 设备主管 | 1 | 负责厂内附属设施、设备的验收、巡检和常规养护工作 |
| 工程师（工艺） | 5 | 负责污水厂工艺处理、材料上报等工作 |
| 化验班长 | 1 | 负责污水厂日常化验工作 |
| 化验专员 | 1 | |
| 维修班长 | | 负责对设施、设备的机械部分进行验收、巡检和常规养护工作 |
| 维修专员 | 1 | |
| 运行专员 | 7 | 负责污水处理厂运行和日常巡检等工作 |
| 脱泥专员 | 1 | 负责相关污泥管理工作 |

### 3.6.3.2　试运行前期准备工作

1. 设备单调、单元调试及清水联调

水务公司运营人员应积极参与设备单调、单元调试及清水联调等工作，及时发现问题及隐患，实时跟踪整改情况及消缺进度并提出合理建议，以确保生化培菌及后续生产试运行工作能够如期顺利开展。

2. 接种污泥及培菌调试

结合实际情况，采用鹤问湖污水处理厂二期工程的脱水污泥（80%）作为接种污泥，积极与鹤问湖二期污水处理厂联系，并及时到上级主管部门办理相关的污泥调运手续。编制培菌调试方案，明确人员职责分工，以确保培菌及试运行工作的有序开展。

3. 手续办理

为了确保试运行工作合法合规，在试运行前期需要提前办理相关手续，主要包括办理排污许可证、办理实验室易制毒化学品的采购手续、办理试运行申请报告批复等。

4. 培训工作

为确保入职员工尽快熟悉现场工艺，水务公司编制了切合现场实际的培训手册，对厂区人员进行岗前安全教育培训、设备操作培训、生产工艺培训等一系列与生产安全、生产技能相关的培训，确保试运行工作顺利进行。

5. 来水水质化验

化验室从 2021 年 3 月 19 日开始连续对污水厂来水进行水质化验，了解水质情况，为投泥培菌提供依据。

### 3.6.4 运营成效

#### 3.6.4.1 试运行进程

**1. 污泥接种**

在污泥接种前，需要根据污水处理规模、接种污泥的活性、有效成分含量、污水厂水质水量日常波动等情况来确定投加污泥接种量。本项目采用相近污水厂的脱水污泥作为接种污泥，接种前可通过显微镜观察接种污泥的活性，发现其没有丝状菌等不良微生物时，方可开始污泥接种，污泥投加量则根据实际运行情况进行调整。污泥接种过程如下：

2021 年 3 月 18 日，水务公司组织人员开始投泥培菌。

2021 年 3 月 18 日至 3 月 25 日，投加脱水污泥 268.85t。

2021 年 4 月 8 日至 4 月 9 日，投加脱水污泥 108.27t。

在此期间，安排化验人员对相关指标（主要包括活性污泥浓度和排入水中的氮磷浓度）进行检测，工艺调试人员根据现场实际情况及时调整曝气量和碳源投加量。

**2. 污泥驯化**

每天监测池内污水、污泥相关指标，在池内补充浓缩污泥、碳源，持续曝气，持续性地换水，并逐步增加进水量。5 月 3 日，1 号、2 号生化池污泥浓度约 3500mg/L，达到设计标准值。

**3. 关键设备设施调试及消缺**

在进行生化调试的同时，对加药系统、中控系统、高密沉淀单元暴露的问题或不足，提出整改的需求和建议，尽量降低其对生产的影响，确保生产稳定。

**4. 规范运营管理**

结合本厂工艺，制定各种规章制度和操作规程，组织员工学习，邀请设备厂家现场培训、指导。按制度办事，按规程操作，确保安全生产、经济生产、文明生产。

#### 3.6.4.2 处理成效

截至 2021 年 9 月底，两河地下污水处理厂总处理水量为 221.7 万 t，平均日处理量 1.5 万 t，进、出水各项水质指标均达到设计要求。进、出水水质指标实际值与设计值对比分别见表 3-35 和表 3-36。进、出水水质对比图见图 3-105。

表 3-35 进水水质指标实际值与设计值对比

| 项目 | COD$_{Cr}$（mg/L） | NH$_3$-N（mg/L） | TP（mg/L） | TN（mg/L） | SS（mg/L） | pH 值 |
|---|---|---|---|---|---|---|
| 设计值 | ≤250 | ≤30 | ≤3.5 | ≤35 | ≤200 | 6～9 |
| 2021 年（实际值） | 174.80 | 17.23 | 2.15 | 22.455 | 120.5 | 7.25 |

表 3-36 出水水质指标实际值与设计值对比

| 项目 | COD$_{Cr}$（mg/L） | NH$_3$-N（mg/L） | TP（mg/L） | TN（mg/L） | SS（mg/L） | pH 值 |
|---|---|---|---|---|---|---|
| 设计值 | ≤30 | ≤1.5 | ≤0.3 | ≤10 | ≤10 | 6～9 |
| 2021 年（实际值） | 10.00 | 0.25 | 0.05 | 6.12 | 7.24 | 6.86 |
| 达标率 | 100% | 100% | 100% | 100% | 100% | 100% |

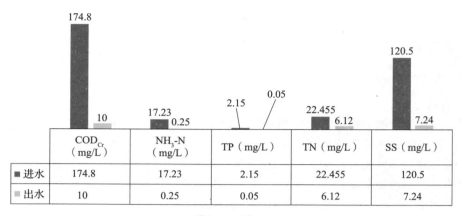

| | COD$_{Cr}$（mg/L） | NH$_3$-N（mg/L） | TP（mg/L） | TN（mg/L） | SS（mg/L） |
|---|---|---|---|---|---|
| ■进水 | 174.8 | 17.23 | 2.15 | 22.455 | 120.5 |
| ■出水 | 10 | 0.25 | 0.05 | 6.12 | 7.24 |

■进水　■出水

图 3-105　进、出水水质对比图

经过运营单位开展投泥培菌、工艺调试、现场跟踪消缺等工作，两河地下污水处理厂已调试完成并实现出水水质达标，水质达到 GB 3838—2002《地表水环境质量标准》中准Ⅳ类水标准。处理后的再生水通过出水泵房提升，经巴氏计量槽（见图 3-106）测量出水流量后一部分经消毒外排至十里河及濂溪河补水，一部分采用"中水回用"作为双溪公园用水，达到生态补水综合利用目标。双溪公园景观照片见图 3-107。

图 3-106　出水巴氏计量槽　　　　　　　　　图 3-107　双溪公园景观照片

### 3.6.4.3　试运行调试结果

经过运营部门在建设阶段的前期介入，参与施工方和设备方主导的单机调试、联动调试，以及紧张的污泥培菌后，两河地下厂试运行已初具成效。调试结果如下：

（1）预处理系统包括粗、细格栅等均运行正常，能够通过人工启停或液位差启停方式有效去除污水中的固体栅渣，满足设计要求和生产需要。

（2）生化系统运行正常稳定，污泥浓度稳定，能有效去除污染物，达到设计标准。

（3）沉淀和过滤系统运行稳定，能有效进行泥水分离及细小悬浮物过滤，确保出水达标。

（4）除臭系统运行正常，能有效收集处理厂区臭气，并达标排放，第三方单位检测结果合格。

（5）加药、加氯系统运行正常，能满足生产需求。

（6）在线监测设施运行正常，能满足环保数据上传需求。

（7）污泥脱水系统正常，脱水污泥含水率在 80% 以下，符合设计要求。

（8）中控系统基本满足生产需求，设备可远程控制，运行数据记录符合要求。

（9）视频监控系统运行正常，可随时监看现场。

### 3.6.5　厂网调度实例分析

#### 3.6.5.1　应急调度案例

**1. 事件概况**

2021 年 5 月 11 日，两河地下污水处理厂厂外管网来水量突然增大，污水厂处理水量达到 1800m³/h，超过污水处理厂的运行负荷，且厂外管网出现溢流，厂区二沉池出现溢流，水外溢到厂区负二层，并导致污水溢流到人行通道。

**2. 处置过程**

厂部人员将通往鹤问湖污水处理厂的 W32 井电动阀门开启，将十里河南区污水排到十里河污水管网，同时通知八里湖泵站加强对水量的提升，并告知鹤问湖污水处理厂系统的工作人员提前加大处理水量，以此来达到降低管网水位、腾空管道容积的目的，以防管网污水外溢。

开启 4 号和 7 号调蓄池进水阀门，截流上游的来水，同时通过智慧水务的监控流量显示，分析并判断来水量突增的原因。调节濂溪河上游来水，监控昌九一体化泵站的运行状况及上游来水水量数据，采取控制水泵运行模式，减少污水输送到两河地下厂。

两河地下污水厂同时调整工艺运行，将处理水量调整到 1600m³/h，鼓风机房的空气悬浮风机开启 3 台，加大生物池的曝气量。加大回流量，保证出水水质达标排放。工艺技术人员现场检测各工艺段的运行状况。化验室人员对各工艺段水质进行检测分析，然后再根据现场的水量、水质等情况进行进一步调控。

安排管网运维人员对溢流管网处进行巡检，同时排查管网液位及来水水量，分析上游三路总管网来水水质。

**3. 事件总结**

1）原因分析

事故处理完成后，经现场踏勘调研分析判断，两河地下污水处理厂水量突增的实际原因为：小杨河截污管道（上述第三组污水）被周边施工单位施工破坏，导致小杨河河水进入管网，从而造成进水量突增。

2）造成的危害及应对措施

（1）水淹厂房问题。

两河地下污水处理厂设计流量 3 万 t/d，即 1250m³/h。事故发生后，污水厂进水量达 1800m³/h，严重超出地下厂污水处理能力，二沉池首先出现冒溢，若后续无法及时控制进水量，可能导致水淹厂房事故，造成重大经济损失。主要应对措施如下：

①控制污水厂进水量。事故发生后，通过调节控制阀门，增大鹤问湖二期污水厂处理水量，控制地下厂进水。

②启动调蓄池的调蓄功能。开启调蓄池阀门，截流上游的来水，缓解两河地下污水处理厂进水压力。

③泵站加大流量，降低管网水位，腾空管道容积。

④编制水淹厂房及污水厂进水量突增专项应急预案，提高事故发生时员工的临时处置能力。

（2）出水超标问题。

短时间内污水处理厂进水量急剧增大，进水水质有机浓度降低，进水中含有大量的泥沙，会造成曝气沉砂池、生物池内污泥活性被污水带走，使活性污泥大量流失，污水处理系统失衡，在曝气、加药量不变的情况下，单位污水的氧气含量减少，除磷效果进一步降低，存在出水不达标的风险，进而导致可能发生环保事件。主要应对措施如下：

①调整工艺，临时提高地下厂污水处理能力。增加空气悬浮风机的开启，加大生物池、曝气沉砂池的曝气量，维持原有氧气浓度，保证生物活性及污水处理能力。

②严密监视污水厂各工艺段的出水水质。工艺技术人员现场检测各工艺段的运行状况，化验室人员对各工艺段水质进行检测分析，根据现场的水量、水质等情况进行进一步的调控。

③加大回流量，保证生物池的污泥浓度。增大污泥内回流、外回流比例。

（3）管网冒溢问题。

短时间内进水量突增，造成大型漂浮物随管道进入污水厂，冲击厂区，对粗格栅、细格栅造成较大物料冲击，在粗格栅处容易造成泥沙淤积，并可能出现大型漂浮物，从而造成污水厂进水管道淤积导致污水井冒溢。主要应对措施如下：

①密切关注粗格栅运行状况，及时清理栅前垃圾。

②增大进水提升泵流量，加大地下厂进水量。

③通过厂网联动，减少地下厂的来水量，增大鹤问湖二期的处理水量。

### 3.6.5.2 厂网联动案例

自 2021 年 6 月 18 日两河地下水质净化厂投入试运行以来，管网高度保持与厂内联动，通过与"厂—网—河"九江智慧水务信息化平台之间的联动，对各水厂的进水水质水量和市政管网关键节点内的水质水量进行监测。通过实时监测，及时调整各水厂进水水量及管网各附属设施的水量，调整各水厂生产系统，使之满足进水水质水量的要求，保证晴天排口污水不排河，雨天初期雨水少溢流，中后期雨水直排河，河水不倒灌，雨后污水排至各污水处理厂处理，达标后排放。

九江市应急管理局与九江市气象局 2021 年 6 月 4 日联合发布地质灾害气象风险黄色预警：预计 6 月 4 日到 5 日，九江市有明显的降水天气，全市平均降雨量 30～60mm，局部100～120mm。两河智慧水务调度中心在接到有关天气预报后，立即对各厂运行及各排水调蓄池进行调度，要求各厂站加强抽排，降低前池液位，确保收水能力，同时要求管网运维人员提前对调蓄池进行排空作业，确保初期雨水收集，且对各附属设施进行检查维护，确保设备正常运行。

2021 年 6 月 4 日晚，九江市气象局预报未来 6h 内九江市大部分地区有雷电活动，局地伴有突发短时强降雨天气。管网运维人员接到调度指令后，及时与两河地下污水处理厂、鹤问湖厂值班人员取得联系，在确认厂区可进行收水的情况下将 4 号雨水调蓄池及 7 号合流调蓄池共计约 4200m³ 初期雨水排空至污水管内，同时各厂站按调度要求降低液位，两河地埋厂全力抽排，增加处理量，瞬时流量达到 1100m³/h 以上，将前池液位降至 2.5m 以下。鹤问湖厂为确保收水能力足够，将前池液位抽排至 5m 以下。管网运维部八里湖泵站值班人员按照调度要求，在保证回水不溢流、厂区收水正常的情况下增开提升泵，将泵站进水液位维持在 3m 左右运行。

2021 年 6 月 5 日晨，两河智慧水务调度值班室人员通过智慧水务在线信息平台观察到上游已开始下雨，上游合流管内在线监测流量计反馈水量出现逐步上升，随即通知管网运维人员做好调蓄准备。管网运维部值班人员接到信息后，立即前往上游 4 号雨水调蓄池，在确保初期雨水已收集后将工况调整为排河状态，同时安排人员至 7 号合流调蓄池对设备工况进行调整，启动雨水调蓄池，在确保初期雨水已收集后将雨水池工况调整为排河状态。

2021 年 6 月 5 日上午，在完成雨水调蓄池排河状态调整的同时，智慧水务调度中心接收到两河地埋厂进水浓度下限、进水水量上限预警，调度值班员立即通知厂区调整前端进水闸门，同时通知管网运维部调整 7 号合流调蓄池工况。在接到指令后，两河地埋厂运行人员与鹤问湖厂运行值班人员电话沟通，确认鹤问湖厂运行状况后将 W32 闸门井以及 W1 闸门井通往鹤问湖方向闸门全开，并同时将通往地下厂方向闸门半开，在确保两河地埋厂进水量满负荷的情况下，将进水分流至鹤问湖方向，调整厂区进水压力。管网运维部接到指令后，立即调派人员至 7 号调蓄池对设备工况进行调整，合流池启动蓄水，关闭截污管方向闸门，通过截流将合流管内污水截流至调蓄池内，在确认合流管内水质 COD 浓度低于 50mg/L 后，开启排河闸门。同时，管网运维部八里湖泵站值班人员接收两河地埋厂闸门开启指令后，持续关注进水液位情况，实时调整提升泵运行工况，在维持泵站进水液位的同时，与鹤问湖厂及时沟通，确认厂区进水情况。

2022 年 6 月 6 日降雨过后，在智慧水务调度中心合理化调度下，通过 W1 与 W32 闸门井实现两河地埋厂与鹤问湖厂之间水量分流处理，通过 4 号、7 号调蓄池实现管网与两河地埋厂的联动调节，各厂站、管网及附属设施严格控制运行水位，及时调整运行工况，落实人员值守管理，重点位置持续监控，各厂站、管网均保持正常运行，雨后也及时将各排河闸门关闭。

污水处理厂与调蓄工程间的调度需要以前端监测感知设备数据实时采集和后端智慧水务运营平台数据实时分析为前提，运维人员通过平台收集的各调蓄单元实时在线数据，将实时水质水量信息反馈至污水处理厂控制中心，污水厂控制中心接收信息后依据进水特征及水厂工艺发布生产指令，调整工艺参数，保障水质稳定达标排放。同时，污水厂根据在线数据向运维人员反馈处理余量，在工艺异常时期向运维人员发出预警，运维人员接收信息后，及时发出指令，通过单个调蓄池的调控和多个调蓄池的联动降低传输风险，保障降雨期调蓄工程对十里河、濂溪河入河污染负荷的消减。

### 3.6.6　总结提炼

两河地下污水处理厂工程试运行期间，完善了各项生产管理制度，不断优化工艺运行条件，加强设备、设施的运行和维护，出水稳定达标，符合设计标准，具备正式运营的条件。但两河流域项目尚未全面进入运营，在厂网湖一体化调度时存在一定的困难。两河流域项目在后续全面进入运营之后，应进一步加强厂网湖一体化调度措施。

## 1. 运行中发现的问题

经过运行调试，发现现场存在的设计和建设问题为后续项目的正常运行带来风险及影响，现列举部分问题及解决措施。

（1）生物池南北四个进水阀门处，现阶段建议增加观察孔，便于观察进水状态。

（2）南北生物池进水流量不均，可通过调节进水阀门开度来控制水量。

（3）脱泥机房离心机和深床滤池反冲风机运行时噪声很大，现阶段建议增加隔间减小噪声。

（4）加药罐排空的废液直接进入废水池后被抽入生物池容易对微生物造成毒害，现阶段建议增加单独收集装置。

（5）高密南北絮凝池加药不均，导致出水浑浊，现阶段建议 PAM 加药管增加一节透明管，便于观察出药情况。

（6）生物池一段乙酸钠投加口在水面以下，无法观察碳源投加情况，现阶段建议在一段乙酸钠加药主管上增加一节透明管，便于观察出药情况。

（7）储泥罐无液位计和观察口，无法观察泥斗污泥状况，现阶段建议增加观察口。

## 2. 水量来源分析

两河地下污水厂外管网进水共分 3 组管：第一组为濂溪河截流干管通过昌九一体化泵站转运至 W32 井，第二组为十里河截流干管转至 W32 井，此两组管路通过 W32 井调节两河地下厂及鹤问湖厂进水量。第三组为小杨河截留干管直接流入两河地下厂。

W32 井闸门位于十里河南路与欣荣路交口，是两河地下厂进水的关键节点。十里河片区来水从 W32 井处分流，一边流向通往两河地下厂的管网，一边流向通往鹤问湖厂的管网。濂溪河杭瑞高速以南区域污水收集后通过新建的 DN800 截污管向西穿过濂溪河，再通过顶管穿过杭瑞高速后，经杭瑞高速向西铺设的管道流至新建的一体化泵站，污水通过一体化泵站提升后在重力作用下流向十里河南路，与十里河截污管汇合后通过十里南路闸门井，最终流向两河地下污水处理厂处理。昌九高速一体化泵站主要提升濂溪河杭瑞高速以南截污管来水。十里河南路闸门井内配置有 2 套圆闸门（DN1200、DN1000），主要用于调节杭瑞高速南侧来水去向。通过对水量来源进行分析，可以帮助厂部、管网、水体运维人员进一步了解运维片区的管网路径和水量来源，便于运维人员在后续运维过程中及时处置管网异常运行情况。

## 3. 加强水量调控

厂网一体化运营可有效利用排水管网的内部空间和跨片区调配，充分发挥其"均衡进厂污水流量、调整各厂运行负荷"的水量均衡作用，保障污水处理厂高效、稳定运行，具体做法为：

（1）通过调整两河地下污水处理厂配套管网中泵站启停时长、频次，可对进水主干管水量进行调控。

（2）通过调整两河地下污水处理厂进水泵房进水泵启停时长、频次，进行污水厂处理水量控制，从而达到对管网中水量调控的目的。

（3）在统筹九江全市排水系统的基础上，未来可以通过排水管网的联动，实现两河片区和其他片区污水的调配。

4. 充分发挥"智慧水务"优势

水环境治理项目采用"厂—网—河（湖）"一体化运行模式，坚持"以城镇污水处理为切入点，以摸清本底为基础，以现存问题为导向，以总体规划为龙头，通过'厂—网—河（湖）'一体、泥水并重、建设养护全周期的方式开展建设和运营，保障城市水环境质量整体根本改善"的水环境治理思路。

发挥智慧水务优势，通过信息化技术手段打通水体循环和水务管理，将原有的以事中、事后应对处置为主的被动管控模式，转变为以事前预测防范为主的主动管控模式，将原有的以人为主的运营管理模式，转变为更为科学合理的标准化、定量化、智能化模式。两河地下污水处理厂管理用房配有智慧水务监控室，后续将结合智慧水务系统，对城市排水系统进行调控，进一步加强"厂—网—河（湖）"一体化调度模式，为城市排水系统安全高效运转和水生态安全提供更加科学、系统、协调、绿色、智慧的运营管理保障。

# 3.7 河道治理案例——十里河底泥清淤工程

## 3.7.1 项目概况

淤积底泥主要分布在十里河下游河势缓和段，河段底泥平均厚度 0.74m。十里河水域靠近八里湖断面底泥厚度最大，最大处达 1.27m。同一断面底泥厚度差异较大，一般顺直河段中间厚、两侧薄。

十里河中游分布有 4 座钢坝，自下游至上游底泥厚度呈逐步递减趋势，4 个断面处底泥厚度分别为 0.35m、0.31m、0.25m 和 0m。共采得 26 个柱状样，以 0.2m 为间隔对底泥竖向分层。从底泥性状上来看，十里河下游采样点处的底泥表层基本上为黑褐色淤泥，除了入湖口断面下部为黄色淤泥外，其余断面下部也均为黑褐色淤泥，可初步判定十里河下游底泥分层现象不明显，存在较重污染。

## 3.7.2 设计思路

### 3.7.2.1 设计原则

十里河下游底泥的存在削弱了汛期过洪能力，存在防洪隐患。且底泥中富集了大量的污染物，多条支流末端垃圾遍布，是两河潜在的内源污染。为此，有必要在对河道开展全面截污及环境整治的基础上，对两河受污染河床段进行河道底泥清淤，可进一步消除污染内源影响，同时增大河道过流面积，提高泄洪排洪能力。

生态清淤规模需要在底泥环境调查与问题诊断分析的基础上，综合考虑底泥分布、污染特征、地质分层状况、水质、底质、水生态多种因素后确定。要根据生态清淤的实际需求，最大限度地清除污染底泥，同时尽量保护河道原有的生态系统，并为水生生态系统的恢复创造条件。此外，底泥清淤还应与河道行洪排涝等功能充分结合。结合两河的实际情况，确定两河底泥生态清淤的原则如下：

（1）清除重污染底泥，减轻内源污染的原则。

（2）底泥清淤与生态修复相结合的原则。

（3）生态清淤与河道功能相结合的原则。

（4）综合考虑淤泥处理及处置经济技术实施条件的原则。

### 3.7.2.2 清淤规模论证

#### 1. 清淤平面范围的确定依据

（1）以底泥淤积严重及污染物集中分布区域为重点，包括靠近八里湖入湖口附近重点排口李家山泵站周边区域等。

（2）结合景观生态打造，保留生态湿地及沿岸生态带基底，尤其是充分保护利用位于长虹西大道附近的淤浅区。

（3）清淤时应与两岸已建岸坡间预留不小于2m的安全距离，沿线桥梁两侧各预留约10m安全距离，保证河道中部过洪通道宽度不小于20m。

#### 2. 清淤深度的确定依据

（1）加密清淤设计断面布置，由各清淤断面清淤深度推及河段。

（2）以清除表层污染严重、释放强度高的近代沉积物为主。

（3）依据主要污染物含量垂直分布规律，保证清淤后泥水界面处表层底泥污染物含量水平较低。

（4）考虑河道行洪、水动力及地形塑造需要，参考自然坡降设定河底梯级高程，下游河段清淤后总体坡降约为0.2%。

#### 3. 底泥清淤规模论证

由于淤泥主要分布在十里河下游，且污染较为严重，因此将十里河下游（长虹西大道至八里湖段）作为集中清淤区域，清除污染底泥总量为8.0万m³。另外，对于八里湖口门处水下潜堤进行拆除，拆除黏土量共计约5.9万m³。十里河上游4个钢坝蓄水区共计清除底泥约6300m³。

1）十里河生态修复段（长虹西大道至八里湖段）

河段1：典型断面SL4

本河段位于十里河入八里湖湖口附近河道最下游，且由于入湖口处潜堤的存在导致水流情势放缓，大量颗粒物沉积于此，底泥受到污染也相对较重。因潜堤的存在，该河段河底高程约为12.5～13m，根据柱状样取样分析结果，表层约0.72m厚底泥以下均为清洁的黄色黏土，故设计平均清淤厚度为0.78m，清淤后河底高程11.5m，工程量9151m³。

另外，十里河入湖口区域潜堤对水体停滞影响很大，易引起下游水域全面富营养化及"藻华"的发生，为保证河道顺畅流动，拆除入湖口潜堤至上游底高程9m处。

河段2：典型断面SL10

本河段靠近入八里湖湖口，底泥淤积厚度较深，受到污染也相对较重，需进行以清除污染底泥为主的疏浚。该河段河底高程在10.5m左右，根据柱状样取样分析结果，表层约1m厚底泥中氮磷及有机质污染物含量均相对较高，至泥面下0.8m处出现拐点，设计平均清淤厚度为0.95m，清淤后河底高程9.5m，工程量5274m³。

河段3：典型断面SL16

本河段底泥淤积厚度在全河范围中最大，受到污染也相对较重，主要原因为李家山泵站等排口常年排污所致，需进行以清除污染底泥为主的疏浚。该河段河底高程在 11.5m 左右，根据柱状样取样分析结果，表层超 1m 厚底泥中氮磷及有机质污染物含量均相对较高，设计平均清淤厚度为 0.78m，清淤后河底高程 10.5m，工程量 13473m³。

河段 4：典型断面 SL16

该段设计平均清淤厚度为 1.11m，清淤后河底高程 11.0m，工程量 10 672m³。

河段 5：典型断面 SL23

本河段位于李家山泵站出口上游，两侧沿岸均存在带状淤积，自然生长湿生植物，具有河道生态修复较为适宜的水文条件，清淤平面布置时充分预留现状滩面，两侧宽度各不小于 2m。该河段河底高程在 12.8m 左右，根据柱状样取样分析结果，表层约 0.7m 厚底泥中氮磷及有机质污染物含量均相对较高，且呈明显的随深度变化不断降低的趋势，设计平均清淤厚度为 1.10m，清淤后河底高程 12.0m，工程量 23 262m³。

河段 6：典型断面 SL29

本河段位于十里河生态公园集中景观段，因景观平台的存在两侧沿岸均存在带状淤积，上部自然生长湿生植物，具有较好的生态修复基础，清淤平面布置时充分预留现状滩面。该河段河底高程在 12.8m 左右，根据柱状样取样分析结果，表层约 1m 厚底泥中氮磷及有机质污染物含量均相对较高，且呈明显的随深度变化不断降低的趋势，平均清淤厚度为 0.78m，清淤后河底高程 12.5m，工程量 7125m³。

河段 7：典型断面 SL35

本河段因南侧凹岸的存在分布带状淤积，上部自然生长湿生植物，具有较好的生态修复基础，清淤平面布置时充分预留现状滩面。该河段河底高程在 14m 左右，根据柱状样取样分析结果，表层约 0.8m 厚底泥中氮磷及有机质污染物含量均相对较低，平均清淤厚度为 0.50m，清淤后河底高程 13.2m，工程量 4311m³。

河段 8：典型断面 SL39

本河段设计平均清淤厚度为 0.62m，清淤后河底高程 13.2m，工程量 5938m³。

河段 9：典型断面 SL47

本河段存在集中性淤浅滩面，上部自然生长湿生植物，具有较好的生态修复基础，清淤平面布置结合拟建设的生态湿地布局充分预留现状滩面，仅对其中过洪通道进行疏挖。该河段河底高程在 13.8m 左右，根据柱状样取样分析结果，表层约 0.75m 厚底泥中氮磷及有机质污染物含量均较高，且呈明显的随深度变化不断降低的趋势，过洪断面顺接上游河底高程清淤至底高程 13.5m，平均清淤厚度为 0.26m，工程量 666m³。

2）十里河生态净化段（钢坝蓄水区上游）

经专业检测，十里河上游 4 个钢坝蓄水区，含污淤泥厚度为 0.25～0.35m。经计算，确定平均清淤厚度 0.3m，共计清除含污底泥约 6300m³。

### 3.7.2.3　清淤工艺

不同清淤工艺各有优缺点，考虑到本工程各清淤河段清淤深度、水深和环境存在较大差异，若只采用一种工艺开挖，则其在技术经济上达不到最优效果，因此本阶段拟选择几种工艺结合开挖，扬长避短，使开挖方案更为经济合理。

从以往工程经验来看，开挖方案的选择主要是从技术、经济方面来考虑，技术方面主要与施工条件、土体力学性质以及工期要求等因素有关，而经济方面不仅与工艺自身有关，还与开挖土方去向、临时弃土场布置情况及交通运输条件等因素息息相关。只有综合比较分析，才能选择出最为经济合理的方案。

十里河下游段（长虹西大道至八里湖段）清淤总量为 8.0 万 $m^3$，淤泥厚度约 $0.38\sim0.98m$。另外，对于八里湖口门处水下潜堤进行拆除，拆除黏土量共计约 5.9 万 $m^3$。该段水深较深（约 $2\sim3m$），河道较宽，两侧房屋密集，若干河清淤，则围堰工程量、基坑排水量较大，工程投资较大，且干河施工对于两岸房屋的稳定不利，因此，该段河道拟采用湿式清淤方式，又考虑到该段河道淤泥主要为污染严重的黑臭底泥，为了避免开挖过程中淤泥中的有害物质扩散对水体造成二次污染，本阶段河道拟采用环保型挖泥船直接吹填工艺清淤。

八里湖口门处水下潜堤黏土拆除拟采用抓斗式挖泥船挖、泥驳运送方案施工。

十里河中游（钢坝蓄水区）河道地势较高，非汛期基本处于干河的露滩状态，拟采用干式清淤方式，直接采用挖掘机挖土、自卸汽车运土的方案施工。

### 3.7.2.4 底泥处理

#### 1. 底泥处理工艺

对板框压滤固结、化学固化、低位真空预压固结三种方式进行分析比选。

采用板框压滤的方式进行固结，其优点在于：①占地面积较小，在陆上压滤时，仅需设置满足压滤生产要求的排泥场，其他两种固结方案所需排泥场较大；②在淤泥量不大的前提下，同样方量的淤泥固结时间最短；③固结后的泥饼含水率最低，物理力学性能最好，可用于填方材料、建筑材料等。由于泥饼固结过程中需要加入化学药剂，因此泥饼不适用于复耕，是否能用于绿化用土还有待实验证明。

采用化学固化的方式进行淤泥处理，其优点在于：①淤泥处理量较小时工期较短，淤泥处理量较大时，可采用多投入固化设备的方法加快进度；②施工采用复合固化材料以及化学固化处理的成套固化处理设备，技术及设备先进，在专业人员操作的情况下，无技术风险。但采用化学方法处理后的土方，由于化学性质发生改变，不宜进行复耕，适用于填方材料、建筑材料方面，利用方向受到限制，土方的利用必须与用土需求相结合，才能达到综合效益的最大化。

采用低位真空预压法进行固结，施工的工期稍长，必须采取有效的措施，以保证真空预压的效果，同时，该方法需要设置较大面积的排泥场。但采用低位真空预压法不改变土体的性质，对生态环境的影响小，固结完成后即可进行复耕，亦可根据当地用土的需要进行外运处理，土体的使用方向不受限制，但作为填方材料时承载力较低。

综合以上分析，采用板框压滤和化学固化的方式进行淤泥处置，技术较简单，在清淤工程量较小的前提下，施工工期较低位真空预压法短，但处理后的土体化学性质或多或少发生改变；采用低位真空预压法加固后不改变土性，对环境影响最小，但对本工程而言，采用该法固结工期最长，且占地最多。因本工程位于九江主城区，河道周围房屋街道密集，很难找到大面积的淤泥堆放场地，因此低位真空预压法不适合本工程。

在三种固化方法中，化学固化法对土质改变最大，对环境影响最大，因此本工程也不采用化学固化法固结淤泥。参考以往类似工程，本工程淤泥固结工艺采用板框压滤方法。

### 2. 底泥处理场地

所有底泥均经过机械疏挖的方式，先运至河道附近中转场，对其中含水率较高的部分进行脱水后外运处置。污染底泥处理设施包含中转沉砂池、浓缩池、底泥调质池、脱水机械等，占地面积共需 30 亩（1 亩＝666.67m²）左右，施工临时占地约 8～12 个月。

经过集中脱水后底泥含水率可降低至 60％以下，且重金属等污染物含量处于正常范围，适用于建设用地开发、高速公路填筑及景观地形塑造等多种用途，本阶段设计中考虑最终处置方式为将底泥外运至 10km 左右处利用。同时结合八里湖周边地块近期开发需要，底泥可通过就地固化等方式处理后回填用于地形塑造。

根据八里湖新区控制性详细规划及现场用地情况分析，选定淤泥固结场地位于十里河长江大道的上游左岸。固结后处理出水回排河道，排放水质不低于十里河河段水质。场地布置上考虑尽量减少对于周边居民生活环境的影响，沉砂池距离居民小区不小于 50m，同时施工期在居民侧设置临时防护屏障，阻隔噪声影响及粉尘，同时达到景观围护效果。施工期间加强管理，严禁夜间施工。

该地块位于拟建的生态湿地公园陆域，在固结作业完成后应立即拆除所有设备，并在后续工作中按公园地形构造需求进行微地形修整。

### 3.7.2.5　底泥处置

针对十里河下游的污染底泥，采用环保式挖泥船湿式清淤工艺所输挖的底泥含水率较高，有以下两种处理处置方案供选择：

方案一：将底泥输运至鹤问湖污水处理厂二期备用地，与当地污水处理厂产生的剩余污泥等一并处理，采用相同处置方案。

方案二：将底泥输运至临近干化场脱水，脱水后拟用作绿化用土。

以下对这两种方案展开对比分析：

（1）从底泥成分上来看，河道底泥的组分主要为以硅铝酸盐为代表的无机物，而市政管污泥有机质含量一般在 80％左右。有机质含量高的污泥处理常采用厌氧发酵、好氧堆肥等工艺，其目的主要是降解污泥中的有机物，以达到稳定化的要求。根据实测结果，十里河下游底泥有机质含量在 0.17％～7.6％，均值为 3.2％，且多以腐殖质为主，已满足稳定化要求，因此对其脱水便可完成减量化，以便后续资源化利用。

（2）从方案可行性来看，十里河下游底泥疏浚时间预计为 2019 年 9 月，短期内将产生近 8.5 万 m³ 含水淤泥（水下方量），如临时放置需大量临时占地，而鹤问湖污水处理厂二期备用地拟于 2019 年 4 月开始动工，因此从处理能力来看，方案一尚不具备实际可行性。而方案二采用底泥板框压滤脱水设备，处理能力强，操作简易，灵活性高，可满足施工工期要求。

（3）从处理成本来看，由于存在长距离输送底泥的要求，预估方案一处理处置单价将不低于 300 元/m³，而方案二的处理处置单价不超过 200 元/m³，因此方案二技术性较优。

综上所述，本方案就近选择十里河下游区域附近闲置用地开展河道疏浚底泥处理处置，通过成套化设备即时脱水后，将处理达标后余水排回十里河，脱水后底泥直接用于同期城市建设地面抬高或路基填筑等资源化利用。

### 3.7.3 存在问题

#### 3.7.3.1 施工组织协调

由于十里河黑臭水体治理的迫切性要求，实际实施时将河道治理工程与截污管网、小区改造及调蓄池工程同时进行，造成河道治理生态清淤施工完成后，管网、箱涵等外源性新增污染进入河道形成新的内源污染，从濂溪河九江学院段某日的卫星影像看出存在较为明显的外源性污染进入河道的问题。为了减小对水体产生不良影响，每发现新增污泥不得不立即清除，在减少污染物释放量的同时，客观上也增加了工程的复杂程度和投资。

#### 3.7.3.2 外部因素影响

与河道工程同步建设的其他工程存在施工不规范、环保措施不严格的情况，常有管道污泥进入甚至排入河道的情况发生，对水质产生不良影响，同时会沉积形成新的内源污染。且河道治理工程周边餐馆、作坊较多，部分不法商家存在偷排现象，如莲花大道等几处豆腐作坊私排，造成白色絮状物进入水体，并在沿河沉淀，同时也常发现餐饮油污进入河道，影响河道水质及感官。

### 3.7.4 整治过程

河道生态清淤主要采用环保疏浚的方式，用环保型绞吸式挖泥船清除淤泥，其方法主要是通过绞吸式挖泥船的刀轮头转动，连续均衡切割淤泥层，泥土和水通过船内离心泵的作用被吸入、加压，泥浆通过全封闭管道以高浓度细颗粒的运动机理被吹排入板框压滤车间后进行处理。

### 3.7.5 治理成效

经过 2019 年至 2020 年的河道治理工程，共计清除高氮磷污染底泥约 15 万 m³，有效去除 TN 约 300t，TP 约 180t（按照 TN 含量 2000mg/kg、TP 含量 1200mg/kg 计），去除了污染释放速率大的表层淤泥，减少了污染释放量。从水质指标上看，已基本稳定达到消除黑臭要求。

### 3.7.6 总结提炼

十里河河道内源治理工程从清除含高浓度氮磷营养物质的底泥出发，通过底泥柱状样调查、水下地形勘测等手段掌握基础资料，通过柱状样化验结果判断其污染性质，考虑到不同的施工环境，采用环保型挖泥船、抓斗式挖泥船、挖掘机结合的清淤工艺，有效清除了污染底泥，为此类黑臭水体治理工程积累了可供参考的经验[25]。

## 3.8 生态修复案例——龙门公园及水木清华公园

### 3.8.1 项目概况

十里河下游（水木清华公园段）项目范围北起十里河北路，南至十里河南路，东起长虹西大道，西至长江大道，面积 12.50hm²，其中水域面积 5.43hm²，景观面积 7.08hm²。

十里河上游（龙门公园段）项目范围西起十里大道，东至十里河东岸，南起怡溪苑北围墙，北至龙门小区北围墙，学府二路从本项目横穿，总面积为 5.96hm²，其中水域面积为 1.38hm²，景观面积为 4.58hm²。

十里河下游河口多年平均流量 1.02m³/s。每年 3—8 月为丰水期，约占全年径流量的 79.1%。十里河城区段防洪标准采用 50 年一遇。

## 3.8.2　改造思路

针对现状问题，结合水治理工程进行相应的景观设计，促进九江城市水环境质量整体改善，构建多元化水景观，打造九江生态河流。

从规划、设计到施工建设，遵循生态保护优先、可持续发展、以人为本等基本原则，打造健康、宜居、开放的生活型滨水空间，塑造集长江大保护工作宣传、生态科普教育、九江文化展示于一体的河道景观。

综合考虑河道所在片区的城市开发特性和生态功能，河道功能定位为中心城区重要的防洪及景观河道，在满足防洪排涝基本功能的基础上，兼顾生态、景观等多重功能，具体定位如下：

水利上——保护城市水环境安全的蓝色水带；

生态上——山水相连的生态通廊；

城市功能上——健康、宜居、公共、开放的生活型滨水空间；

视觉上——独具特色的城市景观展示界面。

## 3.8.3　存在问题

十里河整体存在的问题主要是工程河道防洪排涝能力不足、水质黑臭、水量缺乏补给、水生态环境破损严重、水陆景观单调等。十里河下游（水木清华段）主要问题是有污水排入河道、缺乏活动空间、河道水质较差、水流缓慢，需要打造生态湿地以进一步提升河道水质。十里河上游（怡溪苑段）主要问题是河道两侧绿化杂乱、河道空间较窄、绿化空间不足。

## 3.8.4　整治过程

新建驳岸位于南山路—濂溪大道河段，长度 640m，利用原有河道驳岸，借鉴韩国清溪川项目的思路，在水道内增加亲水步道，为市民创造一个良好的休憩空间。同时，结合河道现状进行设计，在湿地中整理水系，堆筑湿地岛，增加过水面积，沉淀过滤，从而达到净化水质的目的。在堆筑的湿地岛上栽植土著植物，提高湿地生物多样性和湿地景观价值。公园内设置集散广场、亲水平台等配套设施，布置运动场所和健身步道等功能设施。十里河整治后河道情况见图 3-108。

图 3 - 108　十里河整治后河道情况

### 3.8.5　治理成效

#### 3.8.5.1　水木清华公园

通过对原有河道进行清淤，形成通畅的水系，使河流再次清澈，发挥生态效益，打造充满活力与人文特色的市民休闲绿地。水木清华公园平面布置图见图 3 - 109。

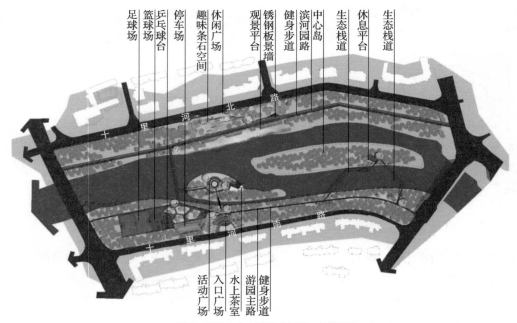

图 3 - 109　水木清华公园平面布置图

丰富的活动空间为市民提供休闲游憩的放松场所，并以此为轴辐射周边城区。充分结合十里河水位变化，在设计中设置可淹没区域和安全区域。根据现有的水文资料，开展景观设计工作，划定淹没线，构建河道安全范围。在景观设计中，采用易于下渗的多孔或砾石建筑材料铺砌道路、停车场和排水沟等以增加水的下渗，通过保护城市与河流的生态环境营造安全的活动场地。在考虑防洪和生态环境修复的情况下，重视对城市形象的展示。靠近十里河南路和十里河北路的场地，因为所处地势较为平缓，并且位于整个滨河节点绿地的中心位置，因此分别布置了较大的中心活动广场，可以供游客和市民在广场上进行大型的集会活动。水木清华公园人工走廊效果图见图 3－110。

图 3－110　水木清华公园人工走廊效果图

十里河南岸和北岸分别设置健身步道，满足周边居民晨练等需求，提升周边居民的生活质量和幸福感。水木清华公园河岸走廊效果图见图 3－111。改造后的水木清华公园见图 3－112。

图 3－111　水木清华公园河岸走廊效果图

图 3－112　改造后的水木清华公园

### 3.8.5.2 龙门公园

提取溪流元素作为设计平面形式。在平面构图上，从自然溪流中提取流线型元素，借助抽象的艺术手法，改变其原有形态，进行创造性运用，用现代手法展现河道景观的自然优美，打造市民健身空间、休闲空间、交流空间。龙门公园平面布置图见图3-113。

通过设置中心环廊，以虚实结合的方式，将建筑和构筑融为一体。延续溪流元素，用现代手法展现，注入七彩之色，打造活泼的彩虹廊。龙门公园异形环廊效果图见图3-114。

通过设置市民活动草坪、儿童活动场地，满足周边居民节假日、周末休闲游憩的需求。龙门公园蜿蜒步道效果图见图3-115。

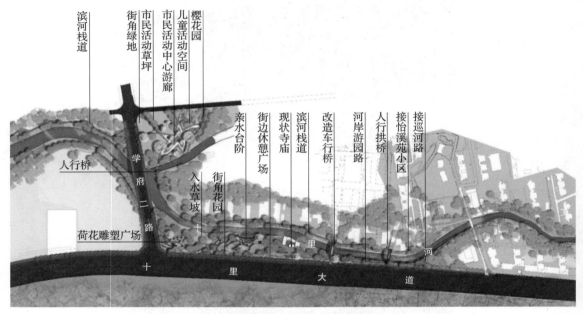

图3-113 龙门公园平面布置图

图3-114 龙门公园异形环廊效果图

图3-115 龙门公园蜿蜒步道效果图

通过打造城市中的生态绿廊、展示生态河道、水质提升科普，展现九江绿色生态人文画卷，同时结合十里河周围规划用地，增加公园与城市的关联性。绿化风格与周边环境完美融合，结合河道，打造与城市风貌相融合的河道景观，凸显自然、生态、融合的滨水景观特色。龙门公园亲水平台效果图见图3-116。改造后的龙门公园实景图见图3-117。

图 3-116　龙门公园亲水平台效果图　　　　图 3-117　改造后的龙门公园实景图

### 3.8.6　总结提炼

　　本项目综合运用河道拓宽整治、污染源控制和海绵城市设施布设等，解决城区防洪排涝、水质保障、景观营造等多方面的问题，提高区域防汛排涝能力，改善河流水环境，形成沿河一定规模的生态景观带。

# 第 4 章　治理经验

## 4.1　勘察设计阶段管理

### 4.1.1　地质勘察管理

地质勘察主要对施工区域内的地质构造、地层分布及地下水等工程地质条件进行探查，查明不良地质现象并提出处理建议。地质勘察相关要求如下：

1. 布点原则

根据勘察任务书和规范布置，勘探点一般布置在拟开挖管道的中心线、端点或拐点，勘探点间距一般控制在 150m 以内。

2. 钻孔深度

开槽埋管段钻孔深度一般取 10~15m，且确保钻孔深度不小于 2.5 倍的开挖深度以及不小于管底标高下 3m。若钻至基岩则适当减小孔深，若钻孔底为淤泥质土等软弱土层则需钻穿该土层。

3. 注意事项

布孔前需先对钻孔部位周边进行管线安全检查，查明燃气、电力等管线具体位置，避免钻孔位于管线上方。常见方法有工程物探及洛阳铲开孔，可采用管线探测仪及地质雷达确定周边带电管线铺设情况，采用洛阳铲开孔 3m 确定钻孔区域综合管线情况。

### 4.1.2　物探管理

地下管线物探成果资料是后续设计、施工的基础性资料，保证该成果的准确性是后续工作开展的必要条件。物探成果需满足以下要求：

1. 准确率

物探成果误差应满足 CJJ 62—2017《城市地下管线探测技术规程》要求，对于金属管线探测要求一次成果准确率不小于 95％（特殊情况如拖拉管、近距离并行管线等可另计），对于非金属管线探测要求一次成果准确率不小于 90％（特殊情况如深埋、暗埋管道等可另计）。二次进场精细化探测后，金属管及非金属管成果准确率达到 100％。

2. 设备配备

必须配备最新物探仪器设备，如常用的 RD8100 地下管线探测仪、探地雷达、高密度电法仪、导向仪、燃气 PE 管线探测仪（声波法）、GeoSLAM 移动扫描系统、管道 CCTV 检测机器人、全地形管道 CCTV 检测机器人等，特殊部位还应配备三维激光扫描等先进设备。

3. 注意事项

物探成果中需准确、明显标注出未探明或疑似管线信息（种类、埋深等），特别是燃气管、强电管等涉及施工安全的管线。

## 4.1.3　CCTV 检测管理

开展管道 CCTV 检测主要是查明排水管道内部结构性和功能性缺陷，为排水管道修复设计及制定管道养护方案提供依据。CCTV 检测的工作要求有：

（1）检测前需初步查明管道内水位及淤积情况，对于水位高于管径 20％管道进行封堵降水，对于淤积超过 100mm 或管径 20％管道进行清淤疏通。

（2）所有 CCTV 排查、检测视频要求做到从地面参照物到井壁标注的井号，再到井室内部、管道内部的影像应完整、清晰、不间断，所有管道接口需要做 360°环形检测。

## 4.1.4　水质检测管理

为进一步调查排水系统情况，需对小区出口水质进行检测，水质检测要求如下：

（1）采样位置应选取污水混合均匀位置，不得随意采集，采样器具应选用水样采集器、泵式采样器、自动采样器等规范器具，样品容器采用聚乙烯塑料材质。

（2）检测单位应在每次采样过程中记录采样时间、点位名称、样品状态，并拍摄带水印照片。

（3）检测单位需对检测数据进行全面分析，解释水质水量变化趋势，解答相关技术问题，动态掌握水质真实状况，共同研究提出治理措施。

## 4.1.5　设计管理

1. 基本要求

（1）设计单位提交的设计成果应符合相关规范要求，满足《市政公用工程设计文件编制深度规定（2013 年版）》的相关要求，并完成设计单位内部校审。

（2）设计单位应对勘测及检测资料进行详细分析，对现场情况进行充分调查及研究，熟知现场情况，提高设计质量和方案针对性，加强设计方案的科学性、合理性。

（3）针对重难点设计方案应邀请行业内专家进行论证。设计单位应认真研究专家意见及建议，进一步优化设计成果。

2. 源头小区改造设计要点

1）看区域、分系统、找类型、定方案

小区类型可分为居住小区和棚户区，不同类型的小区应采用不同的改造方案。源头小区改造要点见表4-1。

表4-1　源头小区改造要点

| 小区类型 | 类别 | 推荐分类方法 | 改造方案 |
|---|---|---|---|
| 居住小区 | Ⅰ类 | 合流制且出水 $COD_{Cr}$ 浓度≥A（晴天） | 该类小区的划分应充分考虑工程总体目标的可达性。原则上，针对Ⅰ类小区的工程措施以清淤疏通为主 |
| | Ⅱ类 | 合流制且出水 $COD_{Cr}$ 浓度＜A（晴天） | 该类小区应考虑管网更新改造，可根据小区管网实际检测情况确定具体为局部或全面的更新改造。采取局部更新改造时，应对利旧管段进行全面的清淤疏通 |
| | Ⅲ类 | 合流制拟改为分流制 | 该类小区可考虑新建污水管网，实现雨污分流的同时实现污水系统提质增效。针对排水系统老旧、设计标准过低的小区，应考虑重建排水系统。改造后应对仍利用的旧管段进行全面的清淤疏通 |
| | Ⅳ类 | 分流制且出水 $COD_{Cr}$ 浓度＜A（晴天） | 该类小区应考虑新建污水管网，实现污水系统提质增效 |
| | Ⅴ类 | 分流制且出水 $COD_{Cr}$ 浓度≥A（晴天） | 该类小区以管道清淤疏通、雨污水错接改造、破损管道修复等工作为主 |
| 棚户区 | Ⅵ类 | 新建污水系统 | 该类棚户区排水系统改造以新建污水系统为主，确保污水系统做到"全覆盖、全收集、全处理" |

注：出水浓度分类值 A 与工程目标、现状情况相关，应根据实际情况确定，借鉴九江经验 A 取值范围为200～260mg/L。

2）树立浓度优先工作理念

（1）分流制区域废除化粪池。

分流制排水系统在已建立较为完善的污水处理设施和健全的运行维护制度的前提下废除化粪池，可以在降低安全隐患的同时提高小区污水 COD 浓度。对于废除化粪池的小区，污水接入市政管网前设置格栅监测井，并定期检查及清淤疏通[26]。

（2）利旧管道 CCTV 全检。

对于小区存量管网，如需利旧使用必须全面开展 QV 及 CCTV 检测，严禁出现不经CCTV 检测盲目利旧的情况。

（3）小区出口水质浓度检测。

排水管道验收在常规闭水试验及 CCTV（QV）检测的基础上增加小区出口水质浓度考核要求，确保浓度提升目标可达。

3）研究细节，保障治理效果

（1）管材选择。

管材选择应综合考虑管道承压性、密封性、耐久性以及国内各地经济发展状况等因素。

优先考虑承压性时，对于 DN600 以上小区雨水管及市政道路雨水管，宜选钢筋混凝土管，可选用高密度聚乙烯（HDPE）缠绕结构壁管（B 型）；对于 DN600 及以下小区雨水管及市政道路雨水管，宜选高密度聚乙烯（HDPE）缠绕结构壁管（B 型），可选玻璃纤维增强塑料夹砂管（FRPM）、钢筋混凝土管。

优先考虑密封性时，对于 DN600 以上小区污水管道，宜选高密度聚乙烯（HDPE）缠绕结构壁管（B 型）、球墨铸铁管，可选用钢筋混凝土管（DN600 以上）及玻璃纤维增强塑料夹砂管（FRPM）；对于 DN600 及以下小区污水管道，宜选高密度聚乙烯（HDPE）缠绕结构壁管（B 型），可选球墨铸铁管及玻璃纤维增强塑料夹砂管（FRPM）。

（2）接户管连接方式。

每根污水排出管需单独直接接入检查井，严禁将多根污水排出管合并后再接入检查井。

# 4.2 施工阶段管理

## 4.2.1 勘察设计现场服务

### 1. 现场技术交底

为使参建各方详细了解工程设计意图，所采用的技术、工艺及材料，以及施工中应注意的事项，掌握工程关键部分的施工及技术要求等，开工前勘察及设计单位必须对提交的勘察成果及施工图纸进行系统的交底，保证工程质量，确保项目目标可达。

勘察单位应重点介绍勘察内容、管线基本情况（种类、路由及深度等）、重点管线情况（燃气及强电管线）、未探明或疑似管线情况、管道主要缺陷及主要问题等。设计单位应重点介绍工程概况、现状分析、改造目标、设计要点、沟槽支护措施、施工要点、验收要求、重点涉及安全事项及应采取的措施等。九江市中心城区水环境系统综合治理项目现场交底流程图见图 4-1。

### 2. 地质预报

沟槽开挖前勘察单位应编制地质预报，具体要求如下：

（1）原则上开挖深度大于 1.5m、地质条件情况复杂的沟槽，均应编制地质预报。

（2）原则上当每段沟槽开挖长度不少于 5m，且沟槽开挖至设计标高后，监理单位应组织勘察单位进行现场地质确认。

（3）勘察单位根据已开挖揭示的地质情况，编制地质预报，可一条道路或一个小区作为一个单元进行地质预报，地质预报时应明确预报的长度或范围。

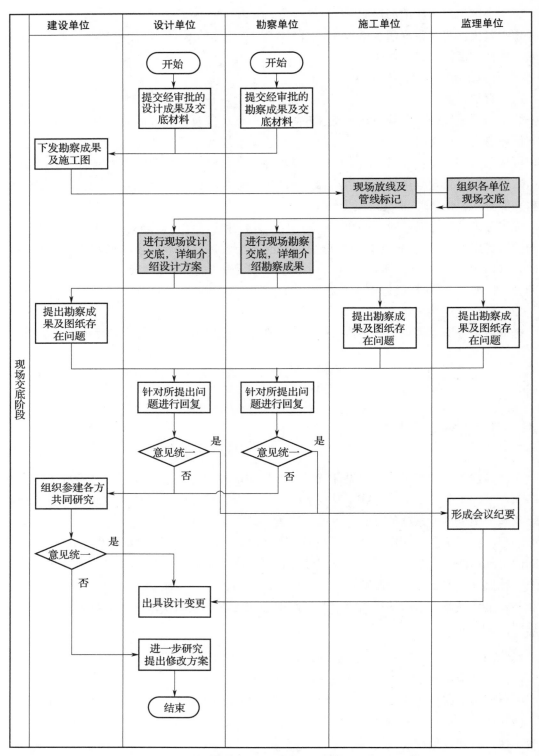

图4-1　九江市中心城区水环境系统综合治理项目现场交底流程图

（4）当施工时发现地质条件与地质预报变化时，监理单位应及时组织各参建单位进行现场踏勘，确定开挖及支护方式，勘察单位相应更新地质预报。若现场鉴定发现存在重大安全隐患，应立即停工，待参建各方商定处理措施后方可进行后续施工。

### 3. 二次精细化物探

施工单位根据勘察设计文件现场确定存在沟槽开挖安全风险的重点部位，监理单位组织物探勘察单位对重点部位进行二次精细化物探，进一步明确重点部位既有管线信息（种类、位置、埋深等）。

### 4. 现场巡查

为进一步加强现场质量安全管理，及时发现存在问题，勘察设计单位每周应开展现场巡查工作。

（1）勘察单位每个作业面每周开展不少于两次现场巡查，并根据巡查情况编制巡查报告。巡查工作主要包含以下内容：

①沟槽地质情况：坑壁和坑底的土质与地勘报告、地质预报是否吻合，工程特性、均匀性情况，不良地质区段土质情况（原杂填土、浜土、软土、流沙、夹层土、浅层岩土）以及场地积水或渗水情况等。

②沟槽周边情况：沟槽及周边是否有变形，相邻建筑和沟槽顶部是否有堆载、成槽时间，支护是否及时等。

③沟槽开挖情况：沟槽长度、深度、坡比是否符合设计图纸，沟槽及周边是否有变形，相邻建筑和沟槽顶部是否有堆载、成槽时间，支护是否及时等。

④沟槽支护与降排水情况：采用何种支护方式，支护是否及时，支护是否满足设计规范要求，降排水效果情况。

（2）设计单位每个作业每周开展不少于一次现场巡视检查，巡视检查记录表示例见表 4-2。

表 4-2　巡视检查记录表示例

工程名称：　　　　　　编号：

| 巡视地点 | | 巡视时间 | | 施工单位 | |
| --- | --- | --- | --- | --- | --- |
| 巡视检查内容及意见 | | | | 沟槽开挖及支护现场照片 | |
| 巡视内容：<br>1. 基坑地质概况<br>巡视段为长江大道开挖修复 W114-W115 段，坑壁及坑底为含黏性土卵石（局部夹漂石），红褐色黏性土充填，该土体均匀性较好，承载力较高，基坑内未发现渗水和稳定地下水位，与地勘报告基本吻合。<br>2. 基坑开挖概况<br>该段基坑深度 2.3~3.7m，采用放坡开挖，放坡坡率为 1：0.70，经现场踏勘及走访，未发现基坑顶部有变形裂缝迹象，现状稳定，局部坡顶有少量弃土河沙堆载。<br>3. 基坑支护情况<br>现场根据设计方案（坡率 1：0.70）进行放坡开挖，由于近期降雨，局部采用防水隔膜遮盖边坡坡体，满足设计要求及规范。<br>4. 现场监测、实验资料<br>无。<br>5. 存在问题及建议<br>该段基坑最大深度为 3.7m，为危险性较大的分部分项工程，建议加强基坑变形监测，坡顶严禁堆载。 | | | | | |

## 4.2.2 施工过程管理要求

### 1. 污水应接尽接

（1）施工单位进场前应对小区排水系统支管情况进行详细摸排（排查手段不限于入户调查、建筑沿线探沟排查等），明确改造范围内每栋房屋排水户数、支管数量、管道属性等，并建立小区支管台账。

（2）施工单位进场前应实地调查每栋楼的雨水立管，核实雨水立管混接情况，将雨水立管情况纳入小区支管台账。

（3）施工过程中发现物探成果或设计图中遗漏的污水支管时，应秉持"应接尽接"原则将其接入新建（或改造后）污水系统，报监理单位知晓，并及时更新支管台账。

（4）分流制小区全部新建污水管道的旱天污水 $COD_{Cr} \geq A$（$A$ 值根据工程目标及现状情况确定，下同），雨天浓度降低不超过 20%；分流制小区部分新建污水管道的 $COD_{Cr} \geq 80\%A$（按地下水渗入量 20% 考虑）；合流制小区管道全部更新的旱天污水 $COD_{Cr} \geq A$；合流制小区管道部分改造的旱天污水 $COD_{Cr} \geq 80\%A$（按地下水渗入量 20% 考虑）。

### 2. 沟槽开挖支护管理

（1）施工单位应严格按照设计图纸及相关规范要求进行沟槽施工，沟槽挖土时应自上而下进行，严禁掏挖，沟槽支护应采用"先支后挖"或"分层开挖、随挖随支"的方式，监理单位应对施工单位沟槽支护进行监督，保障沟槽安全。

（2）对于放坡开挖的沟槽，应尽量减少沟槽暴露时间，严格控制沟槽两侧附加荷载，包括临时堆土、材料、施工机械等。要求材料及弃土堆放处距沟槽边缘不应小于 0.8m，且高度不应超过 1.5m。已开挖完成的沟槽，原则上挖机不得直接骑沟槽作业。

（3）施工前应对施工区域原有管线进行探挖，原有地下管线外边缘 0.8m 范围内必须采用人工探挖，禁止使用挖机等大型机械设备，必须先采用人工开挖探坑的方式详细、彻底验证各种管线的特性和特征，并在管线分布图上进行确认和标注。原则上管线探挖最大深度为 1.5m，探坑深度应比沟槽超挖 10cm，并采用人工进行薄层轻挖，不得使用尖锐工具。

（4）施工单位应对地下管线资料进行复核，全面掌握原有地下管线的实际走向和埋设深度等情况，根据实际工况有针对性地编制管线保护专项方案，对燃气、电力等管线部位，明确保护措施及施工工艺。在管线施工过程中，可以采用悬吊法、隔离法、卸载保护法、支撑法、土体加固法等方法来避免引起管线损坏，管线保护专项方案作为开工前必备的条件，须经监理单位严格审批，未经审批不得开工。

（5）开挖深度 2~3m（不含 3m）的沟槽，且开挖线以外 2 倍沟槽深度范围内存在重要建（构）筑物的，应开展施工期安全监测。

（6）对作业面深度在 1.5~3m（不含 3m）的开槽埋管施工，推荐采用箱式横列板支护方式，提高施工效率。箱式横列板支护现场照片见图 4-2。

（a）管道敷设　　　　　　　　　　（b）沟槽回填

图 4-2 箱式横列板支护现场照片

### 4.2.3 质量安全网格化管理

质量安全网格化管理，是结合长江大保护项目施工作业特点，经创新、实践得出的网格化管控新模式，将项目按管理片区划分网格，分层、分级、分专业、分片区管控，实现质量安全管理"一张网格拉到顶，横向到边、纵向到底"，不留盲区、不留死角，有效解决监理、总承包单位人力资源投入不到位，分包单位管理松懈及施工作业面点多、面广、战线长等问题[27]。

#### 1. 建立网格化管理体系

建立网格化管理体系，主要是建立建设单位、监理单位、施工单位为一体的分层、分级管理体系，将工作面划片区管理，建设单位、监理单位及施工单位各设一名片区网格长，每个网格长对应管理不超过 3 个作业面，负责统筹管控片区内的施工质量安全及施工进度。每个片区内，施工单位设一名安全员、质检员，在网格长的带领下，开展质量安全巡检、质检验收等工作。一个片区由多个作业面组成，各作业面监理单位、施工单位分别设一名网格员，负责该点位的施工质量、施工安全、生产建设等具体事宜，监理网格员对应施工网格员 1:2 配置，距离较远时则为 1:1 配置。网格长、网格员根据项目管理需求限定人员准入年限，提高管理规范性。质量安全生产网格化组织体系见图 4-3。

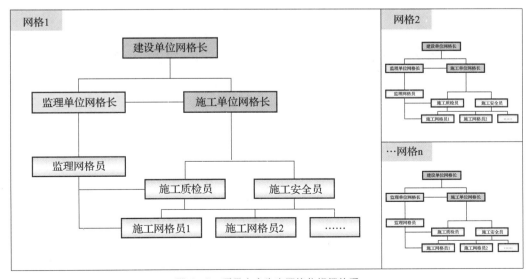

图 4-3 质量安全生产网格化组织体系

## 2. 网格化管理实行公示

施工现场设置网格化管理公示牌，公示牌信息包含建设单位、监理单位及施工单位网格管理人员信息。网格化管理公示使进场施工人员信息透明化，一是明确网格责任范围，提升各级管理人员知晓率，确保随时都能找到责任人；二是施工现场设置施工技术方案、安全专项方案、施工图纸、技术交底汇总二维码公示牌，各级管理人员可随时扫描二维码查看该部位施工技术及工程管理要点，统一施工标准；三是对分包单位实名登记管理，施工、监理单位各级网格化管理人员、民技工的安全帽上粘贴个人信息二维码，并将网格化二维码公示（示例见图4-4），内容包括姓名、年龄、进场时间、网格化岗位职责（管理人员）、工种（民技工）、进场教育交底等，严格管控进场人员，未经批准、未经岗前培训合格人员，一律不允许进场，进一步规范人员准入。

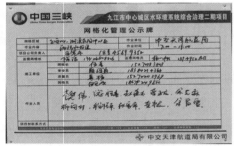

（a）网格化公示牌

（b）网格化责任公示牌

（c）班组人员信息、培训教育、交底公示　　　　（d）方案、图纸、交底等二维码公示

图4-4　网格化二维码公示示例

## 3. 网格管理数据动态监管

网格化管理严格执行班前会、质量安全验收、夜间施工日报送、监理单位点评机制。施工单位安全员、质检员每日在项目管理群内向监理、建设单位报送该片区当日班前会开展情况、工程质量、安全验收情况（如检验批验收、沟槽开挖支护验收、气囊验收、有限空间作业安全措施验收等）。监理单位每日点评、通报施工报送内容存在问题，查摆管理问题及现场施工隐患，动态监管网格管理人员履职情况。监理单位网格长每日报送各网格当日作业信息、次日作业计划，包括作业点位、施工工艺、是否为危大工程、需要协调解决的问题等。通过建立建设—监理—施工单位沟通协调平台，形成上下齐抓共管、及时沟通反馈、及时协调解

决的管理模式，确保问题发现及时、处理及时、闭合及时。

### 4. 网格班前教育

网格化严格执行班前教育。每日施工前，由施工单位网格员组织分包单位召开班前会及班后作业面检查，监理单位网格员定期抽查落实情况，并对班前会召开内容、及时性进行点评。

### 5. 网格管理"一周一案"

"一周一案"指建设单位、监理单位、施工单位网格长每周对本片区质量、安全问题进行一次总结，对本周网格内的典型质量、安全问题，召开专题研讨会，深入剖析典型问题，准确查找问题根源，制订下步整改提升措施，做到"举一反三、四不放过、警示教育"，着力提升事前预控和事中督查成效。各级网格长加大对不良质量、安全事件追责力度，建立"不二过"处理机制，对责任人、重复发生问题以指数形式加倍处罚，坚决杜绝同类问题二次发生。

### 6. 网格管理监督考核

施工单位网格员严格执行每日签到打卡制，与分包单位作业班组同步上下班，保证"施工时时有人管、质量刻刻有人控"，无管理时间盲区。监理单位网格员每日对施工网格员记录考勤，在群内报告分管作业面内网格员到岗情况，对缺岗网格员按次进行加倍处罚。建设单位制定网格管理考核奖惩措施，根据该片区内施工质量优良情况，结合日常网格长、网格员履职、到岗情况，每月评选"优秀网格长""优秀网格员"，给予经济奖励，并专栏宣传公示，提高网格管理人员积极性。

### 7. 网格化实名举牌验收

网格化举牌验收指制作验收牌，对网格内的安全、质量重要工序、关键环节进行举牌验收。验收牌内容包括施工部位、验收内容，以及网格员、质检员、安全员等责任人的姓名。该工序验收时，由质检员、安全员、网格员共同举牌拍照验收，确保质量控制、安全措施到位。实名举牌验收项目表见表 4 - 3。

表 4 - 3　实名举牌验收项目表

| 序号 | 类别 | 细项 | 实名举牌验收项目（包括不限于） |
|------|------|------|--------------------------------|
| 1 | 质量 | 原材料进场 | 管材及配件、砂石、钢筋、混凝土、预制井等原材料及中间产品进场验收等 |
| 2 | | 管网工程 | 管网沟槽施工关键工序五张图（即沟槽开挖、管道基础、管道铺设、管道接头、沟槽回填五张图）、闭水试验等 |
| 3 | | 非开挖修复 | 预处理、修复后质量等 |
| 4 | | 混凝土工程 | 钢筋绑扎、模板搭设、混凝土浇筑、钢筋保护层厚度、钢筋间距控制等 |
| 5 | | 检验检测 | CCTV 检测、原材料取样送检、地基承载力检测、压实度检测、混凝土实体检测等 |
| 6 | 安全 | 材料、设备、机械 | 施工材料、机械、设备、劳保用品、有限空间作业气囊进场验收等 |
| 7 | | 安全措施 | 作业面围挡、沟槽支护验收、交通导行警示标识、脚手架、临时用电、有限空间作业气体检测、通风等 |

### 4.2.4 质量安全信息化管理

质量安全信息化管理，指的是利用信息化手段（如开发小程序、软件等）管控施工现场或简化内业资料管理，以达到提高管理效率、强化管理措施的目的。

#### 1. 安全管理系统

安全管理系统主要包括施工任务、隐患排查、安全技术交底、班前会、风险管控、安全巡查、教育培训、领导带班、安全知识库九大功能模块。监理、施工单位管理人员均注册有安全管理系统账号，运用安全管理系统将每日施工任务、班前会、安全技术交底、隐患排查问题等上传至系统内。鼓励监理、施工单位积极运用安全管理系统开展隐患排查，发现隐患上传系统，提交至对应网格员组织施工班组整改，对隐患提交数量较多的单位或个人予以奖励，对被查隐患问题较多的单位或个人予以处罚，达到隐患排查到位、整改及时的目的。

#### 2. 网格化管理系统

网格化管理系统是深化质量安全网格化管理的重要信息化手段，参建各方利用网格化管理小程序，对网格化进行精细化管控，提高网格管理人员执行力。通过网格化管理系统建立每日施工作业前报批制度，由施工网格员申报、监理网格员审核、建设单位网格员备案，提高各级网格管理人员履职尽责能力。报批内容主要包括每日施工作业面内容、危大工程作业、施工部位定位、管理人员和施工单位等信息。运用系统分析每日上传的作业面信息，并展示危大工程台账、有限空间台账、重点危险源管控台账以及施工部位位置信息等（见图4-5），以及在建作业面数量、人员数量的变化趋势（见图4-6），有效解决点多面广、战线长问题，提高管理人员对现场的把控能力。

（a）危大工程台账

（b）有限空间台账

（c）重点危险源管控台账

（d）施工部位位置信息

图4-5 网格化管理系统应用示意图

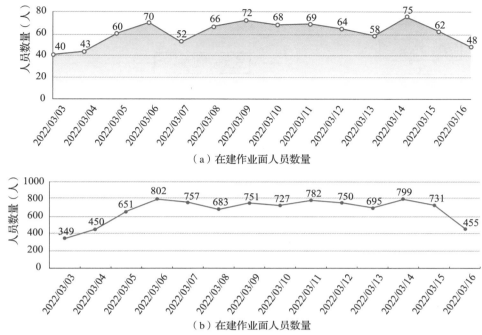

（a）在建作业面人员数量

（b）在建作业面人员数量

图 4-6　在建作业面数量、人员数量的变化趋势

3. 质量管理系统

质量管理系统主要包括质量检验批验收、功能性试验、质量巡检、非开挖修复验评 4 个功能模块，施工班组长、网格员、质检员安装系统 App 软件，资料员通过创建单位工程（子单位工程）、分部工程（子分部工程）、分项工程、检验批等信息数据库，对工程质量基础数据进行划分，包括合同标段、编码、名称、是否重要部位、施工状态、开始时间、结束时间、工程类型，以及检验批、分部、分项工程的新增、编辑和删除操作。项目严格执行三检制，将施工单位初检、复检、终检（简称"三检"）人员验收及监理单位监理工程师验收纳入质量管理系统统一管理，施工单位"三检"人员填写检验批验收记录表，系统内提交监理审核，以强化质量过程管理。建设单位具有系统使用管理权限，可实时通过系统抽查质量验收情况，实现质量管理数据化、信息化。质量管理系统审批流程见图 4-7。

4. 视频监控系统

新开工作业面必须严格配置视频监控，原则上现场每个工作面至少配备 1 台监控设备，可结合现场实际情况，根据视频最大监控范围，增设个数。新开工工作面未安装视频监控系统，不允许开工。施工时段小于 2d 的零散作业点可不安装视频监控。设立视频监控检查室，建设单位、监理单位、施工单位每天通过视频监控系统对项目现场进行检查，填写检查日志，一是检查视频监控系统配置是否全覆盖作业点；二是检查视频监控摄像头是否运行正常，有故障及时报备；三是检查网格长、网格员是否履职在岗。某视频监控平台界面见图 4-8。

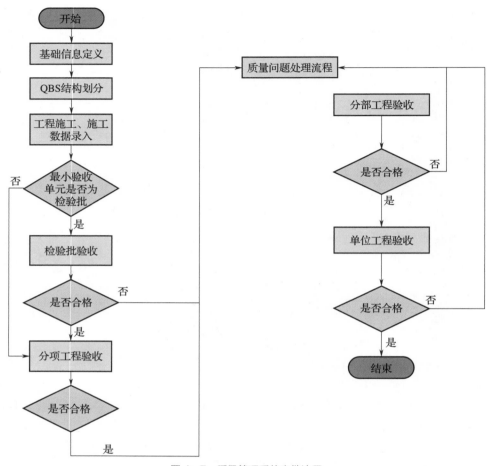

图 4 - 7　质量管理系统审批流程

图 4 - 8　某视频监控平台界面

#### 4.2.5 市政管网施工及非开挖修复质量管理

水环境系统综合治理项目以管网为核心，施工任务主要为新建管网与存量管网非开挖修复。为确保污水全收集，管网施工及非开挖修复质量管理尤为重要，甚至决定后期污水厂水量、水质。

1. 市政管网施工质量管理

1）管材举牌验收、分级检测，强化源头质量管理

管材质量是影响水环境系统综合治理成效的关键要素，项目管材采用甲供甲控的管理模式。在采购方面，现场所用的管材由建设单位统一采购。在管控方面，一是管材进场验收实行监理，施工单位举牌验收，确保管材外观质量合格；二是管材实行分层分级检测，管材进场使用前，一级检测由建设单位的物资采购单位全批次抽样检测，二级检测由施工单位现场取样检测，三级检测由建设单位取样送检，通过分层分级检测手段，确保管材各项指标满足设计要求。

2）施工过程质量管理

（1）管道施工"五张图"过程质量控制。

管道施工为隐蔽工程，下一工序的施工会覆盖上一工序的施工，容易使得上一工序施工存在的质量问题被隐蔽忽略，无法及时被过程监督发现，给后期成品使用、运营过程带来质量隐患，且二次解决和控制的难度也更大。根据隐蔽工程特点，优化管网施工工序管理，实行管网施工"五张图"（即沟槽开挖、地基处理、管道敷设、接头连接、管道回填五道工序施工图）管理，参建各方严格把控五道工序施工质量，留存"五张图"作为验收重要依据，强化管道施工过程质量管控。过程中，通过审查核验沟槽开挖、地基处理、管道敷设、接头连接、管道回填五道工序验收资料，旁站监督、量测五道工序施工情况，变"隐蔽"为"透明"，过程进行质量控制。

（2）强化管道连接严密性。

管道连接时，采用 2 台手扳葫芦将管节对称、同步拉动就位，使管节连接严密、顺直，不出现脱节、错口问题。管道承插连接完成后，在接头处采用热熔工艺安装热熔套，可有效防止管道施工完成后因热胀冷缩、管道受外界扰动带来的接口处渗漏问题，确保污水全收集。管道连接工艺流程图见图 4-9。

3）已完工管网 CCTV 分层分级检测

为保证管道施工质量，施工单位应对全部施工完成的管道进行 CCTV 检测，对检测中发现的缺陷，应按建设单位要求完成整改。在施工单位检测基础上，建设单位按不低于全部施工完成管道的 20% 进行抽检，确保管网运营零缺陷。

2. 管道非开挖修复施工质量管理

1）开展非开挖修复工艺试验

非开挖修复施工前，在地上开展工艺试验，参建各方结合设计、规范要求，结合工艺试验情况，进一步深化工艺质量控制要求。

（a）将管道承口和插口擦拭干净　　　（b）将橡胶圈擦拭干净　　　（c）安装橡胶圈

（d）检查橡胶圈是否有　　　（e）管道插口、承口处均匀　　　（f）将管道插口对齐管道承口
　　扭转脱落现象　　　　　　　涂刷润滑剂　　　　　　　　轴线往承口内顶入

（g）从两侧用手扳对拉葫芦　　　（h）再次检查橡胶圈是否有　　　（i）确认管道承插连接符合
　　同步拉动管道　　　　　　　脱落扭转现象　　　　　　　要求后，套好热熔套

（j）管道下侧垫小木方，　　　（k）检查热熔套熔贴情况　　　（l）管道连接完毕
　　均匀加热热熔套

图 4-9　管道连接工艺流程图

2）建立非开挖修复"三张图"管控机制

对非开挖修复管道预处理、非开挖修复参数控制、修复后验收 3 个关键环节，实行非开挖修复隐蔽工程质量验收"三张图"管理。"三张图"指：一是管道预处理一张图。管道预处理完成后施工单位采用 CCTV 检测方式对预处理效果进行全面核查，防止预处理环节不到位，并形成预处理影像资料，监理对预处理影像资料进行验收，确保预处理满足要求；二是非开挖修复技术参数一张图。修复过程中施工单位应严格控制修复过程的工艺参数，如紫外光固化工艺的灯架巡航速度、温度、固化时间等，严格拍照记录每一检验批参数设置，确保工艺满足要求；三是修复后质量检测一张图。施工完成后，全面采用 CCTV 对已修复管道进行检测，发现缺陷及时返工处理，形成影像资料，确保修复质量合格。

# 第 5 章　治理成果

## 5.1　小区改造成效显著

建筑小区是城市组成的基本单元,其正常有序的排水系统是黑臭水体治理和污水系统提质增效的源头关键点。在黑臭水体治理方面,要特别重视临河小区的污水直排口、混错接雨水排口对河道污染的问题;在污水系统提质增效方面,通过新建和修复污水管道、管道清淤、收集优质碳源,从源头实现污水收集效能提升。

九江两河项目改造源头小区 77 个,并结合水质监测对研究范围内小区进行因地制宜的分类研究改造。一方面,小区改造后,沿十里河、濂溪河原有的 50 个污水直排口污染问题得到了解决,实现了河道水质的提升;另一方面,源头小区改造后,小区污水系统出口 COD 浓度提升明显。根据数据统计,80％的小区出口 COD 浓度由小于 100mg/L 提升至大于 200mg/L,近 50％的小区改造后出口 COD 浓度达到 300mg/L。典型小区改造前后出口 COD 浓度对比见图 5-1。

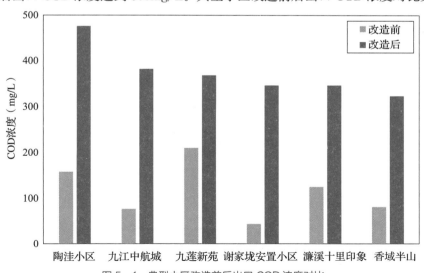

图 5-1　典型小区改造前后出口 COD 浓度对比

## 5.2　河道水质明显改善

原十里河黑臭段共 7.2km（属轻度黑臭），起点为莲花镇中心小学，终点为八里湖入湖口。十里河沿线有 3 条支流汇入，分别是濂溪河、小杨河和龙门沟。

两河流域水环境治理按照"控源截污、内源治理、能力提升、生态修复"的治理思路，对十里河河道的黑臭问题进行逐项重点整治。截至 2021 年 8 月，根据十里河河道水质监测指标分析，莲花镇中心小学跨河桥处至八里湖湖口的轻度黑臭段，氨氮由 12mg/L 降至 1.3mg/L 以下，溶解氧从 6mg/L 提升至 7.35mg/L，氧化还原电位从 150mV 提升至 430mV，透明度从 10cm 提升至 40cm 左右，十里河中、下游水质得到了明显改善[9]。

2021 年 2 月，十里河完成黑臭水体销号，氨氮、化学需氧量、溶解氧等主要水质指标达到地表水Ⅳ类标准，微生物、两栖生物、鱼类、鸟类群落的栖息空间初步形成，河道自净能力已逐步恢复。

### 5.2.1　水质检测布点与检测方法

#### 5.2.1.1　水质检测布点

为了识别十里河沿线的水质状态，对重点部位进行布点，根据点位要求进行水质检测工作。十里河河道水质检测布点原则是：沿十里河河道断面每 400～600m 处设置一个检测点；每个排口处下游 100m 内设置一个检测点；有支流汇入处设置检测点。根据以上检测布点原则，十里河河道共布设 32 个检测点，详见图 5-2。

#### 5.2.1.2　水质检测方法

根据《城市黑臭水体整治工作指南》（2015 年 8 月）中城市黑臭水体分级评价指标，选取透明度、溶解氧、氧化还原电位和氨氮四项特征指标作为十里河河道水质检测指标。

所有水样带回第三方检测技术中心放于恒温箱内保存，24h 内分析测定完毕，相关化学指标的测定方法参照国家标准。水质指标测定方法见表 5-1。

表 5-1　水质指标测定方法

| 序号 | 检测指标 | 测定方法 | 备注 |
|---|---|---|---|
| 1 | 透明度 | 塞氏盘法<br>《水和废水监测分析方法（第四版）（增补版）》国家环境保护局（2002 年） | 现场原位测定 |
| 2 | 溶解氧 | 电化学法<br>《水和废水监测分析方法（第四版）（增补版）》国家环境保护局（2002 年）<br>第三篇第三章第一节 | 现场原位测定 |
| 3 | 氧化还原电位 | 电极法<br>《水和废水监测分析方法（第四版）（增补版）》国家环境保护局（2002 年）<br>第三篇第三章第一节 | 现场原位测定 |
| 4 | 氨氮 | 纳氏试剂光度法<br>HJ 535—2009《水质氨氮的测定纳氏试剂分光光度法》 | — |

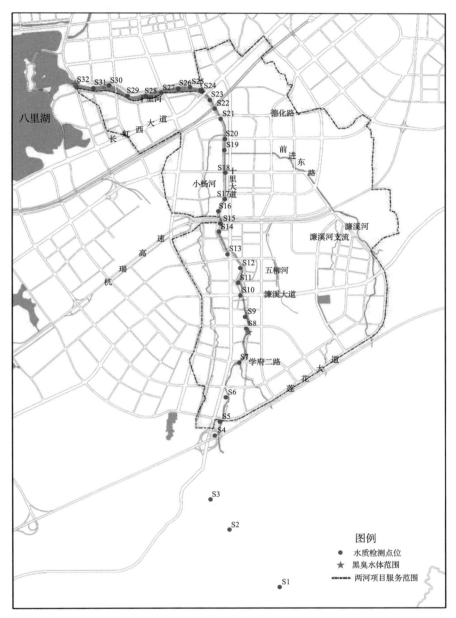

图 5-2　十里河河道水质检测布点图

## 5.2.2　水质检测结果与分析

### 5.2.2.1　水质检测结果

　　十里河经系统治理后，河道水质明显改善，已全面达到黑臭水体考核的标准要求。十里河河道水质不同检测指标检测结果见表 5-2 和表 5-3。

表 5-2　十里河河道水质检测结果——透明度、溶解氧（2019.9—2021.8）

| 编号 | 名称 | 透明度（cm） | | | 溶解氧（mg/L） | | |
|---|---|---|---|---|---|---|---|
| | | 治理前（2019.9—2020.2） | 治理中（2020.3—2020.8） | 治理后（2020.9—2021.8） | 治理前（2019.9—2020.2） | 治理中（2020.3—2020.8） | 治理后（2020.9—2021.8） |
| S1 | 十里河莲花洞森林公园 | 16 | 34 | 33 | 9.82 | 8.53 | 7.26 |
| S2 | 十里河皇庭庐境跨河桥处 | 16 | 33 | 30 | 9.82 | 8.53 | 7.24 |
| S3 | 十里河莱茵河畔休闲农庄对面跨河桥 | 16 | 33 | 30 | 9.82 | 8.18 | 7.23 |
| S4 | 十里河青英小学跨河桥处 | 16 | 30 | 27 | 9.82 | 8.29 | 7.13 |
| S5 | 十里河与莲花大道交界处 | 21 | 31 | 29 | 8.42 | 8.30 | 7.13 |
| S6 | 怡溪苑小区跨河桥处 | 13 | 29 | 26 | 7.07 | 8.18 | 7.21 |
| S7 | 十里河与学府二路交界处 | 8 | 27 | 27 | 6.05 | 8.10 | 7.17 |
| S8 | 莲花镇中心小学跨河桥处 | 8 | 29 | 28 | 4.80 | 7.93 | 7.40 |
| S9 | 十里河莲花集镇社区处 | 8 | 28 | 27 | 4.80 | 7.88 | 7.47 |
| S10 | 十里河与濂溪大道交界处 | 14 | 28 | 27 | 7.39 | 8.01 | 7.42 |
| S11 | 奥克斯缔壹城2处 | 14 | 31 | 28 | 7.39 | 7.80 | 7.47 |
| S12 | 奥克斯缔壹城1处 | 18 | 30 | 26 | 6.76 | 8.03 | 7.61 |
| S13 | 十里河与十里大道交界处 | 30 | 39 | 33 | 7.30 | 7.84 | 7.02 |
| S14 | 十里河俊逸花园跨河桥处 | 30 | 37 | 32 | 7.30 | 7.73 | 7.23 |
| S15 | 十里河与杭瑞高速交界处 | 15 | 35 | 30 | 7.38 | 8.02 | 7.22 |
| S16 | 小杨河第一个排口处 | 26 | 32 | 29 | 6.83 | 7.77 | 7.25 |
| S17 | 十里河九柴社区跨河桥处 | 26 | 34 | 32 | 6.83 | 7.68 | 7.32 |
| S18 | 十里河与前进西路交界处 | 28 | 27 | 30 | 7.08 | 7.45 | 7.65 |
| S19 | 十里河与濂溪河汇入处 | 20 | 34 | 39 | 6.72 | 7.20 | 7.25 |
| S20 | 小杨河第二个排口跨河桥处 | 27 | 30 | 42 | 6.52 | 7.02 | 7.19 |
| S21 | 十里河与德化路交界处 | 31 | 27 | 40 | 5.90 | 6.57 | 7.00 |
| S22 | 十里河与铁路桥交界处 | 31 | 27 | 54 | 5.90 | 6.45 | 6.85 |
| S23 | 十里河桃源苑处 | 31 | 25 | 51 | 5.90 | 6.34 | 6.57 |
| S24 | 十里河与长虹西大道交界处 | 34 | 29 | 40 | 6.04 | 6.79 | 6.33 |
| S25 | 十里河生态公园2处 | 34 | 29 | 43 | 6.04 | 6.33 | 6.63 |
| S26 | 十里河生态公园1处 | 34 | 26 | 49 | 6.24 | 6.59 | 6.69 |
| S27 | 十里河与长江大道交界处 | 33 | 27 | 51 | 6.26 | 7.50 | 6.66 |
| S28 | 十里河中航城处 | 33 | 26 | 44 | 6.26 | 7.37 | 6.40 |
| S29 | 十里河亲水平台处 | 37 | 23 | 49 | 5.46 | 7.56 | 6.54 |
| S30 | 李家山泵站排口处 | 32 | 26 | 56 | 5.41 | 7.37 | 6.68 |
| S31 | 十里河拐角处1处 | 37 | 27 | 55 | 5.86 | 7.50 | 6.71 |
| S32 | 十里河八里湖入湖口 | 35 | 24 | 49 | 5.81 | 7.69 | 6.58 |

表 5 - 3　十里河河道水质检测结果——氧化还原电位、氨氮（2019.9—2021.8）

| 编号 | 名称 | 氧化还原电位（mV） | | | 氨氮（mg/L） | | |
|------|------|------|------|------|------|------|------|
| | | 治理前（2019.9—2020.2） | 治理中（2020.3—2020.8） | 治理后（2020.9—2021.8） | 治理前（2019.9—2020.2） | 治理中（2020.3—2020.8） | 治理后（2020.9—2021.8） |
| S1 | 十里河莲花洞森林公园 | 161 | 371 | 469 | 0.26 | 0.44 | 0.10 |
| S2 | 十里河皇庭庐境跨河桥处 | 161 | 359 | 461 | 0.26 | 0.43 | 0.08 |
| S3 | 十里河莱茵河畔休闲农庄对面跨河桥 | 161 | 359 | 460 | 0.26 | 0.52 | 0.08 |
| S4 | 十里河青英小学跨河桥处 | 161 | 359 | 453 | 0.26 | 0.51 | 0.09 |
| S5 | 十里河与莲花大道交界处 | 151 | 350 | 450 | 0.31 | 0.54 | 0.10 |
| S6 | 怡溪苑小区跨河桥处 | 150 | 332 | 444 | 3.06 | 0.67 | 0.11 |
| S7 | 十里河与学府二路交界处 | 131 | 337 | 435 | 8.18 | 0.77 | 0.19 |
| S8 | 莲花镇中心小学跨河桥处 | 154 | 333 | 430 | 8.84 | 0.70 | 0.15 |
| S9 | 十里河莲花集镇社区处 | 154 | 322 | 427 | 8.84 | 0.60 | 0.12 |
| S10 | 十里河与濂溪大道交界处 | 167 | 317 | 426 | 7.81 | 0.76 | 0.27 |
| S11 | 奥克斯缔壹城2处 | 167 | 311 | 425 | 7.81 | 0.92 | 0.23 |
| S12 | 奥克斯缔壹城1处 | 148 | 307 | 424 | 12.54 | 1.14 | 0.26 |
| S13 | 十里河与十里大道交界处 | 140 | 317 | 427 | 11.03 | 1.44 | 0.51 |
| S14 | 十里河俊逸花园跨河桥处 | 140 | 317 | 423 | 11.03 | 1.37 | 0.48 |
| S15 | 十里河与杭瑞高速交界处 | 146 | 317 | 421 | 12.81 | 1.17 | 0.48 |
| S16 | 小杨河第一个排口处 | 152 | 308 | 419 | 11.05 | 1.41 | 0.53 |
| S17 | 十里河九柴社区跨河桥处 | 152 | 314 | 418 | 11.05 | 1.54 | 0.46 |
| S18 | 十里河与前进西路交界处 | 181 | 310 | 415 | 12.11 | 1.53 | 0.35 |
| S19 | 十里河与濂溪河汇入处 | 166 | 308 | 419 | 11.17 | 2.00 | 0.63 |
| S20 | 小杨河第二个排口跨河桥处 | 142 | 313 | 418 | 10.74 | 2.24 | 0.72 |
| S21 | 十里河与德化路交界处 | 144 | 312 | 418 | 13.38 | 2.56 | 0.74 |
| S22 | 十里河与铁路桥交界处 | 144 | 315 | 420 | 13.38 | 2.62 | 0.81 |
| S23 | 十里河桃源苑处 | 144 | 309 | 424 | 13.38 | 2.56 | 0.89 |
| S24 | 十里河与长虹西大道交界处 | 146 | 358 | 418 | 12.01 | 2.79 | 1.30 |
| S25 | 十里河生态公园2处 | 146 | 366 | 421 | 12.01 | 2.69 | 0.96 |
| S26 | 十里河生态公园1处 | 152 | 358 | 419 | 13.11 | 2.82 | 0.94 |
| S27 | 十里河与长江大道交界处 | 140 | 357 | 416 | 12.35 | 2.46 | 0.92 |
| S28 | 十里河中航城处 | 140 | 350 | 416 | 12.35 | 2.57 | 0.94 |
| S29 | 十里河亲水平台处 | 134 | 359 | 414 | 10.90 | 2.58 | 0.88 |
| S30 | 李家山泵站排口处 | 144 | 356 | 414 | 10.68 | 2.59 | 1.02 |
| S31 | 十里河拐角处1处 | 142 | 352 | 413 | 9.73 | 2.44 | 0.97 |
| S32 | 十里河八里湖入湖口 | 124 | 348 | 411 | 9.28 | 1.76 | 0.91 |

### 5.2.2.2 水质检测结果分析

**1. 时间维度上：治理后黑臭消除，河道水质明显改善**

根据工程建设周期，将 2019 年 9 月至 2021 年 8 月十里河水质检测数据分为治理前（2019.9—2020.2）、治理中（2020.3—2020.8）、治理后（2020.9—2021.8），对比治理前、中、后河道监测指标得出结论：系统治理后十里河河道黑臭水体问题已全面消除。

1）透明度指标变化情况

透明度是反映水体清洁或浑浊程度的一个常规指标，水体透明度大小是决定水体生产力高低的重要因子之一。由于透明度与水中物质含量及种类有直接的关系，水体中物质含量及其组成，均影响到水体的透明度。在正常天气和河道水中泥沙等不多的情况下，水体透明度高低主要取决于水中浮游生物的多少。夏季气温高，微生物代谢活跃，浮游生物和有机物多，水体透明度小；冬季水体浮游生物量少，水质清，透明度大。十里河治理前后水体透明度情况见图 5 - 3。

治理前（2019.9—2020.2）：受到直排口污染等因素影响，十里河河道整体透明度比治理后（2020.9—2021.8）要低，部分河段透明度指标处于黑臭水体考核标准以下。

治理中（2020.3—2020.8）：十里河河道上游水体透明度明显改善，但由于受到河道内及部分岸坡施工因素影响，十里河下游德化路—八里湖湖口段河道水体透明度有所下降。

治理后（2020.9—2021.8）：十里河水体整体透明度较好，河道全线水体透明度均值超过 25cm。

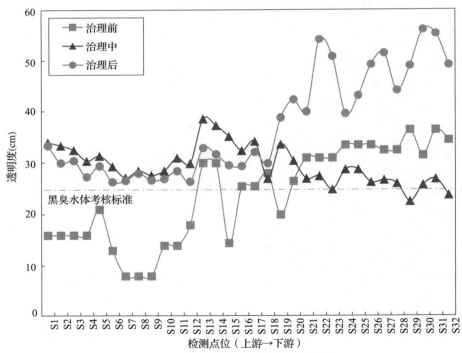

图 5 - 3　十里河治理前后水体透明度情况

2）溶解氧指标变化情况

溶解在水中的空气中的分子态氧称为溶解氧，水中溶解氧的含量与空气中氧的分压、水的温度都有密切关系。溶解氧通常有两个来源：一个来源是水中溶解氧未饱和时，大气向水体渗入的氧；另一个来源是水中植物通过光合作用释放出的氧。因此水中的溶解氧会由于空气中氧气的溶入及绿色水生植物的光合作用而得到不断补充。

在自然情况下，空气中的含氧量变动不大，故水温是主要的影响因素，水温越低，水中溶解氧的含量越高。但当水体受到有机物污染时，耗氧严重，溶解氧得不到及时补充，水体中的厌氧菌就会很快繁殖，有机物因腐败而使水体变黑、发臭。因此在水质一致的情况下，冬季溶解氧较夏季高；水质受污染时，溶解氧降低。十里河治理前后水体溶解氧情况见图 5-4。

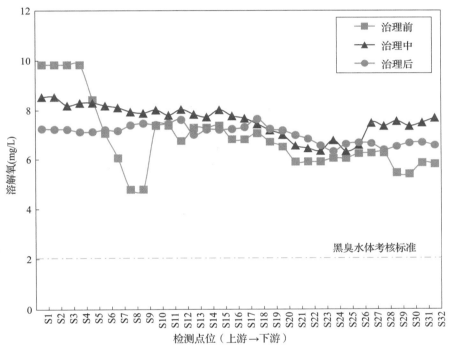

图 5-4  十里河治理前后水体溶解氧情况

在治理前、中、后三个检测时间段内，十里河河道溶解氧含量均高于 2mg/L，上游溶解氧含量整体高于下游。其中，治理前（2019.9—2020.2）河道上、下游溶解氧浓度波动最大；治理后（2020.9—2021.8）检测时间跨度更大，河道上、下游溶解氧浓度波动小、区域均衡。

3）氧化还原电位指标变化情况

氧化还原电位用来反映水溶液中所有物质表现出来的宏观氧化—还原性。氧化还原电位越高，氧化性越强；氧化还原电位越低，还原性越强。电位为正表示溶液显示出一定的氧化性，为负则说明溶液显示出还原性。对于一个水体来说，往往存在多种氧化还原电对，构成复杂的氧化还原体系。而其氧化还原电位是多种氧化物质与还原物质发生氧化还原反应的综合结果。黑臭水体中氧化还原电位值往往很低，易产生硫化氢、甲烷等气体。十里河治理前后水体氧化还原电位情况见图 5-5。

治理前、中、后三个时间段十里河河道的氧化还原电位均高于 50mV，指标由下游至上游升高，符合上游水质比下游好的现状。其中，治理后（2020.9—2021.8）河道水体氧化还原电位最高（400～500mV），综合反映了水体氧化性好、水体污染性物质少。

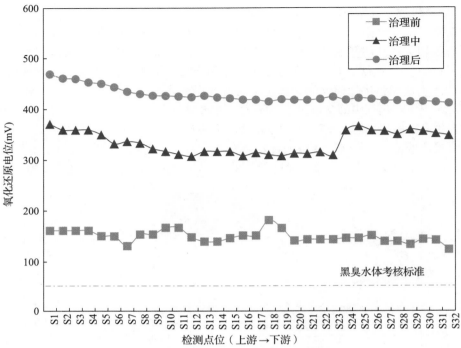

图5-5 十里河治理前后水体氧化还原电位情况

4）氨氮指标变化情况

氨氮是水体中的营养素，可导致水富营养化现象产生，是水体中的主要耗氧污染物，对鱼类及某些水生生物有毒害，是反映水体黑臭的主要指标之一。十里河治理前后水体氨氮情况见图5-6。

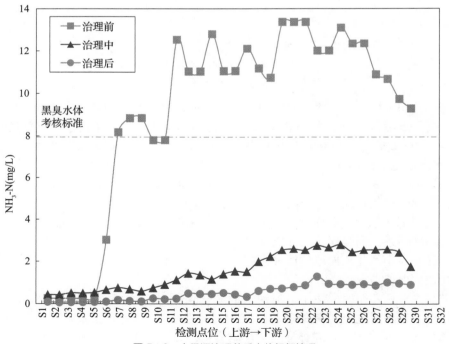

图5-6 十里河治理前后水体氨氮情况

治理前（2019.9—2020.2），从莲花镇中心小学开始，十里河河道检测断面氨氮浓度均超 8mg/L，属于轻度黑臭水体。随着逐步开展截污纳管、生态清淤等综合施策，治理后河道检测断面氨氮浓度达到 1.5mg/L 以下，河道水质大大改善。

2. 空间维度上：治理后河道水质规律性分析

据图 5-3～图 5-6 可知，十里河治理后河道上游（杭瑞高速以南）各点位水体 $NH_3$-$N$ 浓度明显低于河道下游，上游水体水质总体优于河道下游水体水质。

轻度黑臭水体透明度指标标准为 10～25cm，治理后十里河河道断面透明度检测值均在 25cm 之上。上游水质较优的情况下，透明度均值比下游要低的原因，主要为在较长时间跨度下（2020.9—2021.8），河道经历枯水期和丰水期，在水质均较好的情况下，上游测得数据基本为河道实际水深，上游河道深度比下游河道深度要浅，得出上游透明度数值比下游小。从黑臭水体消除达标角度来看，整个沿河段水体透明度均达到消除黑臭目标。十里河河道断面——透明度变化曲线见图 5-7。

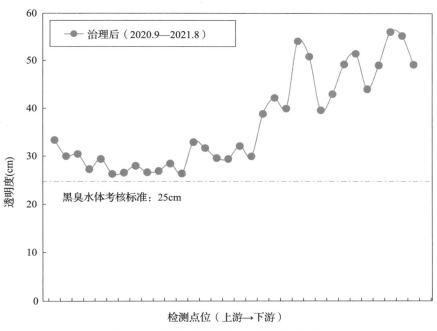

图 5-7　十里河河道断面——透明度变化曲线

轻度黑臭水体溶解氧指标标准为 0.2～2.0mg/L，治理后十里河河道断面溶解氧检测值均在 2.0mg/L 之上，整体为 6～8mg/L。其中，低值点主要处于杭瑞高速、长虹西大道处，原因是支流汇入引起水质波动。从黑臭水体消除达标角度来看，整个沿河段溶解氧含量均达到消除黑臭目标。十里河河道断面——溶解氧变化曲线见图 5-8。

轻度黑臭水体氧化还原电位指标标准为 -250～50mV，治理后十里河河道断面检测值均在 50mV 之上，但从上游到下游氧化还原电位处于下降趋势，反映水体氧化性缓慢减弱。从黑臭水体消除达标角度来看，整个沿河段氧化还原电位值均达到消除黑臭目标。十里河河道断面——氧化还原电位变化曲线见图5-9。

　　轻度黑臭水体氨氮指标标准为8.0～15mg/L，治理后十里河河道断面检测值均在8.0mg/L之下，且总体均值浓度处于1.5mg/L以下，水体质量较好。从河道上游到下游，杭瑞高速处河道断面氨氮浓度检测值有所升高，与支流汇入等因素有关。从黑臭水体消除达标角度来看，整个沿河段氨氮值均达到消除黑臭目标。十里河河道断面——氨氮变化曲线见图5-10。

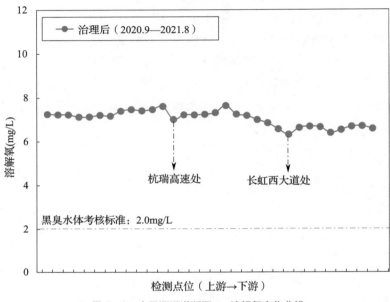

图5-8　十里河河道断面——溶解氧变化曲线

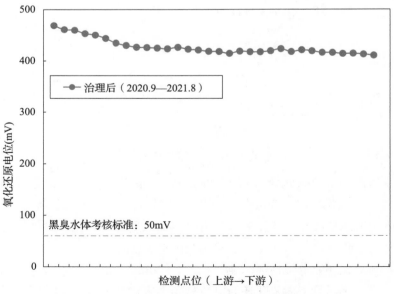

图5-9　十里河河道断面——氧化还原电位变化曲线

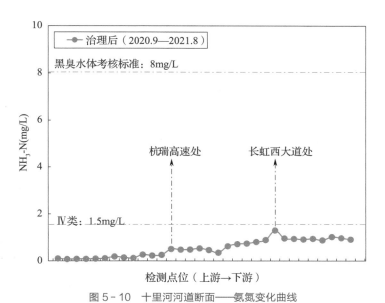

图 5-10　十里河河道断面——氨氮变化曲线

# 5.3　污水处理能力提升

以污水处理系统服务片区为控制单元,进行服务范围内污水处理厂的布局优化与能力提升,综合实现"厂网河(湖)一体"。

两河项目中新建与修复沿河截污管道 36km,市政道路二级管网新建与修复 10km,构建起功能完善的城市排水系统骨架,实现污水传输通道的畅通。

在污水处理设施能力提升方面,新建两河地下污水处理厂和鹤问湖污水处理厂(二期)。两河地下污水处理厂服务两河南片区,服务面积 10.19km²,片区改造完成后基本为分流制系统。该污水厂污水处理规模 3 万 m³/d,采用"AAOAO 生物池+高效沉淀池+深床滤池"处理工艺,出水水质达准Ⅳ类后排入十里河、濂溪河进行河道生态补水。该污水厂全地下式设计,上部为生态公园,集景观与污水处理功能于一体。两河地下污水处理厂实景图见图 5-11。鹤问湖污水处理厂(二期)工程设计规模 7 万 m³/d,采用"AAOAO 生物池+高密度沉淀池+滤布滤池"处理工艺,出水水质达一级 A 标准,与一期尾水(10 万 m³/d)合并排入长江,实现整个片区污水的末端处理。鹤问湖污水处理厂(二期)实景图见图 5-12。

图 5-11　两河地下污水处理厂实景图

图 5-12　鹤问湖污水处理厂(二期)实景图

通过污水管网、泵站及污水处理厂协同建设、合理布局，城区污水收集率大幅度提升，实现污水有效收集处理，城市水环境质量明显改善。

## 5.4 生态效益充分展现

十里河水系从上游至下游分为自然生态段、生态亲水段、生态柔化段、生态净化段及生态修复段5类功能区段，有针对性地进行水生态系统的建设，河段生态性显著增强。同时，为满足生态景观用水需求，制定了上游水库补水和两河地下污水处理厂再生水生态补水的配置方案。

在水库补水方面，对十里河上游梅山水库、刘家垅水库和殷家垅水库进行除险加固和改造利用，通过合理调蓄和调度，有效缓解了雨季山洪对城区河段的冲击，同时对河道进行稳定生态补水。

在再生水补水方面，十里河治理项目中两河地下污水处理厂设计规模3万 $m^3/d$，出水水质达到准Ⅳ类（COD：30mg/L、$BOD_5$：6mg/L、$NH_3$-N：1.5mg/L、TP：0.3 mg/L），出水经过双溪公园生态湿地进一步净化后，排入十里河和濂溪河进行生态补水，既化解了污水厂的"邻避效应"，实现了污水资源的再生利用，也提高了河流生态系统的质量和稳定性，久违的鱼虾、候鸟再现十里河（见图5-13）。

图5-13 十里河沿线的候鸟

两河项目中从十里河上游到下游共打造了3个功能与景观兼备的景观节点公园：龙门公园、双溪公园和水木清华公园。龙门公园作为十里河与龙门沟交汇处节点公园，通过街头绿地的打造成为周边居民休闲游憩的活动场所，公园内沿河透水铺装和滨水绿地的建设，降低了城市面源污染对河道水质的影响。双溪公园以两河地下污水厂为核心，打造"一厂一园两中心"——"一厂"，即地下污水处理厂，实现上游污水的收集处理，处理后再生水成为河道生态补水水源，实现了污水再生利用；"一园"，即双溪公园，成为十里河中游段段重要的景观节点；"两中心"，即通过科普展示馆打造九江市智慧管控中心和环境教育中心。水木清华公园通过增加滨水步道、连通生态中心岛、设计文化景墙等，打造充满活力与人文特色的市民休闲绿地。通过景观节点的打造与建设，形成城市水生态、水环境、水文化协调统一的城市水名片。

## 5.5 科普展馆文化建设

双溪公园科普体验馆（见图5-14）是一座集文化展示、智慧结晶、水资源水环境科普等功能于一体的综合性展馆，布展面积约2000$m^2$。全馆以"人水共生、生态九江"为主题，紧紧围绕城市与水的故事展开叙事。一层，通过"水育九江、人水和谐、治水纪事"三大篇章，全面梳理九江水资源、水文化、水生活及治水理水的历史与故事；地下一层，通过"治水新章、治水实践、共享未来"三大篇章，整体呈现新时代习近平总书记"共抓大保护、不搞大开发"发展理念指导下九江城市水环境治理的历程与成效[28]。

图 5-14　双溪公园科普体验馆

　　十里河水环境治理项目以流域为单元，以"源头减排、过程控制、系统治理"为原则，系统制定标本兼治、近远结合的水系综合治理方案。以河道综合治理为核心，串联源头小区的改造、排水管网系统的补强与调蓄、污水处理站能力提升、智慧水务系统构建和科普展馆展示，统筹实现了流域内水安全、水环境、水生态、水景观和水文化的综合效益，实现了人与自然和谐共生[29]。

# 5.6　智慧水务建设成效

## 5.6.1　建设内容

### 5.6.1.1　建库：九江市涉水数据资源体系建设

　　以排水户、排水片区、厂网站河设施为核心，以统一的标准建立各类基础数据库、专业数据库及地理数据库，对九江中心城区 80km² 的涉水资产进行数字化建库。目前已完成467.22km 排水管网、12171 个检查井、1773 条缺陷记录、70 个节点井、74 个接驳井的入库工作。

### 5.6.1.2　建网：九江市两河片区水务智能感知体系建设

　　根据城区实际情况，结合现有监测站点，进行相关监测数据类型的站点布设。主要包括对流域干支流、湖泊、管网的水位、水量、水质等情况进行监测，对降水情况进行掌握，对城区范围内易涝点进行掌握，对关键河段、区域和地段进行视频监视，对关键涉水建筑物进行远程监控等。

### 5.6.1.3　建模：九江排水系统运行诊断预警模型体系建设

　　对九江中心城区五大片区排水系统（芳兰片区、白水湖片区、长江排口片区、两河片区、两湖片区）构建属地化的管网数值模型，支撑实现厂站网系统运行态势实时评估、预测预报以及优化调度等功能，有效进行污染溯源、内涝预防、溢流控制、平稳输水、节能降耗等调度方案制定，从全局角度驱动厂站网排水系统良好运行，从而有效保证污水进厂水质浓度达标、污水处理出厂水质达标，减少内涝及溢流等现象。

### 5.6.1.4　建平台：九江智慧水务运营监管平台（智慧应用）体系建设

　　以大屏、计算机、手机等不同应用形式满足运营管理人员在不同场景下的使用，从业务基础层面设置资产管理、工单管理、在线监测、一体化调度、运营分析、绩效考核等功能，为业务监管提供基础；从业务监管层面设置黑臭水体监管、内涝监管、排水系统运行监管以及城市水环境绩效监管等功能，一方面实现九江排水及水环境业务的协同管理，另一方面实现对九江水环境治理和排水运行的全面监管。

### 5.6.1.5 信息化基础设施及网络安全体系建设

依托三峡集团统一的云资源服务及部署少量本地 IT 资源支撑本项目的运行。通过防火墙、入侵防御、数据库审计等形成对九江智慧水务运行监管平台的全方位安全防御。

## 5.6.2 建设成效

### 5.6.2.1 环境效益

智慧水务系统的建设能够实现污染溯源诊断分析，为工程整治提供精准辅助；针对污染突发事件能够快速识别，通过高效科学的调度措施将污染风险降到最低，切实保障黑臭水体治理成果。

### 5.6.2.2 经济效益

智慧水务工程的建设提高了内涝预防和调度能力，可降低内涝事件导致的经济损失。一方面，通过厂站网一体化运营调度，可合理优化水泵、鼓风机等设备的运行工况，实现节能降耗；另一方面，通过排水系统运行情况的诊断分析，可指导排水管网工程改造，实现污水处理提质增效。此外，通过高效的信息化管理手段，可减少运营人员投入，有效降低运行成本。

### 5.6.2.3 社会效益

智慧水务工程的建设提供了九江水务运行管理措施的可视化展示窗口，便于向相关部门和社会各界介绍九江黑臭水体治理及内涝防控的管理手段与成效，有效地在全国推广九江治水模式。

# 5.7 厂网河（湖）岸一体化理念

## 5.7.1 治理理念

三峡集团主动承担起共抓长江大保护的光荣使命，针对城镇污水处理和水环境综合治理提出了 163 字科学系统治水方案，其中强调的"厂网河（湖）岸一体"治理模式，在九江市两河流域水环境综合治理项目中得以充分应用与展示。

"厂网河（湖）岸一体"模式注重从流域统筹、区域协调、系统治理和标本兼治等综合性需求出发，以流域水质达标为目标，对所辖范围内的污水处理能力增强提升、污泥资源化利用、排水管网以及水环境治理、再生水利用、城镇垃圾回收体系建设、城市面源与农业面源污染控制工程、沿岸生态修复、水景观塑造等进行统筹规划、建设与协调运行，以保障整个排水系统安全、高效运行，提高城市水环境的整体品质。在两河流域综合整治工程的前期排查、设计与施工阶段，均贯穿着厂网河（湖）岸一体的治理理念。前期排查诊断阶段，按照"污水厂及工程边界调查分析、市政管网排查诊断、地块调查分析"的技术路线，以城镇污水处理厂的服务范围为整体、以各个排水分区为单元，结合配套管网及其附属设施，开展系统性排查诊断工作，解决管网本底不清、资料缺失、问题不明的痛点与难点。设计与施工阶段，为了达到河道水质提升和污水厂进水浓度提升的双重目的，主要从控源截污、内源治理、生态修复和活水保质等方面深入挖掘流域内可提升改造的要素，以及相对应的技术手段。控源截污要体现雨污水统筹、泥水并重，首先要进行污水系统的提质增效，实现污水直排口消除、污水管网空白补齐和错混接改造。与此同时，要降河水、挤清水、堵渗水，进行排水管道的更新修复，实现污水厂进水污染物浓度提升、入河污染降低；通过点状合流制溢流（CSO）调蓄池、大口径调蓄管道等，进一步降低合流制溢流频次和污染；通过源头低影响开发（LID）改造及末端快速雨水处理设施削减面源径流。最后，要加强对管道污泥的处理处置，实现泥水并重。在此基础上，统筹考虑厂网河（湖）一体，加强河道内源治理、生态修复及活水保质，从而综合实现提质增效。两河流域水环境综合治理思路与相关技术手段图见图 5 - 15。

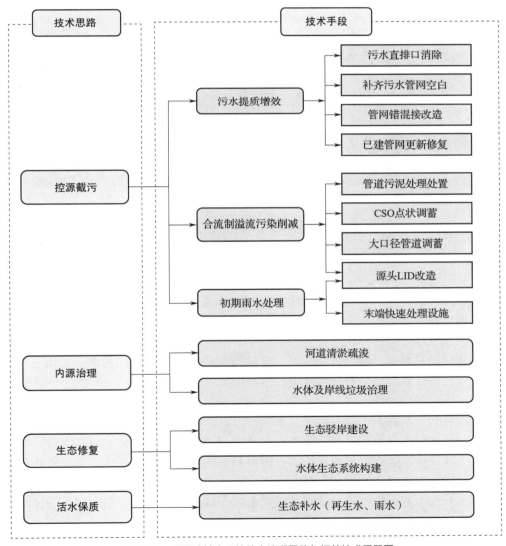

图 5 - 15　两河流域水环境综合治理思路与相关技术手段图

### 5.7.2　运营方式

厂网河（湖）岸一体化运营即通过联合城市污水处理厂、排水系统、河流、湖泊等不同治理要素，实现闭环管理模式，建立系统治水的全过程常态化运维机制，保障治水效果的持续性。以九江市中心城区水环境综合治理项目为主体，通过流域运营管理和项目运营重难点分析，对流域基础的运营数据进行实时获取和分析，运用大数据和数值模型进行系统计算和评估，再结合治理措施的设施布局进行基于计算分析的远程调度和控制，最终融合各项功能至智慧信息化平台，实现数字化、信息化智慧管控，对流域内各项设施进行统一运营调度。具体的厂网河（湖）岸一体化运营管理平台结构见图5-16。

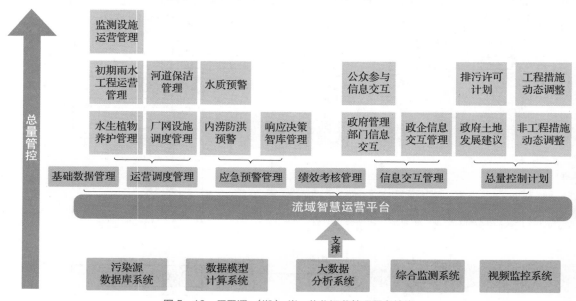

图5-16　厂网河（湖）岸一体化运营管理平台结构

利用物联网、大数据、移动互联网和人工智能等先进的信息技术手段，构建城市排水系统全覆盖的监控体系，将所有数据统一分类和编码上传至标准化数据管理平台。通过源数据实时更新到数据管理平台和不同业务应用数据共享服务的机制，实现城市排水基础地形数据、资产数据和运营监测数据、模型模拟数据、非结构化数据等业务数据的综合运用与管理。九江市一体化管控平台在线监测数据实时统计情况见图5-17。

运营管理作为辅助手段，通过配套专业合理的运营人员、器具资源，制定完善的管理制度和更新维护计划，与技术手段有效地互补，可发挥多手段组合的更大效益。目前，九江市中心城区水环境系统综合治理项目运营管理整体思路遵循精简、高效、职权对等、管理明确的原则，由九江三峡水务有限公司统一负责该项目设施的运营维护工作。面对城市水环境建管与保护的目标，以及日常管理业务提出的需求，构建了从源头排水单元（网格）到中间传输管网、污水处理厂到最终河流（湖泊）以及水域岸线的"厂网河（湖）岸"一体化管理体系；面向城市水生态环境风险防控的业务需求，构建了基于"监测—评价—预测—调度—指挥"一体化的城市排水系统运行调度决策体系，最终可以实现管网工程与调蓄池的联合调度、调蓄工程与污水厂的联合调度、跨片区污水量调配、抢险防汛水位预调等功能。

图 5-17　九江市一体化管控平台在线监测数据实时统计情况

# 5.8　合作与管理模式探索

2014 年以来，中央政府大力推广 PPP 模式，即政府通过特许经营权、合理定价、财政补贴等事先公开的收益约定规则，引入社会资本参与城市基础设施等公益性事业投资和运营。九江市中心城区水环境综合治理一期项目采用 PPP 模式运作，由三峡集团作为联合体牵头人，与信开水环境投资有限公司、中国市政工程华北设计研究总院有限公司、上海勘测设计研究院有限公司、中国水利水电第八工程局有限公司、中铁四局集团有限公司成立联合体，与九江市政府相关单位签订 PPP 合同，约定合作期限 20 年，其中建设期 2～3 年，运营期 17～18 年。九江一期项目交易结构图见图 5-18。

三峡集团采用 PPP 模式推进项目运作具有诸多优势，首先是符合政策导向，有利于项目推进与开展。目前三峡集团"共抓长江大保护"工作的主要领域为城镇污水处理，属于财政部鼓励推行 PPP 模式的领域，预计未来 PPP 仍会是"共抓长江大保护"项目采用最为广泛的模式之一。其次是符合市场导向，PPP 模式相较于其他模式更具市场优势。通过特许经营、EOD、专项债等其他模式运行的部分项目，在市场的认可程度较低，国家及地方的相关政策不够健全。而 PPP 模式程序规范，可以降低后续审计风险；政府付款可以通过财政中期预算安排而更有保障；通过政府与社会资本方长期合作关系建立，更容易将项目体量做大，快速取得规模效益。

PPP 模式可积极调动社会资本方参与投建营一体化，通过政企合作有效降低项目综合成本，确保项目快速落地见效，实现项目全生命周期高效管理。

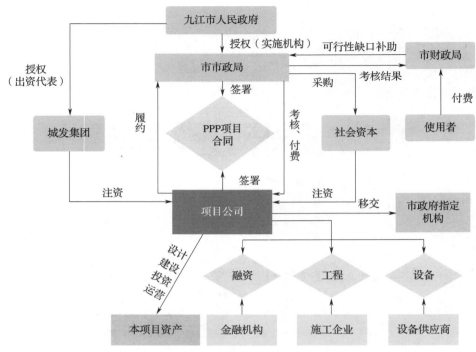

图5-18 九江一期项目交易结构图

在项目识别论证阶段，若水环境治理项目内容跨区域，可以将项目总的政府支出责任分摊到市区两级，从而减轻市本级的财政承受压力，增加市本级财承额度。九江一期项目总投资77亿，策划初期只考虑占用市本级财承，测算后财承分摊到各区，从而使本市财承最高占比降低为5.4%，为后续九江二期项目留出较大的财承空间。为界定项目公司与政府的责任边界，减少项目风险，对于项目范围外目标，建议在实施方案编制阶段或合同谈判阶段，不要将其列入项目绩效考核指标。对于存量项目移交时可能发生存量项目资料过期的情况，建议在项目实施方案及《PPP项目合同》中约定，政府方应先将资料实时更新后再进行项目移交。

在PPP项目建设阶段，项目公司各部门应协同合作，切实落实主体责任。项目执行阶段，积极与政府各职能部门对接，安排专人及时办理相关报批报建手续。工程发包过程中严格按照招投标规定以及三峡集团、长江生态环保集团招标采购管理规定等执行工程发包，并对施工总包方设置监督检察权，总体做到合理安排工期，尽可能让设计与施工进度相匹配。存在设计变更的项目，提供所有必要支撑与证明材料，按照地方政府变更管理规定执行。项目运营阶段，项目公司坚持目标导向，依照运营期绩效考核要求开展运营工作。在移交准备期间，明确移交工作组组成方案、移交程序、移交形式、移交内容、移交标准等，以保证顺利完成项目移交工作。

在项目建设管理中，组织结构是一切管理活动的中心，依托组织结构，管理活动中的各种职能得以明确分工与顺利进行。PPP项目公司的管理职能包括报批报建项目前期工作、项目融资、勘察设计采购及管理、材料设备采购、第三方服务及咨询采购、工程施工管理、运营管理。从目标管理控制角度，项目管理包括投资、质量、工期、成本、安全、职业健康和环境保护等方面的目标控制。从制度管控的角度，项目公司除了制定行政、财务、人事、薪酬等公司基本制度外，还需针对项目的特点，制定具体的建设管理办法和考核制度，将参加建设各个环节、各个不同职能的单位和部门，如勘察、设计、咨询、施工、第三方检测、监测等单位，纳入管理系统内，建立起一套完善的管理体系[30]。

　　九江水环境治理一期项目公司参照三峡集团以及长江生态环保集团标准编写了一系列较为完备的管理制度，大致可以分为法人管理、工程建设、环境保护、财务管理、合同管理、招标管理、综合事务、质量管理、安全管理 9 类。现有管理制度 61 项，其中，工程建设类管理制度 13 项，包括《九江市三峡水环境综合治理有限责任公司工程勘测设计工作考核办法》《九江市三峡水环境综合治理有限责任公司工程施工进度管理办法》《九江市三峡水环境综合治理有限责任公司项目建设管理办法》等；质量管理类制度 8 项，包括《九江市三峡水环境综合治理有限责任公司工程质量管理办法》《九江市三峡水环境综合治理有限责任公司工程质量考核细则》《九江市三峡水环境综合治理有限责任公司工程质量事故管理办法》等；安全管理制度 19 项，包括《九江市三峡水环境综合治理有限责任公司工程建设安全管理办法》《九江市三峡水环境综合治理有限责任公司全员安全生产责任制》《九江市三峡水环境综合治理有限责任公司安全生产考核实施细则》等。

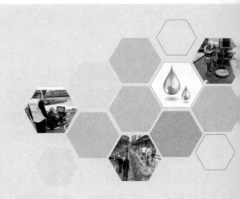

# 第6章 总结及可持续发展

## 6.1 实践总结

在九江市两河流域水环境治理工作中，从流域统筹、区域协调、系统治理和标本兼治等综合性需求出发，以污水处理厂进厂浓度提升与河道水质达标为目标，进行了"厂网河（湖）岸一体"水环境治理模式的探索和实践。设计阶段主要从控源截污、内源治理、生态修复和活水保质等方面深入挖掘流域内可提升改造的要素，以及相对应的技术手段；项目开展过程中，通过厂网源系统性的排查诊断，明确改造范围与目标，及时甄别影响污水系统浓度提升的症结；项目运营阶段，对流域基础数据进行实时获取与分析，建设融合预警、调度、控制等功能的智慧化管控平台，实现数字化、信息化智慧管控，达到对流域内各项设施的统一运营调度。回顾治理过程，主要包括以下四个阶段：

一是完善两河排水体制，构建污水收集系统。在两河沿线新建和修复污水管道 36km，开展二级管网雨污混接点改造 49 处。同时，对两河汇水范围内合流小区进行雨污分流改造 34 处，对分流小区进行雨污混接改造 43 处。

二是提高污水处理能力，构建合流制溢流污染控制体系。对鹤问湖污水处理厂进行二期扩建（7 万 m³/d），处理两河北区等区域 45km² 范围内收集的污水；新建两河地下污水处理厂（3 万 m³/d），处理两河南区 10km² 范围内收集的污水，并将尾水压力排放至十里河与濂溪河进行生态补水，改善河流的水动力学条件，增强水中污染物的扩散、净化和输出。同时，新建 4 座调蓄池及 4 座雨水过滤器，尽可能保证雨天时污水少溢流乃至不溢流，整体上基本实现两河流域内污水收集全处理，处理全达标。

三是开展河道综合整治。将两河水系从上游至下游分为自然生态段、生态亲水段、生态柔化段、生态净化段及生态修复段 5 类功能区段，开展水生态系统建设，整治河道护岸 28km，河道生态清淤 14.6km，清淤量 20.4 万 m³。

四是构建多元化水景观。在十里河上、中、下游选择典型节点，分别打造 3 个生态公园，构建滨河亲水设施和慢行系统，形成集生态保护、文化旅游、市民休闲于一体的滨河生态景观廊道。同时，为降低污水厂"邻避效应"影响，将两河地下再生水厂、环境教育展示中心、智慧管控中心融合为"一厂两中心"，打造水环境科普教育展示中心。

根据治理后全年水质检测与监测结果分析，十里河、濂溪河的水质得到了显著改善，COD 全年绝大部分时间段可达到Ⅳ类水质目标，仅在少数降雨时段（约 5％）发生短时间的水质超标，基本可在雨后约 3 天内恢复至Ⅳ类水质；氨氮、TP 在全年时段均可达到Ⅳ类水质目标，完全达到了黑臭水体治理考核目标要求。

另外，在两河流域综合治理过程中也积累了大量工程经验。对于源头小区的改造，依据不同的排水体制采用相应的改造方案与措施，建立了施工过程流程化操作程序，参照国家标准制定了《长江大保护既有小区排水管网改造技术导则》，对长江大保护中排水设施不完善的住宅小区及其配套商业设施雨污分流改造和混接点改造的可行性研究、设计、施工、验收以及移交的相关技术要求进行了明确。以提质增效为目标编制环保集团企业标准《长江大保护城镇污水管网系统问题调查技术导则》，对城镇污水管网系统问题调查的技术路线、调查内容和调查方法进行了规范说明。此外，通过对原位固化法、机械制螺旋缠绕法、喷涂法三种方案的比选，确定采用机械制螺旋缠绕技术对十里河超大口径截污管道进行非开挖修复。修复过程中攻克了大水量超长距离导排难度大、大管径修复工艺不成熟、有限空间作业安全风险大等难题，圆满完成了工程任务，CCTV 检测结果显示，管段修复效果良好。基于两河流域工程实践经验，项目参与人员积极撰写科技论文，与《中国给水排水杂志》合作共建"长江大保护水环境治理专栏"，并发表包括《市政 HDPE 缠绕增强结构壁管（B 型）管道施工质量控制》《螺旋缠绕法在超大口径排水管道非开挖修复中的应用》等在内的多篇文章。

本次工程的实施，使得九江市十里河流域的生态状况得到了根本性改善，主要包括：局部空气净化、环境美化、水源涵养、生物多样性保护。同时，十里河作为九江市重要的排水通道，在城市防洪防灾方面起着至关重要的作用，工程的实施进一步提高了河道的过流能力和防汛能力，减少了暴雨造成的洪涝灾害直接损失及间接损失，保障了周边地区居民的生命和财产安全，促进了社会的和谐稳定。

通过流域水环境综合治理项目的推广、引领和带动作用，可有效推进长江大保护中绿色发展、循环发展、低碳发展理念的深入践行，在长江流域形成节约资源和保护环境的空间格局、产业结构、生产方式、生活方式，提高"节能减排"综合实效，提升区域经济圈内的城镇、农村环境状况，对吸引外资，开发当地资源，发展工业、农业、旅游业，促进当地经济发展起到至关重要的作用。

# 6.2　水环境治理可持续发展

实现可持续发展是人类社会的共同心声，面对地球上有限的自然资源，可持续发展不仅反映了人们对经济良性发展的期盼，也反映了人们对环境污染的焦虑与担忧。推动城市水环境综合治理与可持续发展，是落实习近平生态文明思想的重要举措，在通过改善居民生活环境，营造和谐的社会氛围的同时，也能促进城市经济效益的提升。实现水环境治理可持续发展着重体现在相关法律制度体系的构建、水环境治理模式的完善、水环境治理技术的优化、市场交易机制的创新等方面。

水污染是对水资源的浪费，社会必须以集约型经济增长为基本出发点，减少资源消耗。政府相关职能部门和机构要从经济增长模式上进行转变，通过司法手段，以环境系统为主线，进行职能机构调整与重组，达到有效控制水资源使用的目的。此外，还应加大水环境治理监督管理力度，对不合格的地方及时整治，最大限度降低水资源的污染；利用相关法律法规的约束，建立合理收费支付，对未妥善处理污水的企业征收较高的税金，并促使其尽快建立污水处理设施。

在水环境治理模式上，逐步由局部治理向系统治理过渡，由短期治理向长效治理发展，重视城镇污水集中处理，实现水环境因地制宜、科学有效治理。此外，城市水环境治理也要考虑河流防洪排涝功能，在完善防洪排涝基础设施的同时，加强湿地恢复和植被种植，恢复河流的生态系统；综合利用废水资源，进行废水回收处理，提高水资源的经济效益。

在市场交易机制、政策的创新方面，排污权、碳排放权、水权、绿色电力证书等具有代表性的环境权益交易制度成为世界各国解决资源、环境、气候等问题的重要政策工具。我国作为世界人口大国和世界第二大经济体，面临着巨大的资源和环境压力，也将生态环境保护提升到了决定人类文明兴衰的高度。环境权益交易制度体系的建立，有利于进一步建立健全排污权、碳排放权等基础性制度，逐步规范化、标准化区域性交易市场环境权益交易产品；有利于进一步推动资金向更绿色、更环保的领域流动和倾斜，用市场机制解决不断恶化的环境问题，促进基于环境权益的绿色金融创新；有利于进一步推进探索生态产品价值实现的不同路径，探索构建地域单元生态产品价值评价体系，推动生态产品经营开发机制建设，健全生态保护补偿机制[31]。

为推动长江经济带水环境综合治理与可持续发展，政府与企业都在努力做到实现经济社会发展与生态环境保护相协调，通过脚踏实地、改革创新，在试点城市、试点区域不懈探索与总结经验，践行绿色发展理念，绘就一江春水生态画卷。

# 参考文献

[1] 申献辰. 论我国地表水质现状污染特点、趋势及保护战略[J]. 水资源保护，1991(1)：22-25.

[2] 张强，孙鹏，陈喜，等. 1956—2000 年中国地表水资源状况：变化特征、成因及影响[J]. 地理科学，2011，31(12)：1430-1436.

[3] 王乐扬，李清洲，杜付然，等. 20 年来中国河流水质变化特征及原因[J]. 华北水利水电大学学报（自然科学版），2019，40(3)：84-88.

[4] 本刊编辑部. 《2015 年中国环境状况公报》公布[J]. 中国环保产业，2016(6)：15.

[5] 迟国梁. 关于新时代流域水环境治理技术体系的思考[J]. 水资源保护，2022，38(1)：182-189.

[6] 徐敏，秦顺兴，马乐宽，等. 水生态环境保护回顾与展望：从污染防治到三水统筹[J]. 中国环境管理，2021，13(5)：69-78.

[7] 朱红伟，陈江海，杨文宇，等. 九江城市河湖水系演变及形态重构研究[J]. 科学，2020，72(3)：19-22.

[8] 张家森. 以中心城区湖泊水治理为中心稳步推进九江市水生态文明建设[J]. 水利发展研究，2020，20(2)：72-74.

[9] 张超，赵仔轩，张盈秋，等. 九江市十里河流域水环境综合治理措施及成效[J]. 中国给水排水，2022，38(4)：17-22.

[10] 何燕强，陈洁明，王充. 长江大保护的九江实践[J]. 当代电力文化，2021，97(7)：40-41.

[11] 卫佳，方帅，许怀奥，等. 江西省首座花园式全地下水质净化厂工程设计[J]. 中国给水排水，2023，39(8)：68-72.

[12] 许帆，李天智，程昊，等. 九江市中心城区排水系统监测点空间结构识别及影响机理研究[J]. 给水排水，2022，58(S1)：519-523.

[13] 孔祥利，文韬，樊星，等. 管道非开挖修复技术在城市水环境治理中的应用研究[J]. 施工技术，2020，49(18)：73-75.

[14] 杨万航，王丰，张超，等. 市政 HDPE 缠绕增强结构壁管（B 型）施工质量控制[J]. 中国给水排水，2022，38(6)：14-19.

[15] 周杨军，蒋仕兰，解铭，等. 非开挖修复技术在城市排水管道维护中的应用[J]. 中国给水排水，2020，36(20)：58-62.

[16] 卫佳，许怀奥，方帅，等. 非开挖修复技术用于大口径截污管道改造工程[J]. 中国给水排水，2023，39(10)：126-132.

[17] 王雨，王伟，刘福生. 智能分流井在分流制排水系统中的应用[J]. 价值工程，2020，39(16)：151-152.

[18] 陈泽，黄晓. 基于 PLC 的智能分流井电气组态控制[J]. 现代信息科技，2022，6(10)：61-63.

[19] 刘明欢. 一体化智能截流井的优势和应用[J]. 建材与装饰，2020(9)：61-62.

[20] 骆志勇. 工程测量[M]. 重庆：重庆大学出版社，2015.

[21] 陈相超. 冲孔灌注桩技术在建筑工程施工中的应用分析[J]. 科技资讯，2023，21(15)：97-100.

[22] 李帆，邱学山，潘逸卉，等. 高压旋喷桩在基坑防护中的应用研究[J]. 江苏科技信息，2022，39

（28）：66-69.

［23］张奇.取水泵站工程中三管法高压旋喷防渗技术的应用［J］.黑龙江水利科技，2021，49（6）：183-185.

［24］邹敬林.关于高压旋喷桩加固技术在深基坑施工中的应用［J］.科技资讯，2011（18）：60-61.

［25］张月，方帅，王阳，等.九江黑臭水体治理与提质增效技术的阶段性总结［J］.中国给水排水，2020，36（20）：77-80.

［26］黄守渤.关于城市排水系统中取消化粪池的探讨［J］.广东化工，2023，50（12）：186-188.

［27］杨万航，王丰，张超，等.PPP模式下的长江大保护工程质量创新管理实践［J］.中国给水排水，2022，38（4）：1-5.

［28］王殿常，陈亚松，赵云鹏，等.面向城市水环境治理的智慧水管家模式［J］.环境工程学报，2023，17（7）：2109-2117.

［29］翁文林，吕永鹏，唐晋力，等.长江大保护城镇污水处理新模式新机制实践与探索［J］.给水排水，2021，57（11）：48-53.

［30］许申来，王浩正，刘龙志，等.城市级水环境治理技术组织管理的思考与展望［J］.中国给水排水，2021，37（8）：1-7.

［31］赵峰.创新体制机制，共抓长江大保护［J］.景观设计学，2019，7（4）：70-76.